编委会名单

21 世纪高等学校本科计算机专业系列实用教材

SQL Server 2005 数据库教程

（第 2 版）

唐学忠　李亦飞　主编

電子工業出版社
Publishing House of Electronics Industry
北京·BEIJING

内 容 简 介

本书从 SQL 语言及 SQL Server 2005 的基本操作入手，结合具体实例系统地介绍了数据库的开发模式，SQL Server 2005 工具，Transact-SQL 语言基础，数据库管理，表、存储过程等数据库对象的管理，数据库完整性和数据查询，用户安全性管理，ADO.Net 数据库应用程序设计等有关内容。

本书内容丰富、层次分明、由浅入深、实用性和指导性强，不仅可以作为 Microsoft SQL Server 2005 初学者及高等院校相关专业师生教学、自学教材，也可作为有一定开发经验的广大编程人员的技术参考书。

图书在版编目（CIP）数据

SQL Server 2005 数据库教程/唐学忠，李亦飞主编. —2 版. —北京：电子工业出版社，2011.1
21 世纪高等学校本科计算机专业系列实用教材
ISBN 978-7-121-12282-8

Ⅰ. ①S… Ⅱ. ①唐… ②李… Ⅲ. ①关系数据库—数据库管理系统，SQL Server 2005—高等学校—教材
Ⅳ. ①TP311.138

中国版本图书馆 CIP 数据核字（2010）第 222449 号

责任编辑：刘海艳
印　　刷：北京市海淀区四季青印刷厂
装　　订：三河市鹏成印业有限公司
出版发行：电子工业出版社
　　　　　北京市海淀区万寿路 173 信箱　邮编：100036
开　　本：787×1092　1/16　印张：17　字数：435.2 千字
印　　次：2011 年 1 月第 1 次印刷
印　　数：3 000 册　　定价：30.00 元

凡所购买电子工业出版社图书有缺损问题，请向购买书店调换。若书店售缺，请与本社发行部联系，联系及邮购电话：（010）88254888。

质量投诉请发邮件至 zlts@phei.com.cn，盗版侵权举报请发邮件至 dbqq@phei.com.cn。

服务热线：（010）88258888。

序　言

21 世纪是“信息”主导的世纪，是崇尚“创新与个性”发展的时代，体现“以人为本”、构建“和谐社会”是社会发展的主流。然而随着全球经济一体化进程的不断推进，市场与人才的竞争日趋激烈。对于国家倡导发展的 IT 产业，需要培养大量的、适应经济和科技发展的计算机人才。

众所周知，近年来，一些用人单位对部分大学毕业生到了工作岗位后，需要 1～2 年甚至多年的训练才能胜任工作的“半成品”现象反映强烈。从中反映出单位对人才的需求越来越讲究实用，社会要求学校培养学生的标准应该和社会实际需求的标准相统一。对于 IT 业界来讲，一方面需要一定的科研创新型人才，从事高端的技术研究，占领技术发展的高地；另一方面，更需要计算机工程应用、技术应用及各类服务实施人才，这些人才可统称“应用型”人才。

应用型本科教育，简单地讲就是培养高层次应用型人才的本科教育。其培养目标应是面向社会的高新技术产业，培养在工业、工程领域的生产、建设、管理、服务等第一线岗位，直接从事解决实际问题、维持工作正常运行的高等技术应用型人才。这种人才，一方面掌握某一技术学科的基本知识和基本技能；另一方面又具有较强的解决实际问题的基本能力。他们常常是复合性、综合性人才，受过较为完整的、系统的、有行业应用背景的“职业”项目训练，其最大的特色就是有较强的专业理论基础支撑，能快速地适应职业岗位并发挥作用。因此，可以说“应用型人才培养既有本科人才培养的一般要求，又有强化岗位能力的内涵，它是在本科基础之上的以‘工程师’层次培养为主的人才培养体系”，人才培养模式必须吸取一般本科教育和职业教育的长处，兼收并蓄。“计算机科学与技术”专业教学指导委员会已经在研究并指导实施计算机人才的“分类”培养，这需要我们转变传统的教育模式和教学方法，明确人才培养目标，构建课程体系，在保证“基础”的前提下，重视素质的培养，突出“工程性”、“技术应用性”、“适应性”概念，突出知识的应用能力、专业技术的应用能力、工程实践能力、组织协调能力、创新能力和创业精神，较好地体现与实施人才培养过程的“传授知识、训练能力、培养素质”三者的有机统一。

在规划本套教材的编写时，我们遵循专业教学委员会的要求，针对“计算机工程”、“软件工程”、“信息技术”专业方向，以课群为单位选择部分主要课程，以计算机应用型人才培养为宗旨，确定编写体系，并提出以下编写原则。

（1）本科平台：必须遵循专业基本规范，按照“计算机科学与技术”专业教学指导委员会的要求构建课程体系，覆盖课程教学知识点。

（2）工程理念：在教材体系编写时，要贯穿“系统”、“规范”、“项目”、“协作”等工程理念，内容取舍上以“工程背景”、“项目应用”为原则，尽量增加一些实例教学。

（3）能力强化：教学内容的举例，结合应用实际，力求有针对性；每种教材要安排课程实践教学指导，在课程实践环节的安排上，要统筹考虑，提供面向现场的设计性、综合性的实践教学指导内容。

（4）国际视野：本套教材的编写力争做到兼收并蓄，吸收国内、国外优秀教材的特点，使人才培养具有国际背景和视野。

本套教材的编委会成员及每本教材的主编都有着丰富的教学经验，从事过相关的工程项目（软件开发）的规划、组织与实施，希望本套教材的出版能为我国计算机应用型人才的培养尽一点微薄之力。

编委会

前　言

Microsoft SQL Server 2005是在Microsoft SQL Server 2000的基础上不断完善推出的一门数据库管理工具，使用户能更方便快捷地管理数据库开发应用程序。Microsoft SQL Server 2005与以前的版本相比，在性能、可靠性、实用性等方面有了很大的扩展和提高。首先，它优化了早期的数据引擎，使其能够支持结构化和非结构化数据；其次，增强了数据访问接口功能，通过SQL本地客户程序将SQL OLEDB和SQL ODBC集成到一起，使数据库应用的开发更为容易，更易于管理；另外，在全面的报表解决方案和增强的通知服务、联机分析处理等方面都有新的突破，大大简化了数据库应用程序的设计和开发。

本书是在原《SQL Server 2000数据库实用教程》基础上修订而来。原书在发行过程中得到了广大读者的支持，在此对出版社的各位领导和所有关心喜爱本书的读者表示衷心的感谢。考虑到Microsoft SQL Server软件的升级变化，原教材中部分内容已经不适合使用了，几经努力，终于促成本书脱稿。

本教材是由多年从事数据库开发、设计语言教学的教师和科研人员根据基础教学的特点精心组织和编写的。本书从 SQL 及 Microsoft SQL Server 2005 的基本操作入手，结合具体的实例深入浅出，系统地介绍了 Microsoft SQL Server 2005 的运用。

本书共 12 章，分别讲述了 SQL Server 2005 的 Transact-SQL 语言基础数据库管理、表存储过程等数据库对象的管理，数据完整性与数据查询用户和安全性管理，ADO.NET 数据库应用程序设计等。

本书面向初、中级用户，尤其适合于使用面向对象语言编写 C/S、B/S 数据库应用程序的用户。在内容安排上，本着从入门到精通的原则，内容合理、语言通俗易懂、事例详尽，如果能结合上机实践，一定能收到很好的效果。

本书由唐学忠和李亦飞主持修订，最后由唐学忠统一修订完稿。原书中大部分文字得以保留，在修订过程中，对部分章节重新进行了调整和完善补充。将原书第 12 章数据库高级管理一章转移到第 4 章，将第 13、14 章内容合并到第 12 章。同时将原书中文字内容进行了优化，保留了原书的特色。参与本书编写的还有秦福高、唐土生、王鲲鹏、谢光前、何中胜、李慧，在此一并感谢。

本书配有免费电子课件，需要的教师和学生可以与本书编辑刘海艳（lhy@phei.com.cn）联系索取，或到华信教育资源网（http://www.hxedu.com.cn）下载。

限于水平，书中的错误在所难免，敬请广大读者批评和提出宝贵的修改意见。读者在学习过程中如有其他问题意见建议，可以直接与编者联系，具体联系方式：

E-mail: tangxz@czu.cn

编　者

2010 年 10 月

目　　录

第1章 数据库技术简介

随着计算机技术的蓬勃发展，计算机应用已经涉及人们日常生活、工作的各个领域。尤其在当今信息社会，计算机已成为人们日常工作中处理数据的得力助手和工具。数据处理是计算机四大应用（科学计算、过程控制、数据处理和辅助设计）的一个主要方面，而且已经渗透到许多其他应用领域。本章将从数据库的基本概念出发，介绍数据库及数据库系统的相关概念、知识和技能，然后着重介绍一种典型的关系型数据库管理系统 SQL Server，为进一步学习数据库技术及其应用奠定坚实的基础。

1.1 数据库系统应用程序设计方案简介

本节首先介绍数据库和数据库系统的基本概念，接着介绍几种数据库系统应用程序模型，最后介绍常用的数据库访问接口。

1.1.1 数据库及数据库系统

1. 数据库

数据库，顾名思义，是存放数据的仓库。只不过这个仓库是在计算机存储设备上，而且数据是按一定的格式存放的。数据库就是在计算机存储器中用于存储数据的仓库。

利用数据库技术，人们可以科学地保存和管理大量的复杂的数据，以便能充分利用这些信息资源，对信息资源进行处理，提炼出对决策有用的数据和信息。

2. 数据库系统

数据库系统是指在计算机系统中引入数据库后的系统，一般由数据库、数据库管理系统、应用程序系统和数据库用户几个部分组成。

（1）数据库

数据库是数据库系统的核心和管理对象，是有效数据的存储基地。大量的数据按一定的数据模型组织存储在数据库中，便于实现数据共享。数据库一般由应用程序员利用计算机数据库商家提供的数据库管理系统中的某一工具创建一个库结构（表格），再由数据库管理人员利用数据库管理系统或应用程序系统提供的工具将有用的数据填入设计好的库中，形成一个有效的数据库，并提供给多个终端用户共享和使用。

（2）数据库管理系统

数据库管理系统（DBMS）是对数据库进行管理和实现对数据库的数据进行操作的管理系统。它是建立在操作系统基础上的，是位于操作系统与用户之间的一层数据管理软件，负责对数据库的数据进行统一的管理和控制。用户发出的或应用程序中的各种操作数据库及其中数据的命令，都要通过 DBMS 来执行，如数据库创建，数据的定义、查询、更新（增加、删除和修改）等。DBMS 一般都由专业的软件商家研制，形成商业软件包，并提供一套较为完整的数据库语言（相当于一种高级语言）。本书的主要内容就是介绍一个典型的 DBMS——SQL Server。

（3）应用程序系统

这里所说的应用程序系统是指数据库应用程序系统，它是针对某一个管理对象（应用）而设计的一个面向用户的软件系统，是建立在 DBMS 基础上的，而且具有良好的交互操作性和用户界面。例如，学生选课管理系统、人事管理系统、财务管理系统等均为一个数据库应用程序系统。它与数据库管理系统和数据库一同构成数据库软件系统。

（4）数据库用户

严格地说，一个完整的数据库系统还应该包含数据库用户。数据库用户根据他们的工作内容可分成以下三类人员。

① 终端用户：一般是不要求精通计算机的各级管理人员，他们一般使用应用程序提供的菜单来操作数据库、生成报表等。

② 应用程序员：是负责设计和编制应用程序的人员。

③ 数据库管理员：是指全面负责数据库系统的管理维护，保证系统能够正常使用的人员。

1.1.2 数据库系统应用程序模型

数据库应用程序可以有效地对数据源（如 SQL Server 数据源）进行各种操作，它为了给上层用户提供特定的服务而去访问底层的数据库源。为了满足特定的服务要求，应用程序按照某种规则对特定的数据集进行特殊的操作，所以数据库（系统）应用程序本身是一个分层系统，至少包括数据层、规则层和数据表示层等层次。数据层是数据存储的场所，包括数据库定义、数据完整性逻辑及其他与数据密切相关的对象。规则层定义了对数据源进行何种处理，如插入、删除、更新数据源中的数据等。数据表示层规定将数据展示给应用程序的形式。

根据数据层、规则层和数据表示层的位置分布不同，数据库应用程序有单层、两层、三层或 *N* 层几种模型。

1. 单层

在单层数据库（系统）应用模型中，每一层并没有明显的界定，其功能可以相混以实现一些操作。这种数据库应用模型与文件系统结合紧密。从文件中读取或输入配置信息，并把结果保存到文件系统中。由于应用程序对文件采取了不同的读取方法，文件的内容往往只对特定的应用程序有意义，这样为数据共享带来了极大的不便。这样的应用程序称为文件密集型应用程序。

数据库的出现使得数据共享变得容易，数据库定义了数据的标准组织结构和存储格式。

不同的应用程序可以通过数据访问接口操作数据库。此时数据库和应用程序（可以有两层或三层）驻留在一台计算机上，该应用程序就是单层数据库应用模式。

2．两层（客户机/服务器）数据库应用模型

在两层（客户机/服务器）数据库应用模型中，客户应用向服务器应用提出请求，服务器应用响应请求并将结果返回给客户应用，客户应用解释响应结果。两层（客户机/服务器）数据库应用模型能充分利用网络的优势，将任务分解到多台计算机上，从而提高数据库应用的性能。

在客户机/服务器模型中，一般把数据层放在服务器上，数据表示层放在客户机上，而规则层的分布比较灵活。根据规则层的分布不同，客户机/服务器模型通常有以下两种不同的情况。

一种是“智能服务器”模型。在这种模型中，不仅数据层放在服务器上，规则也主要在服务器上实现。在这种设计中，客户机的任务较轻，只负责接受用户的请求并将请求转交给服务器，把服务器处理后的结果“翻译”后展示给用户；而服务器的任务比较重，根据用户的请求按照一定的规则操作数据库，并将结果返回给客户。在这种设计中，由于数据库和业务处理服务竞争相同的硬件资源，服务器会成为一个瓶颈，因而这种模型对服务器的性能要求较高。

另一种客户机/服务器模型是“智能客户机”模型。和“智能服务器”模型相反，大多数数据处理和规则发生在客户机上，服务器仅仅充当数据库服务器。这种设计是目前广泛使用的客户机/服务器应用模型。它的缺点在于网络交通会比较繁忙，如果事务（业务处理单元）较长时，数据库应用的性能会大大降低。

需要说明的是，客户和服务是相对于特定的应用时刻而言的。一个客户应用在另一个客户应用中可能是服务，而一个客户应用中的服务程序可能同时在另一个客户应用中充当客户的角色。即使在同一个应用程序中，两者的角色也不固定，关键看谁发起请求和谁提供服务。

3．三层/*N* 层模型

三层/*N* 层模型把规则层和数据层分开，客户直接对规则层操作，规则层与数据层进行通信，这种模型在当前的 Web 环境中得到了广泛应用，即通常所说的浏览器/服务器（B/S）模型。在这种模型中，数据层放在专用的数据库服务器上，负责规则处理的是中间层（Web Server），它既是浏览服务器，又是应用服务器，可以运行大量的应用程序，从而使客户端变得很简单。前台采用网页浏览器，如 IE、网景浏览器等。根据需要，如果在服务器端和客户端之间添加更多的应用服务器或数据库服务器，则数据库应用演变为 *N* 层模型。

三层/*N* 层模型中的数据表示层比较灵活，它们的功能比较单一，只要接受请求并表示服务器的响应即可，不需要包含任何规则。这样数据库系统中可以有多种多样的客户，它们可以共享一套规则。

1.1.3 常用数据库访问接口

数据库应用程序要访问数据库，必须使用一定的数据库访问接口。在 Windows 平台下主要有以下几种接口：开放数据库互联和 DB 库、内嵌 SQL、数据访问对象、远程数据库对象、OLE DB、ADO 和 ADO.Net。

1．开放数据库互联（ODBC）和 DB 库

ODBC 和 DB 库提供了函数调用层次上的数据库访问接口，它们通过一套 API 函数屏蔽底层不同的数据源，为上层的数据库应用提供一致的访问界面。这两套 API 函数操作数据库的性能几乎相同，但 ODBC 的 API 函数接口相对于 DB 库具有以下优势：

（1）ODBC 学习较容易。ODBC 用同一 API 函数实现相同的数据库操作，而 DB 库采用不同的 API。

（2）ODBC 更充分利用 SQL Server 提供的支持。

（3）ODBC 已经成为通用的工业标准。

2．内嵌 SQL

C 语言支持内嵌的 SQL 语句访问数据库。含有内嵌 SQL 语句的程序首先经过预编译，将内嵌 SQL 语句翻译成对数据库的调用。为了得到可执行程序，需要连接相关支持库。内嵌 SQL 主要用来向 SQL Server 移植其他数据库应用程序。

3．数据访问对象（Data Access Object，DAO）

DAO 提供了一个面向对象的数据库编程接口。与 ODBC 和 DB 库不同，它没有提供封装成 DLL 的 API 函数，而是提供了一组对象模型，同时提供了诸如连接管理、记录集操作的方法，大大降低了数据库编程的难度。

4．远程数据库对象（Remote Data Object，RDO）

RDO 与 DAO 极其相似，它提供了一组对象模型访问 ODBC 数据源。它包装了 ODBC 底层的所有 API 函数。另外，它还提供了不用 API 函数就能访问 ODBC 数据库的简单方法。RDO 通常跟 SQL Server 和 Oracle 数据库一起使用。

5．OLE DB

OLE DB 提供了一组非常底层的 COM 接口，数据库应用程序通过该组 COM 接口可以访问实现了该组接口的数据源。实现 OLE DB 接口的应用程序称为 OLE DB 提供者，访问该接口的应用程序称为 OLE DB 消费者。

OLE DB 既可以访问关系型数据库，又可以访问非关系型数据库，如 ISAM/VASM、非平面的等级数据库、E-mail、文件系统、文本和图像等。

6．ADO（Active Data Object）

ADO 是 OLE DB 的消费者，它利用底层 OLE DB 为应用程序提供简单高效的数据库访问接口。ADO 提供了高层的对象模型接口使得数据库编程非常简洁，同时保持 OLE DB 访问数据库的良好性能。ADO 已成为目前应用最广的数据库访问接口。

用 ADO 实现 Web 数据库应用非常方便。通过 VBScript 或 JavaScript 在 ASP 中很容易操作 ADO 对象，从而轻松地将数据库带到 Web 前台。

7．ADO.Net（ADO+）

ADO.Net 是微软 Visual Studio.Net 地一部分，称为 ADO+。ADO.Net 是非连接模式，而

ADO 是连接模式。连接模式需要消耗数据库服务器更多的资源，这在现在的 Web 应用中问题更为明显。所以 ADO.Net 的出现可以减少这种资源消耗。

1.2　SQL Server 简介

SQL Server 是微软公司的新一代数据管理和分析解决方案的大型数据库系统，它给企业级应用数据和分析程序带来了更好的安全性、稳定性和可靠性，使得数据库更易于创建、部署和管理，从而可以在很大程度上帮助企业做出更快更好的决策，提高软件开发的生产力，以及在减少预算的同时，更好地满足多种需求。

SQL Server 最初是由 Microsoft、Sybase 和 Ashton-Tate 三家公司共同开发的，并于 1988 年推出了第一个 OS/2 版本。SQL Server 近年来不断更新版本，1996 年，Microsoft 推出了 SQL Server 6.5 版本；1998 年，SQL Server 7.0 版本和用户见面；2000 年，Microsoft 公司推出 SQL Server 2000 版本；SQL Server 2005 是 Microsoft 公司于 2005 年推出的最新版本。

1.2.1　什么是 SQL Server

在深入地了解 SQL Server 如何运行以前，理解 SQL Server 是什么十分重要。首先也是最重要的是，SQL Server 不是一个数据库。它是一种客户机/服务器关系型数据库管理系统，或者简称 RDBMS，它使用 Transact-SQL（一种结构化查询语言）在客户机和服务器之间发送请求。尽管听起来有些混淆不清，但它确实不是数据库。SQL Server 或任何其他 RDBMS 都是一个用来建立数据库的引擎。

SQL Server 是一个作为服务运行的 Windows 应用程序。这就是说，它要运行在 Windows 环境下，并且启动后需要极少的用户交互。SQL Server 提供了用于建立用户连接、提供数据安全性和查询请求服务的全部功能。用户所要做的是建立一个数据库和与之交互的应用程序，不用为背后的过程担心。

SQL Server 是一个全面的、集成的、端到端的数据解决方案，它为企业级的用户提供了一个安全、可靠、高效的开发应用平台，可用于企业数据管理和商业智能应用。SQL Server 2005 是微软公司最新推出的综合、集成的数据平台，是一种进行数据管理和数据分析的数据解决方案，可简化从移动设备到企业数据系统的多平台上创建、部署、管理及使用企业数据和分析应用程序的复杂度。

1.2.2　SQL Server 的特点

SQL Server 具有 7 个基本特点：

（1）真正的客户机/服务器体系结构。

（2）图形化用户界面，使系统管理和数据库管理更加直观、简单。

（3）丰富的编程接口工具，为用户进行程序设计提供了更大的选择余地。

（4）SQL Server 与 Windows NT 完全集成，利用了 Windows NT 的许多功能，如发送和接收消息、管理登录安全性等。SQL Server 也可以很好地与 Microsoft Back Office 产品集成。

（5）具有很好的伸缩性，可以运行在几乎所有 Windows 平台的各种处理器上。

（6）对 Web 技术的支持，使用户能够很容易地将数据库中的数据发布到 Web 页面上。

（7）SQL Server 提供数据仓库功能。通常，这个功能只在 Oracle 和其他更昂贵的 DBMS 中才有。

1.2.3 SQL Server 2005 具有的新特性

SQL Server 2005 与以前的版本相比，在性能、可靠性、实用性等方面有了很大的扩展和提高，主要包括：

（1）新的数据库引擎为关系型数据、结构化和非结构化（XML）数据提供了更加安全、可靠的存储功能，实现了与 Microsoft Visual Studio、Microsoft Office System 和新的开发工具包（如 Business Intelligence Development Studio）的紧密集成。

（2）增强的报表服务。全面的报表解决方案，可创建、管理和发布传统的报表和交互的基于 Web 的报表。

（3）增强的数据访问接口。通过 SQL 本地客户程序将 SQL OLE DB 和 SQL ODBC 集成到一起，连通网络库形成本地动态链接库（DLL），从而使数据库应用的开发更为容易，更易于管理。

（4）增强的数据分析服务。联机（在线）分析处理（OLAP）功能可用于多维存储的大量、复杂的数据集的快速高级分析。

（5）增强的数据复制服务。数据复制可用于数据分发和移动数据处理。

（6）改进的开发工具。开发人员现在能够在.Net 统一平台下开发 Transact-SQL、XML 等应用。

（7）可以为不同规模的企业构建和部署经济有效的 BI（Business Intelligence）解决方案。

1.3 SQL Server 的组件

通过全面的功能集成及对日常任务的自动化管理能力，SQL Server 2005 为不同规模的企业提供了一个完整的数据解决方案，并为用户提供了一整套的开发工具、实用程序、接口和扩展，通常把它们统称为组件或工具。

1. 数据库引擎（Database Engine）

数据库引擎主要对数据进行存储、管理、访问控制和事务处理等操作，具体功能包括：

- 存储、处理和保护数据的可信服务；
- 控制访问权限、快速处理事务；
- 满足企业内要求极高而且需要处理大量数据的应用；
- 具有安全、可靠、可伸缩、高可用性，提升了 SQL Server 的性能，且支持结构化和非结构（XML）数据。

2. 分析服务（Analysis Services）

分析服务为商业智能应用程序提供联机分析处理（OLAP）和数据挖掘等功能，它允许设计、创建和管理包含从其他数据源聚合的数据的多维结构，以实现对 OLAP 的支持，并且支持通过使用各种行业标准的数据挖掘算法，从其他数据源构造出来的数据实现挖掘模型。

SQL Server 2005 在 SQL Server 2000 的分析服务基础上增强了许多功能，包括：

- 用户界面、新的开发和管理环境；
- 服务器可用性方面的增强；
- 多维数据集的增强；
- 数据挖掘方面的增强。

3．报表服务（Reporting Service）

报表服务是对基于已有数据和生成分类汇总信息的报表呈现，让用户可对报表进行访问和使用。SQL Server 2005 的报表服务支持基于 Web 的企业级数据，能够从多种数据源获取数据并生成报表，具有完整的创建、管理、执行和访问报表的能力。

4．集成服务（Integration Service）

集成服务是将核心组件中的数据、处理的结果和数据处理的报表进行很好地集成，将数据在各种服务之间进行转换，通过该服务器将不同数据源的数据提取出来，然后保存到目的地，实现数据的整合。

5．SQL Server 2005 管理平台（SQL Server Management Studio）

SQL Server 2005 管理平台提供了完全集成的源代码组织和管理功能，可以用于访问、配置和管理所有 SQL Server 组件，通过图形工具和丰富的脚本编辑器，使各种技术水平的开发人员和管理员都能轻松地使用 SQL Server。SQL Server 2005 管理平台将早期的 SQL Server 2000 企业管理器和查询分析器整合到单一的环境中，使得 SQL Server 更加易于开发、配置和管理。

此外，SQL Server 2005 管理平台还提供了一种环境，用于管理 Analysis Services、Integration Services、Reporting Services 和 XQuery。通过统一的管理平台，数据库管理人员可以轻松地完成日常的各项数据管理事务。管理平台一方面提供导航方式的数据管理功能，同时又提供 T-SQL 脚本调试的窗口，极大地方便了数据库管理人员和开发人员。

6．商业智能开发平台（Business Intelligence Development Studio）

SQL Server 商业智能开发平台是一个集成的环境，用于开发商业智能应用程序，包括特定构造的上下文模板。例如，可以通过选择一个 Analysis Services 项目来创建一个包含多维数据集或挖掘模型的 Analysis Services 数据库等。

在商业智能开发平台中，可以将开发项目作为独立于具体的服务器的某个解决方案的一部分进行开发。

7．配置管理器

SQL Server 配置管理器是一种工具，用于管理与 SQL Server 相关联的服务、配置使用的协议，以及从 SQL Server 客户端计算机管理网络连接配置。

8．SQL Server 联机丛书

SQL Server 2005 提供了大量的联机帮助文档，它具有索引和全文搜索能力，可根据关键词来快速查找用户所需信息。

SQL 联机丛书与各个主要的 SQL Server 工具很好地集成在一起。在查询分析器中选择关

键字，并按 Shift+F1 组合键，将会加载 SQL Books On-Line 并显示与指定的关键字相关的文章。同样，在 SQL 管理器中也可以利用“帮助”按钮加载 SQL Books On-Line 并显示所需要的主题。

1.4 SQL Server 2005 的版本

为了更好地满足每一个客户的需求，微软公司设计了 SQL Server 2005 产品家族。SQL Server 2005 中包含了非常丰富的特性，通过提供一个更安全、可靠和高效的数据管理平台，增强企业组织中用户的管理能力，大幅提升企业管理效率并降低运行风险和成本，通过一个极具灵活性和扩展性的开发平台，不断拓展用户的应用空间，实现 Internet 数据的业务互联，为用户带来新的商业应用机遇。

现在的 SQL Server 版本家族把一个企业所需要的所有数据相关功能集成在一个产品包里，并提供不同版本，不同客户根据用户所需选择最佳解决方案。SQL Server 是一个集数据管理、商业智能为一体的统一数据平台，客户可以在这个平台上轻松搭建任何数据应用。SQL Server 2005 产品家族分为 6 个版本：企业版、标准版、工作组版、学习版、开发版和移动版。

1. SQL Server 2005 企业版

SQL Server 2005 企业版（Enterprise Edition）是用于企业关键业务应用的完全集成的数据管理和商业智能分析的平台。适合于复杂的工作负荷、高级的分析需求和严格的高可用需求的应用场合，包括无限的伸缩和分区功能，高级数据库镜像功能，完全的在线和并行操作能力，数据库快照功能，OLAP 联机和数据挖掘功能，高级的报表应用和扩充功能。SQL Server 2005 企业版可以同时支持 64 个 CPU 同步工作，内存不限。

2. SQL Server 2005 标准版

SQL Server 2005 标准版（Standard Edition）是一个完全的数据管理和商业智能分析平台，它为那些需要比 SQL Server 2005 工作组版具有更多功能的中型企业和大型部门而设计。SQL Server 2005 标准版支持 64 位和 4 个 CPU 同步工作，内存不限。

3. SQL Server 2005 工作组版

SQL Server 2005 工作组版（Workgroup Edition）提供了一个更快捷并且更容易使用的数据库解决方案。对那些不满足 SQL Server 2005 标准版功能，又要满足一个完全数据库产品的中小型组织来说，它是一个理想的选择。SQL Server 2005 工作组版本支持 2 个 CPU 和 3GB 内存，并具备数据导入/导出等常用数据管理功能。

4. SQL Server 2005 学习版

SQL Server 2005 学习版（Study Edition）是 SQL Server 2005 数据库引擎中免费的和可再发布的版本。它提供了学习、开发和部署小型的数据驱动应用程序最快捷的途径。支持 1 个 CPU 和 1GB 内存，另外，支持日常的数据报表管理功能。

5. SQL Server 2005 开发版

SQL Server 2005 开发版（Developer Edition）旨在帮助开发者建立任何类型的应用系统，包括 SQL Server 2005 企业版的所有功能，但有许可限制，只能用于开发和测试系统。开发版是独立软件提供商、咨询人员、系统集成商、解决方案供应商以及创建和测试应用程序的企业开发人员的理想选择，开发板可以根据市场需要升级到 SQL Server 2005 企业版。

6. SQL Server 2005 移动版

SQL Server 2005 移动版（Mobile Edition）结构紧凑，但仍包含一系列相关的数据库功能。SQL Server 2005 移动版通常部署在智能设备上，并与 Microsoft.Net Compact Framework 集成，支持对数据库的多用户访问和日常的数据管理功能。

1.5 SQL Server 中常用的数据对象

1.5.1 数据库对象

数据库是存放数据的地方，它是数据、表、视图、存储过程、触发器和其他对象的集合。

1. 表

表是实际存放数据对象的二维表格，按列和行组织数据。数据库的大部分工作是处理表，每个表支持四种操作：

（1）查询表中数据；

（2）插入新数据到表中；

（3）更新表中现有数据；

（4）删除表中数据。

根据需要，有时操作表的行，有时操作表的列。每个列包括列名、数据类型、长度和是否为空等属性。

2. 数据类型

包含数据的对象都具有一个相关的数据类型，此数据类型定义对象所能包含的数据种类（字符、整数、二进制数等）。

指定对象的数据类型定义了该对象的四个特性：

（1）对象所含的数据类型，如字符、整数或二进制数；

（2）所存储值的长度或它的大小；

（3）数字精度（仅用于数字数据类型）；

（4）数值小数位数（仅用于数字数据类型）。

3. 视图

视图是浏览数据的方式，并不表明数据的存储，因此视图需要从表中检索数据，并按指定的结构形式浏览。

视图和表很相似，可以用来检索特定的数据，也可以修改数据。但视图并不存放数据，只是存放 SQL 命令，告诉 SQL Server 应该如何检索表中的数据。打开视图时，SQL Server 执行这些命令，生成虚拟表。虚拟表只在使用时存在，使用完毕后即撤销。

4．存储过程

存储过程和视图很相似，也是存放 SQL 命令。但存储过程的主要目的不是为了浏览数据，而是对表中的数据进行处理。通常情况下，如果经常要对表中的数据进行相同的处理，且处理过程比较复杂，可以考虑将处理数据的命令组织成存储过程，以后每次只需要执行存储过程即可。

存储过程可以接受输入值，也可以在不需要输入参数的情况下直接进行简单调用。存储过程可以不返回值，也可返回一个状态值，或利用输出参数返回多个值。

5．触发器

触发器是一种特殊类型的存储过程，当使用 UPDATE、INSERT 或 DELETE 中的一种或多种数据修改操作在指定表中对数据进行修改时，触发器会生效。触发器可以查询其他表，而且可以包含复杂的 SQL 语句。

触发器的第一个用途是让数据库自动响应用户的操作。触发器的第二个用途是强制复杂的业务规则或要求，限制插入数据库的数据或限制从数据库修改和删除数据。

6．约束

约束是在 SQL Server 中定义的能自动强制数据库完整性的一种机制。约束定义关于列中允许值的规则，是强制完整性的标准机制。查询优化器也使用约束定义生成高性能的查询执行计划。SQL Server 2005 支持五类约束：检查约束、默认值约束、唯一约束、主关键字约束和外关键字约束。

7．索引

索引提供了快速访问数据库表中的特定信息的方法。索引是对数据库表中一个或多个列［例如，employee 表的姓氏（lname）列］的值进行排序的结构。索引分为聚集索引和非聚集索引两种类型。

1.5.2 数据库对象的引用方法

在 SQL Server 中，数据库对象的引用方法有两种：一是指定对象的全称（全限定名称），二是指定对象的一部分，其余部分由 SQL Server 从当时的上下文环境确定。

1．全限定名称

SQL Server 对象的完整名称包括 4 个标识符：服务器名称、数据库名称、对象的所有者名称和对象名称。格式如下：

```
Server.database.owner.object
```

2．部分指定的名称

在引用一个对象时，并不总是必须指定服务器、数据库和所有者。中间标识符可以被省略，只要它们的位置由一个句点指出。对象名称的合法格式如下：

```
Server.database..object
Server..owner.object
Server...object
database.owner.object
database..object
owner.object
object
```

引用一个对象时，如果没有指定名称的不同部分，SQL Server 使用下面的默认值。

（1）服务器：本地服务器默认值。

（2）数据库：当前数据库默认值。

（3）所有者：数据库中用户名称的所有者默认值。

1.6 本章小结

本章从数据库技术的基本概念出发，先介绍了常见的数据库系统应用模型，包括单层、两层、三层/*N* 层应用模型，然后介绍了 Windows 平台下常用的数据库访问接口，包括 ODBC 和 DB 库、DAO、RDO、ADO 和 ADO.Net 等。

SQL Server 是一种客户机/服务器关系型数据库管理系统（简称 RDBMS），它使用 Transact-SQL（一种结构化查询语言）在客户机和服务器之间发送请求。

SQL Server 2005 具有几种不同的版本，如企业版、标准版和移动版等，它们在特性、支持的硬件和费用方面各有不同。

SQL Server 2005 提供了一整套工具、实用程序、接口和扩展，通常把它们统称为组件或工具。SQL Server 2005 的组件既包括服务器组件，如 SQL Server 数据库引擎、SQL Server 代理和分布式事务处理协调器等；也包括很多客户组件，如 SQL Server 2005 管理平台等。

数据库是数据、表和其他对象的集合。SQL Server 中提供的数据库对象有表、数据类型、存储过程、触发器、视图和约束等。

第2章 SQL Server管理及开发工具

SQL Server 管理器（Microsoft SQL Server Management Studio）是为 SQL Server 数据库的管理和开发者准备的全新的开发工具，它基于 Microsoft Visual Studio，为用户提供了图形化的、集成了丰富的开发环境的管理工具。SQL Server 管理器提供了包括 SQL Server 2000 企业管理器、查询分析器和分析管理器的所有功能，并可以在其中编写 XML、MDX 和 XMLA 语句，为开发者提供了一个稳定的、高效的统一数据库管理开发平台。

2.1 SQL Server 管理器

SQL Server 管理器不仅能够配置系统环境和管理 SQL Server，而且由于它能够以层叠列表的形式来显示所有的 SQL Server 对象（见图 2-1），因而所有 SQL Server 对象的建立与管理都可以通过它来完成。

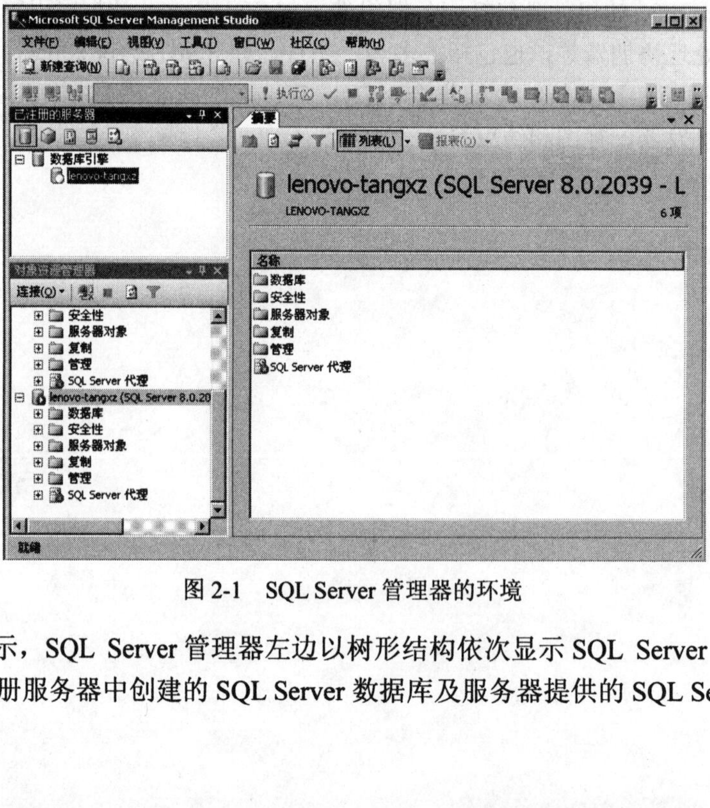

图 2-1　SQL Server 管理器的环境

如图 2-1 所示，SQL Server 管理器左边以树形结构依次显示 SQL Server 实例组中已注册的服务器、已注册服务器中创建的 SQL Server 数据库及服务器提供的 SQL Server 管理工具。

SQL Server 管理器右边以列表的形式显示左侧树形结构中选中对象的全部内容。

2.2　启动与关闭服务器

2.2.1　启动 SQL Server 数据库引擎

要从 SQL Server 管理器来启动 SQL Server，执行如下操作：

（1）从 SQL Server 程序组中启动 SQL Server 管理器，在弹出的“连接到服务器”对话框中，系统提示建立与服务器的连接，如图 2-2 所示。可以使用本地服务器和标准 Windows 身份验证的默认设置，输入安装时设置的密码。

图 2-2　“连接到服务器”对话框

（2）在图 2-2 所示的对话框中单击“连接”按钮，则进入“Microsoft SQL Server Management Studio”窗口，如图 2-3 所示。

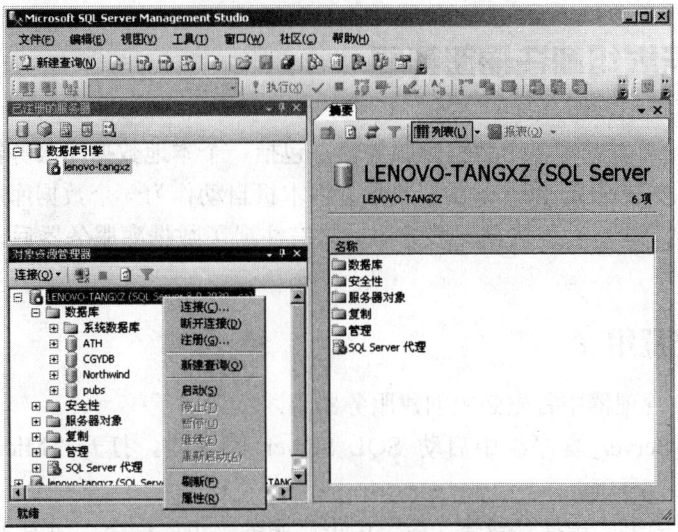

图 2-3　用 SQL Server 管理器启动 SQL Server

（3）展开指定的数据库服务器。

（4）用鼠标右键单击数据库服务器，从弹出的快捷菜单中选择“启动”命令。

2.2.2　暂停、停止 SQL Server

SQL Server 服务启动后，可以通过 SQL Server 管理器将其关闭。如图 2-4 中，选择“停止”或“暂停”选项即可。一般在停止运行 SQL Server 之前应先暂停 SQL Server，这样，可以让已经联机的用户仍然能继续作业，确保正在运行的作业不会中断，起到一个很好的提醒作用。

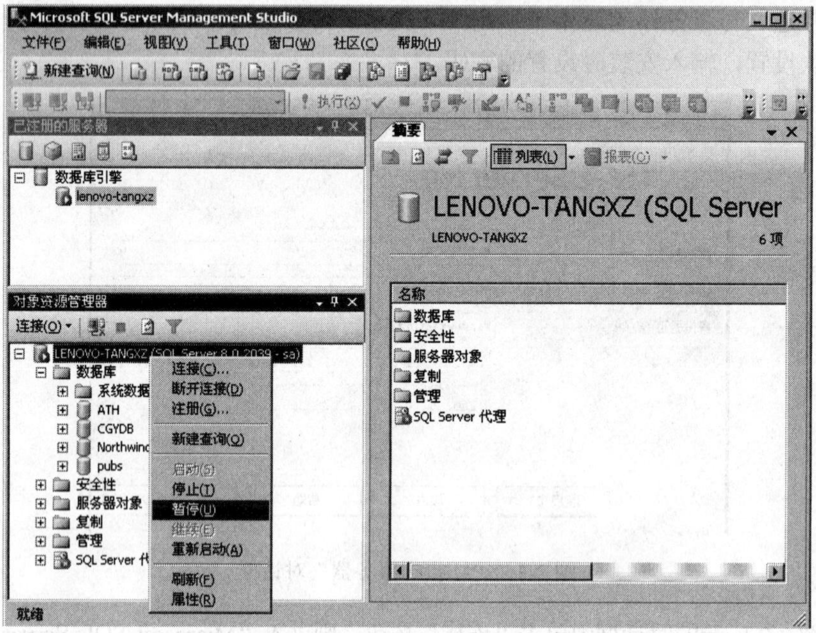

图 2-4　暂停或停止服务器

2.3　创建服务器组和注册服务器

SQL Server 中可以管理多个数据库服务器，包括一个本地数据库服务器和其余若干个远程数据库服务器。安装 SQL Server 后，通常会将本机自动作为一个数据库服务器，进行数据库管理和维护。对于其他远程数据库服务器，只有注册了数据库服务器后，才可以对数据库服务器进行管理。

2.3.1　创建服务器组

在 SQL Server 管理器中首先必须创建服务器组，步骤如下：

（1）从 SQL Server 程序组中启动 SQL Server 管理器，打开“Microsoft SQL Server Management Studio”窗口。

（2）右击服务器组，选择“新建”后，单击“服务器组”命令，如图 2-5 所示。

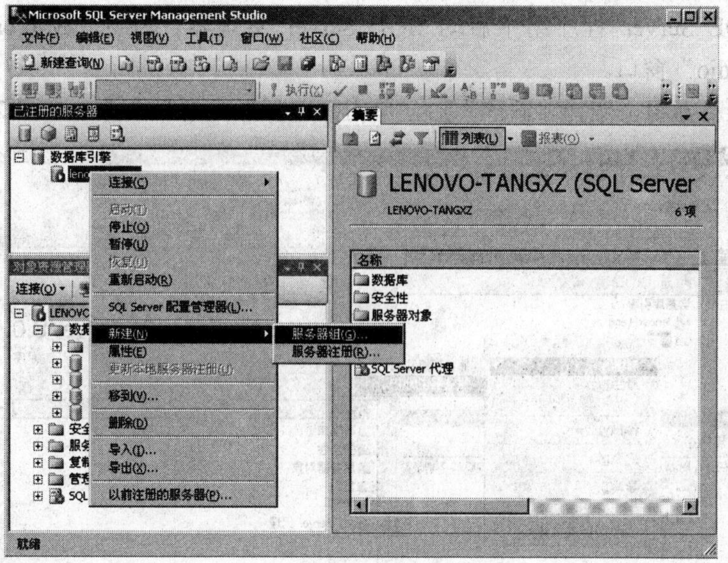

图 2-5　新建服务器组注册

(3) 在弹出的“新建服务器组”对话框中，输入一个唯一的组名，如图 2-6 所示。

在“组说明”中可以输入一个描述服务器组的说明，在“选择新服务器组的位置”中可以选择一个存放该组的位置，单击“保存”按钮。

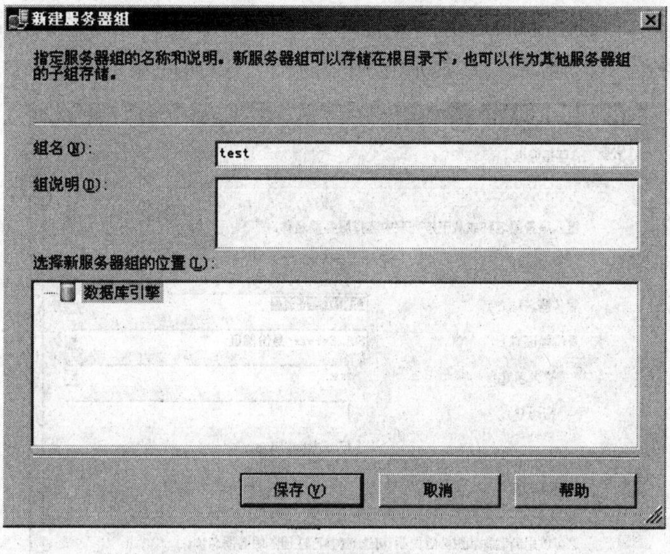

图 2-6　“新建服务器组”对话框

2.3.2　服务器注册

服务器必须注册后才能供应用程序访问和连接。有 3 种方法可以注册服务器：当 SQL Server 管理平台安装启动之后，将自动注册本地实例；也可以随时启动自动注册过程来还原本地服务器实例的注册；还可以使用管理平台的“已注册的服务器”工具注册服务器。

服务器注册的步骤：

（1）从 SQL Server 程序组中启动 SQL Server 管理器，打开“Microsoft SQL Server Management Studio”窗口。

（2）右击服务器组，选择“新建”后，单击“服务器注册”命令，如图 2-7 所示。

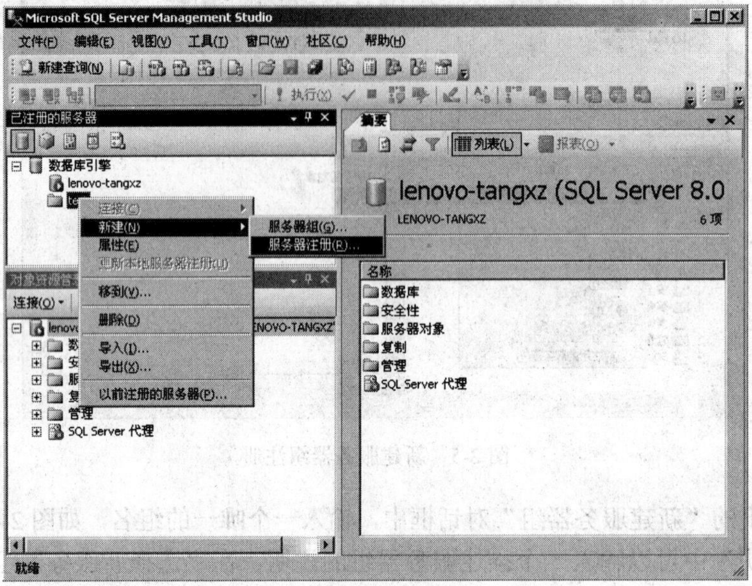

图 2-7　注册服务器

（3）在弹出的“新建服务器注册”对话框中（见图 2-8）输入“服务器名称”、“服务器类型”、“登录名”、“密码”，然后单击“保存”按钮即可。

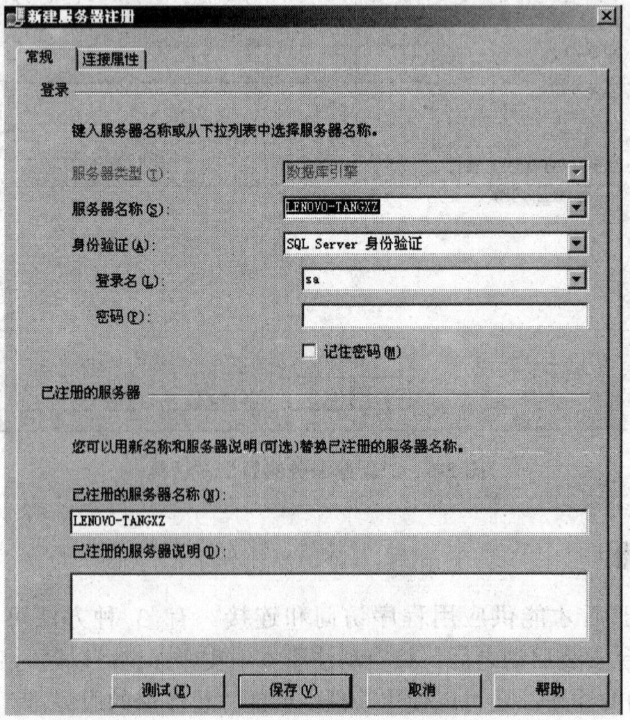

图 2-8　“新建服务器注册”对话框

2.4　连接和断开服务器

应用程序在可以使用 SQL Server 数据库之前，必须连接到 Microsoft SQL Server 数据库服务器（也称实例）。若数据库服务器已经注册到 SQL Server 管理器中，则展开指定的数据库服务器，用鼠标右键单击要连接的数据库服务器，选择“连接”，然后在快捷菜单中选择“对象资源管理器”命令即可。如果需要断开连接，则在已连接的服务器上单击右键，选择“断开连接”命令即可，如图 2-9 所示。

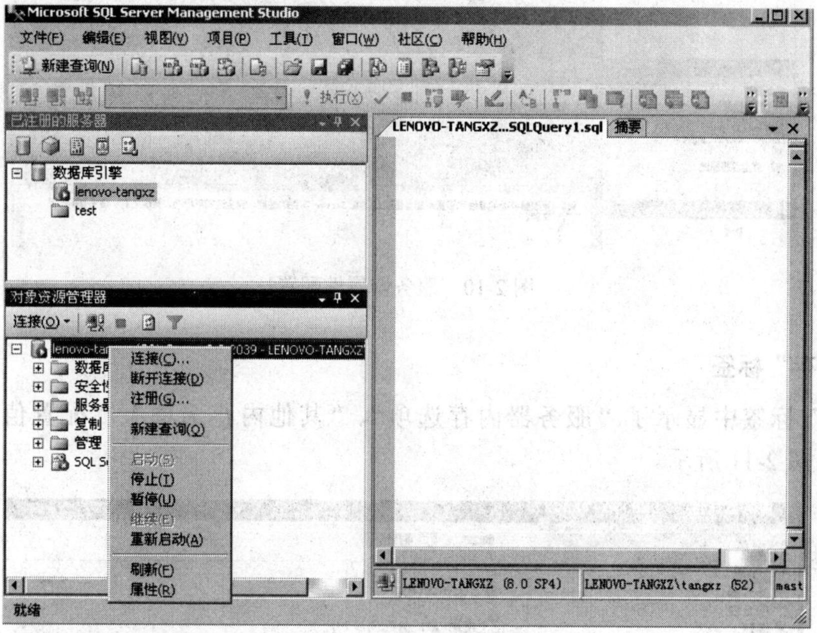

图 2-9　“断开连接”服务器

2.5　配置数据库属性

SQL Server 2005 服务器具有自动配置能力，大部分用户不需要做任何修改即可使用默认的配置。如果需要更好地管理和优化 SQL Server 资源，管理员可以使用内置的系统存储过程来配置，也可以使用管理平台来进行配置。

利用 SQL Server 管理平台配置 SQL Server 数据库是最常用的一种方式，在需要配置的数据库上单击右键，选择“属性”，然后在弹出的“服务器属性”窗口中可以对服务器的 7 个属性进行配置。

下面简单介绍 SQL Server 2005 属性配置对话框中的几个重要标签的内容。

1．“常规”标签

“常规”标签中显示了服务器名、操作系统和版本等环境信息，在界面中可以查看信息，但不能修改，这些信息包括服务名称、产品名称、所用的操作系统和平台等，如图 2-10 所示。

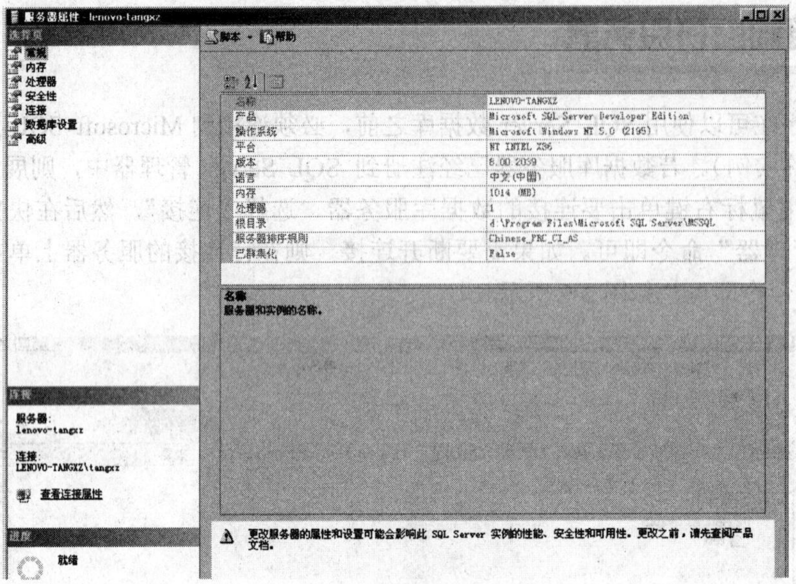

图 2-10　服务器属性配置

2．“内存”标签

“内存”标签中显示了“服务器内存选项”、“其他内存选项”、“配置值”和“运行值”等，如图 2-11 所示。

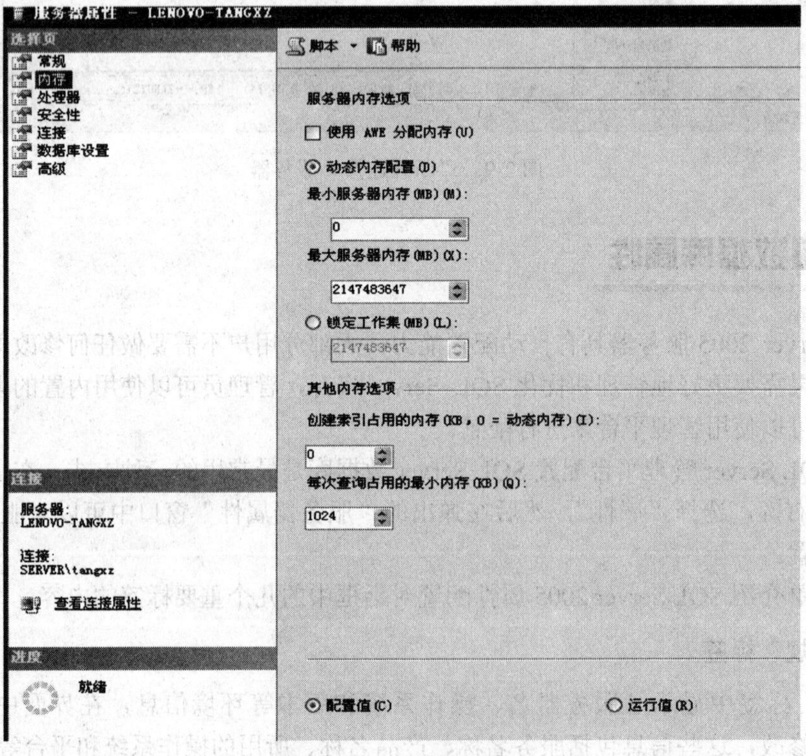

图 2-11　内存属性配置

- 使用 AWE 分配内存：32 位操作系统最多支持 4GB 内存，然而大型的服务器的物理内存可以扩展到 64GB。如果要大于 4GB，就要用 Windows 2000/2003 地址范围扩展插件（AWE）API 来识别和分配了。这个选项用来指定 SQL Server 利用 AWE 来支持大于 4GB 以上的物理内存。
- 最小服务器内存：指定分配给 SQL Server 的最小内存。应该根据当前实例的大小来设置该值，避免 SQL Server 从操作系统请求过多的内存。
- 最大服务器内存：指定分配给 SQL Server 的最大内存。

3. “安全性”标签

“安全性”标签用于查看或修改服务器的安全选项，如图 2-12 所示。

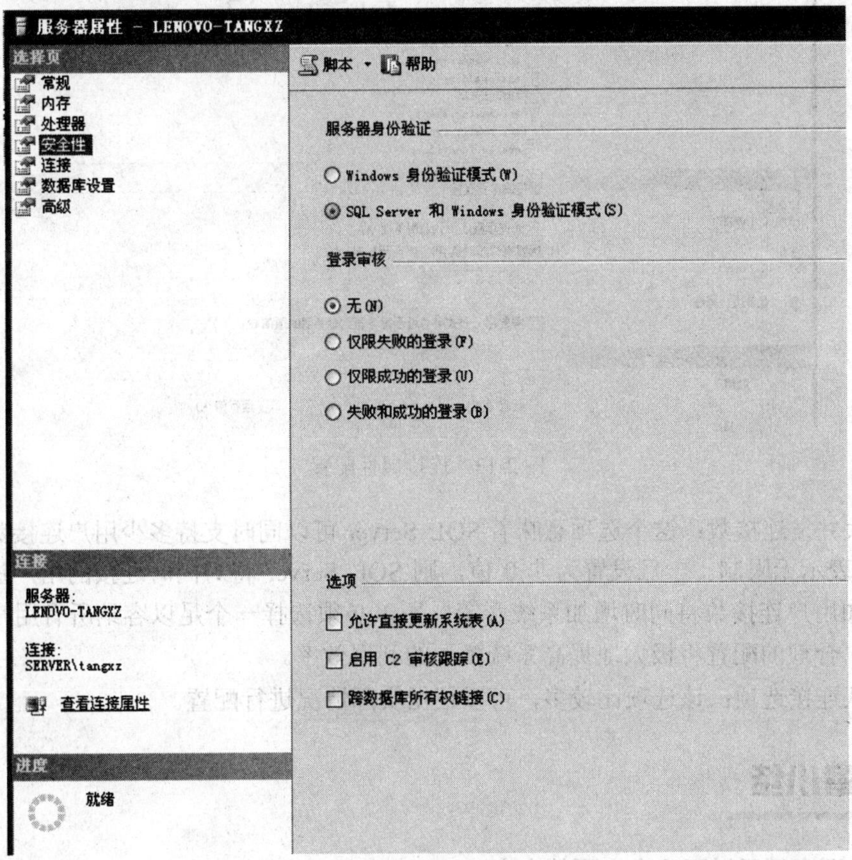

图 2-12　安全性属性配置

- Windows 身份验证模式：使用与登录操作系统相同的用户登录到 SQL Server 数据库中。该用户必须具有相应的授权才能登录到 SQL Server 数据库。
- SQL Server 和 Windows 身份验证模式：SQL Server 允许使用内置的 sa 管理员账号登录到数据库。默认情况下 sa 登录账号无效，因此要使用 sa 账号登录数据库，必须首先使 sa 账号有效。
- 登录审核：设置是否对用户登录 SQL Server 服务器的情况进行审核。

4．“连接”标签

“连接”标签用于配置 SQL Server 的用户连接参数，如图 2-13 所示。

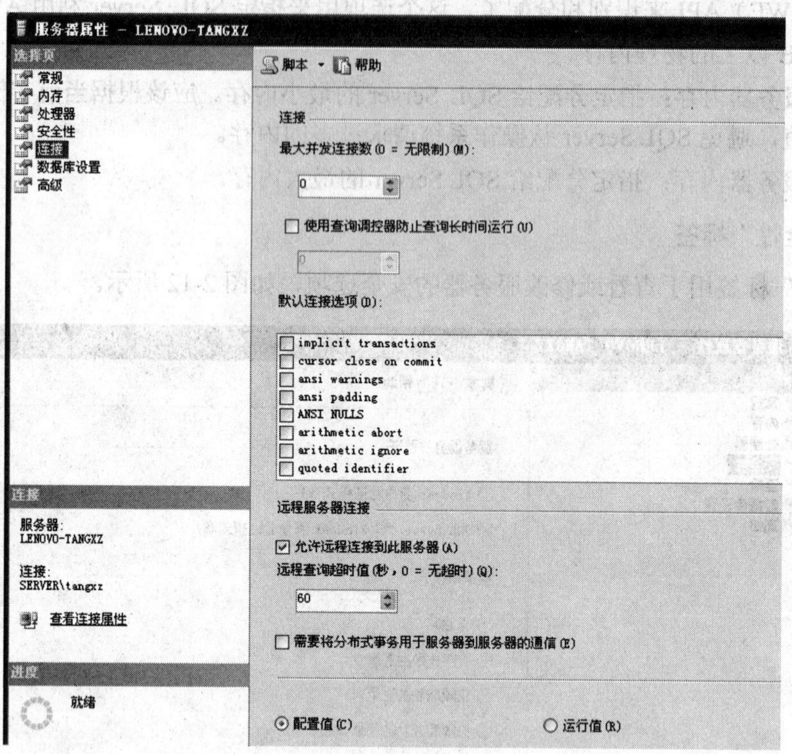

图 2-13　连接属性配置

- 最大并发连接数：这个选项意味着 SQL Server 可以同时支持多少用户连接数。默认为 0，表示无限制。一旦设置为非 0 值，则 SQL Server 将对同时连接的用户进行限制。增加用户连接数将同时增加系统开销，所以必须选择一个足以容纳所有用户连接的内存，合理的配置将极大地提高系统资源的利用效率。
- 默认连接选项：该选项比较多，可以根据实际情况进行配置。

2.6　本章小结

本章主要介绍了以下几个方面的内容：

SQL Server 管理器是 SQL Server 中最重要的一个管理工具，它以层叠列表的形式来显示和管理所有的 SQL Server 对象。

在一个 SQL Server 中可以管理多个数据库服务器：一个本地数据库服务器和若干远程数据库服务器。只有注册了数据库服务器后，SQL Server 才可以对数据库服务器进行管理。

在 SQL Server 2005 中，服务器能自动管理大多数 SQL Server 资源，通常情况下无需太多的人工干涉。必要时，用户可以利用 SQL Server 管理器来设置数据库服务器属性，如“安全性”、“连接”和“复制”等选项。

第3章 Transact-SQL 语言

标准的 SQL 数据操作语言（Data Manipulation Language，DML）命令只能用于修改或者返回数据。在 SQL DML 中，没有用于开发过程和算法的编程结构，也没有包含用于控制和调整服务器的数据库专用命令。

Transact-SQL 是由 Microsoft 开发的一种 SQL 语言，简称 T-SQL。它不仅提供了对 SQL 标准的支持，而且还对 SQL 进行了一系列扩展。T-SQL 的目的在于为事务型数据库开发提供一套过程化的开发工具。

3.1 SQL 语言

SQL（Structured Query Language）是目前使用最为广泛的关系型数据库查询语言，它 20 世纪 70 年代诞生于 IBM 公司在加利福尼亚 San Jose 的试验室中。最初它被称为结构化查询语言，并常常简称为 sequel。最初 SQL 是为 IBM 公司的 DB2 系列数据库管理系统 RDBMS——关系型数据库管理系统而开发的，而在今天，在很多不同平台下运行的都是 SQL。

由于 SQL 语言具有功能丰富、使用方式灵活以及语言简洁易学等特点，SQL 语言在计算机工业界和用户中备受欢迎。1986 年 10 月，美国国家标准局（ANSI）的数据库委员会批准 SQL 语言作为关系型数据库语言的美国标准，并发布了标准的 SQL 文本，很快，国际化标准组织（ISO）也做了相同的决定，并在 1992 年发布 SQL-92 版本。目前，SQL 经过多次修改，在功能和性能上做了大幅度提高，目前最新的版本是 2003 年制定的 ISO/IEC 9075:2003，即 SQL:2003（SQL 4）。

SQL 具有两个明显的特性。其一，SQL 是面向集合的语言，它可以使用一条语句从一个表或多个表中查询许多行，这和传统语言 C、C++、Java 明显不同；其二，SQL 是非过程性的语言，使用过程语言（C、C++、Java）编写的程序一步步描述一个任务如何完成，而 SQL 只描述用户的请求，与具体过程无关，系统负责找到解决用户请求的合适方法。

SQL 语言的全称是结构化查询语言，它包括了查询（Query）、操作（Manipulation）、定义（Definition）和控制（Control）四个方面的功能。因此 SQL 语言同时集成数据库 DDL（Data Define Language）语言和 DML（Data Manipulation Language）语言的功能，是一种综合、通用和功能极强的关系型数据库语言。SQL 语言可以作为独立语言供终端用户使用，也可以作为宿主语言嵌入到其他高级程序设计语言中使用。在使用 SQL 的过程中，用户完全不用考虑诸如数据的存储路径、数据的存储格式等问题，用户只需使用 SQL 提出自己的要求，至于如何实现这些要求是关系型数据库管理系统的任务。

例如，如果要从学生信息表（Student）中找出年龄小于 20 岁的学生学号和姓名，可以在 SQL 语言代码编辑界面中输入如下 SQL 查询语句：

```
SELECT * FROM Student WHERE age<20;
```

在上述语句中，只提出了查询要求，并没有指出查询方式和查询路径，但关系型数据库管理系统能接受并执行上述语句，并返回查询结果，如图 3-1 所示。

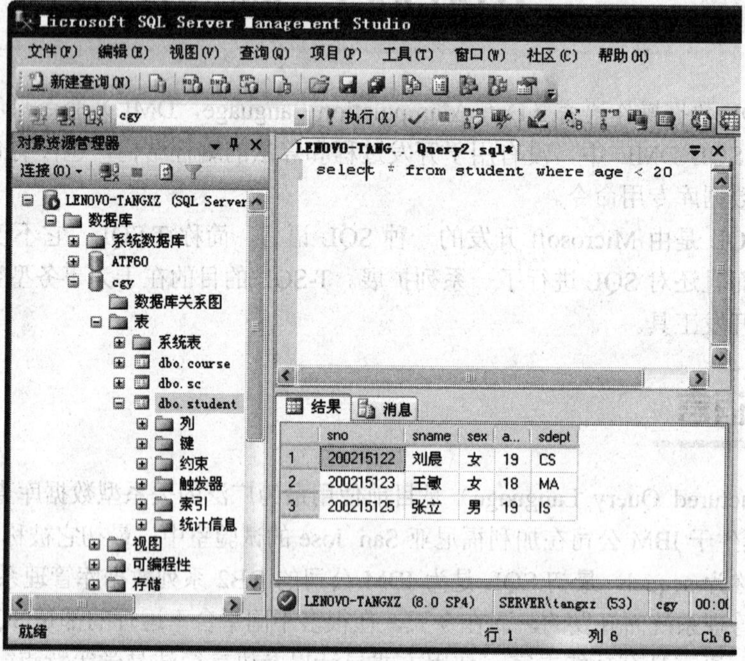

图 3-1 查询学生信息

从上面的结果可以看出，SQL 语言完成相同的工作所需的语句比其他高级语言要少，它主要应用集合来描述并访问数据。在上例的结果中返回的是一个数据的集合，这种结果，如果使用其他高级语言来实现，通常需要用到循环语句。

3.2 Transact-SQL 语言概述

3.2.1 Transact-SQL 编程语言

目前，几乎所有的关系型数据库系统都支持 SQL-92。与标准的 SQL 语言相比，实际应用的 SQL 语言通常做了许多必要的补充。在 SQL Server 中使用的就是对 SQL 进行了大量扩充的 Transact-SQL 语言。

Transact-SQL 是由 Microsoft 公司开发的一种 SQL 语言，它不仅提供了对 SQL 标准的支持，而且包含了 Microsoft 对 SQL 的一系列扩展。Transact-SQL 在 SQL 语言里加入了程序流程控制结构（如 If 结构和 While 结构）、局部变量和其他一些内容。利用这些内容，用户可以编写出复杂的查询语句，也可以建立驻留在 SQL Server 服务器上基于代码的数据库对象（如触发器和存储过程等）。另外，Transact-SQL 不仅可以完成数据查询，而且还提供了数据库管理的功能。

Transact-SQL 是 SQL Server 功能的核心。不管应用程序的用户界面是什么形式，只要与数据库服务器交互使用，最终都必然表现为 Transact-SQL 语言。

3.2.2 SQL Server 的对象命名规则

数据库对象的名称被看成是该对象的标识符。SQL Server 中的每一内容都可带有标识符。服务器、数据库和数据库对象（如表、视图、列、索引、触发器、过程、约束、规则等）都有标识符。大多数对象要求带有标识符，但对有些对象（如约束）标识符是可选项。

SQL Server 标识符有两类：常规标识符和分隔标识符。

常规标识符的命名规则如下。

（1）名字标识符不能超过 128 个字符。

（2）第一个字符必须是下列字符之一：

- Unicode 标准 2.0 所定义的字母。Unicode 中定义的字母包括拉丁字母 a～z 和 A～Z，以及来自其他语言的字母字符。
- 在 SQL Server 中，某些处于标识符开始位置的符号具有特殊意义。以@符号开始的标识符表示局部变量或参数。以一个数字符号开始的标识符表示临时表或过程。以双数字符号（##）开始的标识符表示全局临时对象。

（3）后续字符可以是：

- Unicode 标准 2.0 所定义的字母。
- 来自基本拉丁字母或其他国家/地区脚本的十进制数字。
- @符号、美元符号（$）、数字符号或下画线。

（4）标识符不能是 Transact-SQL 的保留字（如 Table、View 等）。

（5）不允许嵌入空格或其他特殊字符。

SQL Server 对象标识符中如果包含空格或标识符，或用到了 SQL Server 保留字时，SQL Server 对象标识符必须包含在方括号（[]）或引号（" "）中，这种标识符称为分隔标识符或定界标识符。例如，对象名为[table]、"view"、[database]等。

3.2.3 Transact-SQL 的元素

在 Transact-SQL 编程结构中，通常包含以下一些语言元素或命令：数据定义语言（DDL）、数据控制语言（DCL）、数据操作语言（DML）及其他语言元素。

1. 数据定义语言（DDL）

DDL 语句可以通过以下命令创建和管理数据库、表、用户自定义数据类型和其他对象：Create object_name、Alter object_name、Drop object_name。

【例 3-1】在 PUBS 数据库中创建了一个名称为 Student 的表，该表包含 3 列，分别为 stu_id（字符串）、stu_name（可变长度字符串）和 stu_addr（变长度字符串）。

```
USE  PUBS
CREATE  TABLE  Student(  stu_id          char(7)  NOT NULL,
                         stu_name     varchar(30)  NOT NULL,
stu_addr    varchar(30)  NULL )
```

2. 数据操作语言（DML）

数据操作语言通过以下命令能对数据库中的数据完成查询和更新等操作：SELECT（查询）、INSERT（插入）、UPDATE（更改）、DELETE（删除）。

【例 3-2】查询学号为 0301001 的学生的所有信息。

```
SELECT  *  FROM  Student
    WHERE  stu_id='0301001'
```

【例 3-3】在 Student 表中插入一条学生信息，学号、姓名、地址分别为 0301002、王立、中国江苏。

```
INSERT  INTO  Student(stu_id, stu_name, stu_addr)
    VALUES('0301002', '王立', '中国江苏')
```

【例 3-4】更新学号为 0301002 的学生的地址信息。

```
UPDATE  Student
    SET  stu_addr = "中国江苏省南京市"
    WHERE stu_id =  '0301002'
```

3. 数据控制语言（DCL）

DCL 语句可以通过以下命令来设置和更改用户或角色对数据库对象的访问、操作的权限（对象权限）及执行特定的 Transact-SQL 语句的权限（语句权限）。

（1）GRANT 命令

GRANT 命令可以授予用户或角色对数据库对象进行访问或执行其他操作的权限。

【例 3-5】授予 PUBLIC 角色一种对象权限——查询 Sales 表的权限。

```
USE  PUBS
GRANT  SELECT  ON  Sales  TO  PUBLIC
```

【例 3-6】给用户 Mary 授予多个语句权限（创建数据库及创建表）。

```
GRANT  CREATE DATABASE,  CREATE TABLE TO  Mary
```

（2）DENY 命令

DENY 命令可以拒绝给当前数据库内的安全账户授予权限并防止安全账户通过其组或角色成员资格继承权限。

【例 3-7】拒绝用户 Guest 的查询和修改 Authors 表权限。这样，用户 Guest 就没有对 Authors 表的权限。

```
USE  PUBS
DENY SELECT,  INSERT,  UPDATE,  DELETE  ON  Authors  TO  Guest
```

（3）REVOKE 命令

REVOKE 命令删除以前在当前数据库内的用户或角色上授予或拒绝的权限。

【例 3-8】废除以前授予用户 Guest 的创建表和默认值的权限。

```
USE   PUBS
REVOKE   CREATE   TABLE, CREATE   DEFAULT   FROM   Guest
```

4．其他语言元素

在 Transact-SQL 编程结构中，除了前面介绍的 DCL、DDL、DML 外，还包括其他一些常用的语言元素或命令，如局部变量和全局变量、注释符、运算符、通配符、流程控制语句、批处理、调试语句、切换数据库命令等。这些语言元素或命令将在本章后面的几节中详细说明。

3.3 数据类型

SQL Server 中存放的每种数据（数字、字符串、时间等），都需要用数据类型来定义。通常情况下可以使用 SQL Server 定义的系统数据类型，如果有必要，也可以自定义数据类型。本节将首先介绍 SQL Server 提供的各种数据类型。

3.3.1 系统提供的数据类型

SQL Server 提供的数据类型很多，总的来说有字符类型、数值类型和时间数据类型等，而数值类型又可以分为整数类型、浮点类型。下面将详细介绍。

1．逻辑类型 bit

在 SQL Server 中，常用 bit 数据类型来存储那些只有两种可能值的逻辑数据，如 yes 或 no、true 或 false、on 或 off。bit 数据类型实际上是整型的一种，其值只能是 1、0 或空值，若在一个表列上输入任何不是 1 或是 0 的值，表列的值都将存储为 1。

2．整数类型

整数类型用于存储精确的数值数据，包括 int、smallint、tinyint 和 bigint 几种类型，其区别在于存储的数值范围不同。

int 长整型可以存储-2^{31}（-2 147 483 648）～2^{31}（2 147 483 647）间的整数，存储到数据库的通常所用的数值型的数据都可以用这种数据类型，这种数据类型在数据库里占用 4 个字节。

smallint 短整型可以存储-2^{15}（-32 768）～2^{15}（32 767）间的整数，这种数据类型对存储一些常限定在特定范围内的数值型数据非常有用，其在数据库里只占用 2 个字节。

tinyint 微整型能存储 0～255 间的整数，这种数据类型在数据库中只占用 1 个字节，它在只打算存储有限数目的数值时很有用。

bigint 长整型存储-2^{63}（-9 223 372 036 854 775 808）～$2^{63}-1$（9 223 372 036 854 775 807）间的整型数据（所有数字），存储大小为 8 个字节。

3．浮点类型

与整数类型不同，浮点类型采用科学计数法来存储十进制小数。浮点类型包括单精度类型（real）、双精度类型（float）和精确数值类型（decimal、numeric）。

（1）单精度类型（real）像浮点数一样，是近似数值类型。它可以表示数值在-3.40E+38～3.40E+38 间的浮点数。

（2）双精度类型（float）也是一种近似数值类型，表示-1.79E+308～1.79E+308 间的任意数。

（3）精确数值类型（decimal、numeric）用来存储$-10^{38}+1$～$10^{38}-1$ 间的固定精度和范围的数值型数据。使用这种数据类型时，至少必须指定数值的范围。范围是小数点左边和右边所能存储的数字的总位数，精度是小数点右边存储的数字的位数。精确数值类型的表示方法为 decimal(p,[s])或 numeric(p,[s])，其中 p 表示数据数字的总位数，必须指定，s 表示小数部分的位数，s 必须小于或等于 p，s 可以不指定，其默认值为 0。

4．字符类型

字符类型可使表存储比数值类型广泛得多的各种符号，它可用来存储字母、数字符号和其他各种特殊字符。字符类型包括定长字符类型 char[(n)]、变长字符类型 varchar[(n)]和超长数据类型（text）等类型。

（1）char[(n)]字符型用来存储长度为 n 个字节的固定长度且非 Unicode 的字符数据。n 必须是一个 1～8000 间的数值。char[(n)]字符型数据的存储大小为 n 个字节。如果知道要存储的数据的长度时，此数据类型很有用。例如，按邮政编码加 4 个字符格式来存储数据时，总共用到 10 个字符。

（2）变长字符类型 varchar[(n)]用来存储长度为 n 个字节的可变长度且非 Unicode 的字符数据。n 必须是一个 1～8000 间的数值。与 char 型不一样，此数据类型的长度为变长。当定义某列为该数据类型时，需要指定该列的最大长度。它与 Char 数据类型最大的区别是，存储大小为输入数据的字节的实际长度，而不是 n 个字节。

（3）text 数据类型用来存储大量的非 Unicode 的字符数据。这种数据类型最多可以存储 $2^{31}-1$ 或 20 亿个字符。

5．二进制数据类型

二进制数据类型用来存储二进制字符串。所谓二进制字符串，就是字符串由二进制值组成，而不是由字符组成。二进制数据类型通常用于时间标记和图像数据。二进制数据类型有固定长度 binary、可变长度 varbinary、image、时间标记类型和唯一识别符类型几种。

（1）binary 数据类型用来存储可达 8000 字节长的定长的二进制数据，其表示方法为 binary(n)，n 表示二进制数据的字节数（长度）。

（2）varbinary 数据类型用来存储可达 8000 字节长的变长的二进制数据，其表示方法为 varbinary(n)，当表列中的内容大小可变时，应该使用这种数据类型。

（3）image 数据类型用来存储变长的二进制数据，最大可达 $2^{31}-1$（2G）或大约 20 亿字节。

（4）时间标记类型 timestamp 是一种特殊的数据类型，用来创建一个数据库范围内的唯一数码，一个表中只能有一个 timestamp 列。每次插入或修改一行时，timestamp 列的值都会改变。需要说明的是，尽管它的名字中有“time”，但 timestamp 列不是人们可识别的日期。在一个数据库里，timestamp 值是唯一的。

（5）唯一识别符类型 uniqueidentifier 用来存储一个全局唯一标识符，即 GUID。GUID 确实是全局唯一的，这个数几乎没有机会在另一个系统中被重建。可以使用 NEWID 函数或转换一个字符串为唯一标识符来初始化具有唯一标识符的列。

6. 时间数据类型

时间数据类型主要用来存储日期和时间，包括 datetime 和 smalldatetime 两种类型。

（1）datetime 数据类型用来表示日期和时间。这种数据类型存储从 1753 年 1 月 1 日到 9999 年 12 月 31 日间所有的日期和时间数据，精确到 1/300s 或 3.33ms。

（2）smalldatetime 数据类型用来表示从 1900 年 1 月 1 日到 2079 年 6 月 6 日间的日期和时间，精确到 1min。

7. 货币数据类型

货币数据类型主要用于存储货币或现金值，包括 money 和 smallmoney 两种类型。

（1）money 数据类型能存储-922 亿～9220 亿间的数据，精确到货币单位的万分之一，存储大小为 8 个字节。

（2）smallmoney 数据类型能存储-2 147 483 648～2 147 483 647 间的数据，精确到货币单位的万分之一，存储大小为 4 个字节。

3.3.2 用户自定义的数据类型

SQL Server 允许用户根据应用的需要，建立用户自定义的数据类型，以后它就可以作为表列数据类型和存储过程的参数等。

1. 定义用户自定义的数据类型

用户自定义数据类型使用系统存储过程 sp_addtype 来定义（增加一个用户自定义数据类型）。语法如下：

```
sp_addtype [ @typename = ] type_name,
        [ @phystype = ] system_data_type
        [ , [ @nulltype = ] 'null_type' ]
        [ , [ @owner = ] 'owner_name' ]
```

部分参数说明：

- type_name：用户自定义数据类型的名字。
- system_data_type：用户自定义数据类型所基于的系统数据类型，可以包括长度、精度、标度。当系统数据类型中包括标点符号字符（如括号“()”、逗号“,”）时，系统数据类型应该用引号（' '或" "）括起来。
- nulltype：指定该用户自定义数据类型是否可接收 null 值。

【例 3-9】在 pubs 中创建了一个名为 birthday 的用户自定义数据类型（基于 datetime），该数据类型允许空值。

```
USE    pubs
EXEC sp_addtype birthday, datetime, 'NULL'
```

【例 3-10】创建用户自定义的数据类型 telephone（最大长度为 24 位的电话，不允许为空）。

```
USE    pubs
EXEC sp_addtype telephone, 'varchar(24)', 'NOT NULL'
```

2．删除用户自定义数据类型

可以使用系统存储过程 sp_droptype 来删除一个已经定义但未在使用的用户自定义数据类型。例如：

```
exec sp_droptype    telephone
```

注意 不能删除正在被表或其他数据库对象使用的用户自定义数据类型。

3．使用用户自定义数据类型

用户自定义数据类型一旦定义，就可以在任何使用系统数据类型的地方使用它。

（1）在 CREATE TABLE 或 ALTER TABLE 语句中使用，为列定义数据类型和指定列的性质。

【例 3-11】创建一个用户自定义类型 s_id，并在表 student 中调用它。

```
exec sp_addtype s_id, "char(7)"
exec sp_addtype    s_name,"varchar(10)"
/* 在创建表时使用：*/
create table student
    (stu_id s_id,
    stu_name s_name,
    stu_addr    varchar(40),
    ...)
```

（2）在局部变量、参数的数据类型声明中使用。

（3）还可以与规则、默认相捆绑，为该用户自定义数据类型指定一个规则、默认值。

3.4 变量

变量是可以赋值的对象或实体。在 Transact-SQL 中，变量分为局部变量和全局变量。局部变量在一个批处理中申明、赋值和使用，在该批处理结束时失效；全局变量是由系统提供且预先声明的变量。

3.4.1 局部变量

局部变量是用户自定义的变量。它用 DECLARE 语句声明，在声明时它被初始化为 NULL，用户可在与定义它的 DECLARE 语句的同一个批中用 SET 语句为其赋值。局部变量的使用范围是定义它的批、存储过程和触发器。

局部变量的语法：

```
DECLARE @Variable_name    Datatype
        [ , @Variable_name    Datatype ] . . .
```

参数说明：

- @Variable_name：局部变量的名称。它必须用@开始，遵循 SQL Server 的标识符和对象的命名规范。
- Datatype：为该局部变量指定的数据类型，可以是系统数据类型，或用户自定义数据类型。

局部变量被声明后，它的初值是 NULL。使用 SET 将指定值赋给局部变量，其语法如下：

```
SET @Variable_name = expression[,@Variable_name = expression]...
```

参数说明：

- @ Variable_name：局部变量的名称。
- expression：与局部变量的数据类型相匹配的表达式，该表达式的值将赋值给指定的局部变量。

【例 3-12】定义一个局部变量@s1，并给它赋初值"I am a student"。

```
DECLARE @s1 CHAR(20)
SET @s1='I am a student'
```

3.4.2 全局变量

全局变量是 SQL Server 系统提供并赋值的变量。用户不能建立全局变量，也不能使用 SET 语句去修改全局变量的值。全局变量的名字以@@开头。大多数全局变量的值是报告本次 SQL Server 启动后发生的系统活动。通常应该将全局变量的值赋值给在同一个批中的局部变量，以便保存和处理。

SQL Server 提供的全局变量有两类：

（1）与每次同 SQL Server 连接有关的全局变量和与每次处理相关的全局变量，如@@rowcount 表示最近一个语句影响的行数。

（2）与内部管理所要求的关于系统内部信息有关的全局变量，如@@version 表示 SQL Server 的版本号。

除了刚才讲的@@rowcount 和@@version 外，还有@@trancount 返回当前连接的活动事务数，@@connections 表示自从 SQL Server 最近一次启动以来登录或试图登录的次数，@@error 用来检查最近执行的操作的错误状态值，@@servername 表示该 SQL Server 的名字。

【例 3-13】引用全局变量@@servername。

```
DECLARE @Sname VARCHAR(20)
SELECT @Sname = 'Server name is ' + @@servername
PRINT @Sname
```

3.5 注释符、运算符和通配符

3.5.1 注释符

在复杂的 Transact-SQL 编程中，需要编制注释文档，用来对 SQL 语句和语句块的作用、功能等提供注释。在 Transact-SQL 中，注释是不能执行的。注释分为行内注释和块注释两种。

1. 行内注释

行内注释使用两个连字符（--）分开注释与编程语句，Transact-SQL 忽略注释符右边的文字。行内注释遇到换行符即终止。对于多行注释，必须在每个注释行的开始使用双连字符。

行内注释的语法：

```
--注释文本
```

【例 3-14】使用注释：--。

```
--查询所有学生的学号、姓名和地址信息。
select stu_id,--学号
stu_name,--姓名
stu_addr --地址
from student
```

2. 块注释

通过在注释文本的开始放一个注释符（/*），输入注释，然后使用注释结束符（*/）结束注释，可以创建多行块注释。

块注释的语法：

```
/*   注释文本   */
```

【例 3-15】使用注释：/*…*/。

```
/*查询所有学生的学号、姓名和地址信息 */
select stu_id,   /*学号*/
stu_name,   /*姓名*/
stu_addr    /*地址*/
from student
```

块注释可以跨越多行，但多行/* */注释不能跨越批处理，整个注释必须包含在一个批处理内。

3.5.2 运算符

在 Transact-SQL 编程中，通常使用各种运算符，用来执行数学计算、字符串连接和列、常量和变量之间的比较。

1．运算符的种类

SQL Server 支持多种运算符：算术运算符、赋值运算符、按位运算符、比较运算符、字符串并置运算符、逻辑运算符和一元运算符。

（1）算术运算符（见表 3-1）

表 3-1 算术运算符及其含义

运 算 符	含 义
+（加）	加法
-（减）	减法
*（乘）	乘法
/（除）	除法
%（模）	返回一个除法的整数余数。例如，12%5=2，这是因为 12 除以 5，余数为 2

（2）赋值运算符（=）

在下面的示例中，创建了@Myid 变量。然后，赋值运算符将@Myid 设置成一个由表达式返回的值。

【例 3-16】使用赋值运算符：=。

```
DECLARE @Myid INT
SET @id = 1
```

（3）按位运算符（见表 3-2）

表 3-2 按位运算符及其含义

运 算 符	含 义
&（按位与）	在两个整型值之间执行按位逻辑与运算
|（按位或）	将两个给定的整型值转换为二进制表达式，对其执行按位逻辑或运算
^（按位互斥）	将两个给定的整型值转换为二进制表达式，对其执行按位互斥运算

按位运算符在两个表达式之间执行位操作，按位运算符的操作数可以是整型或二进制字符串数据类型中的任何数据类型（但 image 数据类型除外），此外，两个操作数不能同时是二进制字符串数据类型分类中的某种数据类型。

（4）比较运算符

比较运算符用于对表列、变量及常量的比较，包括大于（>）、小于（<）、等于（=）、大于或等于（>=）、小于或等于（<=）、不大于（!>）、不小于（!<）和不等于（!=或<>）。比较运算符的结果有布尔数据类型，它有三种值：TRUE、FALSE 及 UNKNOWN。

（5）字符串并置运算符（+）

字符串并置运算符（+）对字符串进行并置处理。例如，'abc'+' '+'efg'的结果为'abc efg'。

（6）逻辑运算符

逻辑运算符对某个条件进行测试，以获得其真实情况。逻辑运算符和比较运算符一样，返回带有 TRUE 或 FALSE 值的布尔数据。逻辑运算符及其含义见表 3-3。

表 3-3 逻辑运算符及其含义

运算符	含义
ALL	如果一系列的比较都为 TRUE，那么就为 TRUE
AND	连接两个布尔型表达式，并当两个表达式都为 TRUE 时返回 TRUE
ANY	如果一系列的比较中任何一个为 TRUE，那么就为 TRUE
BETWEEN	如果操作数在某个范围之内，那么就为 TRUE
EXISTS	如果子查询包含一些行，那么就为 TRUE
IN	如果操作数等于表达式列表中的一个，那么就为 TRUE
LIKE	如果操作数与一种模式相匹配，那么就为 TRUE
NOT	对任何其他布尔运算符的值取反
OR	如果两个布尔表达式中的一个为 TRUE，那么就为 TRUE
SOME	如果在一系列比较中，有些为 TRUE，那么就为 TRUE

（7）一元运算符

一元运算符只对一个表达式执行操作，这个表达式可以是数字数据类型分类中的任何一种数据类型。一元运算符及其含义见表 3-4。

表 3-4 一元运算符及其含义

运算符	含义
+（正）	返回数字表达式的正值
-（负）	返回数字表达式的负值
~（按位 NOT）	将某个给定的整型值转换为二进制表达式，对其执行按位逻辑非运算

+（正）和 -（负）运算符可以用于数字数据类型的任何数据类型的表达式。~（按位 NOT）运算符只可以用于整型数据类型的任何数据类型的表达式。

2. 运算符的优先级

在 Transact-SQL 编程中，当一个复杂的表达式有多个运算符时，运算符优先性决定执行运算的先后次序。运算符有下面这些优先等级（按优先级由高向低的顺序排列）。在较低等级的运算符之前先对较高等级的运算符进行求值。

+（正）、-（负）、~（按位 NOT）

*（乘）、/（除）、%（模）

+（加）、（+ 串联）、-（减）

=、>、<、>=、<=、<>、!=、!>、!<（比较运算符）

^（位异或）、&（位与）、|（位或）

NOT

AND

ALL、ANY、BETWEEN、IN、LIKE、OR、SOME

=（赋值）

当一个表达式中的两个运算符有相同的运算符优先等级时，基于它们在表达式中的位置来对其从左到右进行求值。

在表达式中可以使用括号替代所定义的运算符的优先性。首先对括号中的内容进行求值，从而产生一个值，然后括号外的运算符才可以使用这个值。

3.5.3 通配符

在 Transact-SQL 编程中，通常使用通配符字符来搜索任何被视为文本字符串的列。带有数据类型字符的列可以始终作为文本字符串处理。在按样式搜索时，Transact-SQL 使用 LIKE 运算符，然后用通配符代替搜索字符串中的一个或多个字符。Transact-SQL 常用的通配符有以下两种，见表 3-5。

表 3-5 Transact-SQL 常用的通配符

通 配 符	含 义
%（百分号）	在该位置有零个或多个字符
_（下画线）	在该位置有一个字符

【例 3-17】若要搜索所有以“John”开始的名字，可指定搜索条件 LIKE 'John%'。

【例 3-18】若要查找含有字符串“Bike”的所有产品名称，可指定搜索条件 LIKE '%Bike%'。

【例 3-19】若要查找姓“张”，且姓名长度为两位的学生，可指定搜索条件 LIKE '张_'。

3.6 流程控制命令

流程控制命令是 Transact-SQL 对 ANSI-92 SQL 标准的扩充。它可以控制 SQL 语句执行的顺序，在存储过程、触发器和批中很有用，具体见表 3-6。

表 3-6 常用流程控制命令

关 键 字	描 述
BEGIN...END	定义语句块
BREAK	退出最内层的 WHILE 循环
CONTINUE	重新开始 WHILE 循环
GOTO label	从 label 所定义的 label 之后的语句处继续进行处理
IF...ELSE	定义条件以及当一个条件为 FALSE 时的操作
RETURN	无条件退出
WAITFOR	为语句的执行设置延迟
WHILE	当特定条件为 TRUE 时重复语句

3.6.1 BEGIN...END

当需要将一个以上的 SQL 语句作为一组对待时，可以使用 BEGIN 和 END 将它们括起来形成一个 SQL 语句块。它的语法为：

```
BEGIN
  SQL 语句
END
```

3.6.2 IF...ELSE

IF...ELSE 命令使得 SQL 命令的执行是有条件的。当 IF 条件成立时，就执行其后的 SQL 语句，否则，就执行 ELSE 以后的 SQL 语句（若有 ELSE 语句。若无，则执行 IF 语句后的其他语句）。它的语法为：

```
IF Boolean_expression
        { SQL 语句或语句块}
[ ELSE
        { SQL 语句或语句块} ]
```

参数说明：

- Boolean_expression：布尔表达式，其值是 TRUE 或 FALSE。
- SQL 语句或语句块：要执行的 SQL 语句（一条或多条）。

【例 3-20】在表 Authors 中查询籍贯为“CA”的作者的人数。

```
IF (SELECT count(*) FROM authors WHERE state='CA')>0
BEGIN
    SELECT ' there are '+ Convert(Varchar(8),count(*)) + ' authors in the state of CA'
            FROM authors WHERE state = 'CA'
END
ELSE
SELECT   'there are no authors in CA'
```

执行结果如下：

```
-----------------------------
there are 23 authors in the state of CA
```

3.6.3 GOTO label

GOTO 命令用于让 SQL Server 无条件跳转到 SQL 代码中的指定标签 label 处，标签必须符合 SQL Server 标识符命名规则。语法如下：

定义标签：

```
label :
```

改变执行：

```
GOTO   label
```

3.6.4 RETURN

RETURN 语句的作用是无条件退出所在的批、存储过程和触发器。退出时，可以返回状态信息。在 RETURN 语句后面的任何语句不被执行。语法如下：

```
RETURN   [INTEGER_EXPRESSION]
```

其中，INTEGER_EXPRESSION 是一个表示过程返回的整型状态值。

3.6.5 WHILE

WHILE 语句用于创建一个循环，SQL Server 将在指定条件为 TRUE 时连续执行一个功能，直到循环条件为 FAUSE。语法如下：

```
WHILE   BOOLEAN-EXPRESSION
     {SQL 语句或语句块}
[ BREAK ]
     { SQL 语句或语句块}
[ CONTINUE ]
```

参数说明：

- BOOLEAN-EXPRESSION：布尔表达式，其值是 TRUE 或 FALSE。
- BREAK：退出所在的循环。
- CONTINUE：使循环重新开始，即跳过在该循环内但在 CONTINUE 之后的语句。

【例3-21】如果平均价格低于$30，WHILE 循环就将价格加倍，然后选择最高价。如果最高价低于或等于$50，WHILE 循环重新启动并再次将价格加倍；该循环不断地将价格加倍直到最高价格超过$50，最后退出 WHILE 循环并打印一条消息。

```
USE pubs
GO
WHILE (SELECT AVG(price) FROM titles) < $30
BEGIN
   UPDATE titles
      SET price = price * 2
   SELECT MAX(price) FROM titles
   IF (SELECT MAX(price) FROM titles) > $50
      BREAK
   ELSE
      CONTINUE
END
```

3.6.6 WAITFOR

WAITFOR 语句的语法：

```
WAITFOR { TIME 'time' }
```

或

```
WAITFOR { DELAY 'time' }
```

参数说明：

- DELAY：指示 SQL Server 一直等到指定的时间过去，最长可达 24h。
- 'time'：要等待的时间，可以按 datetime 数据可接受的格式指定 time，也可以用局部变量指定此参数，不能指定日期。
- TIME：指示 SQL Server 要等待到的指定时间。

【例 3-22】在晚上 10:20 执行存储过程 update_data。

```
BEGIN
    WAITFOR TIME '22:20'
    EXECUTE update_data
END
```

3.6.7 BREAK 和 CONTINUE

使用 BREAK 语句退出最内层的 WHILE 循环，END 关键字之后的所有子句都将被忽略。使用 CONTINUE 重新开始 WHILE 循环，在 CONTINUE 关键字之后的任何语句都将被忽略。

3.6.8 CASE

CASE 语句计算条件列表并返回多个可能结果表达式之一。CASE 具有简单 CASE 函数和 CASE 搜索函数两种格式。

1. 简单 CASE 函数

简单 CASE 函数将某个表达式与一组简单表达式进行比较以确定结果，其语法格式如下：

```
CASE    expression
WHEN    expression THEN result    [ ,...n ]
  [ ELSE result]
 END
```

简单 CASE 表达式的一个应用是通过扩展数据值来为用户提供更明确的信息输出。

【例 3-23】假定 titles 表中没有 type 字段，并且该信息可以在 title_id 的前两个字符中找到。CASE 语句中的每一行用于匹配子字符串函数的返回值；该子字符串函数用于从 title_id 中分离出前两个字符。当匹配成功时，CASE 语句就将对应于匹配行中的字符串赋值给输出字段 BookType。具体程序如下。

```
USE pubs
SELECT    title_id,
CASE    SUBSTRING(title_id,1,2)
    WHEN    'BU'    THEN    'Business'
    WHEN    'MC'    THEN    'Modern Cooking'
    WHEN    'PC'    THEN    'Popular Computing'
    WHEN    'PS'    THEN    'Psychology'
    WHEN    'TC'    THEN    'Traditional Cooking'
    END    AS    BookType
FROM titles
```

执行结果如下：

```
title_id    BookType
-------- --------------------------------------------------
```

```
PC1035    Popular Computing
PS1372    Psychology
B U 1111  Business
.........  ........
```

2. CASE 搜索函数

在 SELECT 语句中，CASE 搜索函数允许根据比较值在结果集内对值进行替换。

【例 3-24】根据图书的价格范围将价格（money 列）显示为文本注释。

```
USE pubs
GO
SELECT   'Price Category' =
            CASE
               WHEN price IS NULL THEN 'Not yet priced'
               WHEN price < 10 THEN 'Very Reasonable Title'
               WHEN price >= 10 and price < 20 THEN 'Coffee Table Title'
               ELSE   'Expensive book! '
            END,
         CAST(title AS varchar(20)) AS 'Shortened Title'
    FROM titles
    ORDER BY price
    GO
```

下面是结果集：

```
Price Category         Shortened Title
-----------------------------------------------
Not yet priced         Net Etiquette
Not yet priced         The Psychology of Co
........               ............
```

3.7 其他命令

3.7.1 批处理

批处理是成组执行的一条或多条 Transact-SQL 语句或命令，可以利用批处理提交和执行 Transact-SQL 语句组。批处理只整体编译一次，它由 GO 语句来中止语句组。

【例 3-25】下面是创建 student 表的程序，这个程序包含了 3 个批处理。因为批处理中的多个语句是一起提交给 SQL Server 的，所以可以节省系统开销。

```
USE   PUBS
IF OBJECT_ID('dbo.student') IS NOT NULL
DROP TABLE   dbo.student
GO
CREATE TABLE   student
(stu _ id   char(7)   NOT NULL,
```

```
stu_name varchar(20)   NOT NULL,
stu_birthdate d a t e t i m e NOT NULL
)
GO
/* 增加一条学生记录 */
insert into student('0402001', '张三', today())
GO
```

值得注意的是，批处理有如下很多限制：

（1）并不是所有的 SQL 语句都可以同其他语句在一起组合成批处理。下述语句就不能组合在同一个批处理中。

```
CREATE PROCEDURE
CREATE RULE
CREATE DEFAULT
CREATE TRIGGER
CREATE VIEW
```

（2）规则和默认不能在同一个批处理中既绑定到列又被使用。

（3）CHECK 约束不能在同一个批处理中既定义又使用。

（4）在同一个批处理中不能删除对象又重建它。

（5）用 SET 语句改变的选项在批处理结束时生效。

（6）在同一个批处理中不能改变一个表再立即引用其新列。

3.7.2 调试命令

1．用 print 语句显示信息

print 语句用于在指定设备（如显示器）上显示信息。print 语句可显示字符串、ASCII 字符串或变量。print 命令本身不会产生一个结果集。其语法格式如下：

```
print   字符串 或 ASCII 字符串 或局部变量 或全部变量
```

【例 3-26】使用 print 语句实现打印输出。

```
Declare @v1 varchar(20)
select @v1 = stu_name from student where stu_id='0402001'
print   '该学生姓名为：'+@v1
```

执行结果如下：

```
该学生姓名为：张三
```

2．用 raiserror 语句返回错误信息

raiserror 用于在 SQL Server 返回错误信息时，同时返回用户指定的信息。raiserror 设置一个系统标记，记录产生的错误，其语法如下：

```
raiserror ({ msg_id | msg_str } { , severity , state }     [ , argument [ ,...n ] ])
[ WITH option [ ,...n ] ]
```

参数说明：

- msg_id：存储于 sysmessages 表中的用户定义的错误信息。用户定义错误信息的错误号应大于 50 000。由特殊消息产生的错误是第 50 000 号。
- msg_str：一条特殊消息，其格式与 C 语言中使用的 PRINTF 格式样式相似。此错误信息最多可包含 400 个字符。
- severity：用户定义的与消息关联的严重级别。用户可以使用 0～18 间的严重级别。19～25 间的严重级别只能由 sysadmin 固定服务器角色成员使用。若要使用 19～25 间的严重级别，必须选择 WITH LOG 选项。
- state：1～127 的任意整数，表示有关错误调用状态的信息。
- argument：用于取代在 msg_str 中定义的变量或取代对应于 msg_id 的消息的参数。可以有 0 或更多的替代参数；然而，替代参数的总数不能超过 20 个。
- option：错误的自定义选项。option 可以是表 3-7 中的值之一。

表 3-7 option 的自定义选项

值	描　述
LOG	将错误记入服务器错误日志和应用程序日志。记入服务器错误日志的错误目前被限定为最多 440 字节
NOWAIT	将消息立即发送给客户端
SETERROR	将@@ERROR 的值设置为 msg_id 或 50 000，与严重级别无关

【例 3-27】使用 raiserror 输出错误信息提示。

```
raiserror('table student not found', 16, 1)
```

执行结果：

```
服务器: 消息 50000，级别 16，状态 1，行 1
table student not found
```

3.7.3 切换数据库命令 USE

在 SQL Server 查询分析器的工具条上会标明当前的数据库，可以使用它来改变当前的数据库。在代码中，可以使用 USE 命令来显式地选定当前的数据库。

【例 3-28】返回 PUBS 数据库中的全部学生信息。

```
USE   PUBS
Select   *   from   Authors
```

3.8 常用函数

函数给用户提供了强大的功能，它使用户不需要写很多代码就能够完成某些任务。Transact-SQL 提供了很多能返回信息的函数，包括聚集函数、数学函数、字符串函数、日期函数、转换函数、系统函数等类型。

3.8.1 聚集函数

聚集函数的特点之一就是可以把各种离散的数据按照一定规律、条件进行分类组合，最后得出统计的总结果。表 3-8 介绍了几个常用聚集函数。

表 3-8 常用聚集函数

聚 集 函 数	说 明
AVG	求平均值
COUNT	返回非空值的个数
COUNT(*)	返回全部记录的个数（包含空值）
MAX	求最大值
MIN	求最小值
SUM	求和

【例 3-29】计算有多少本书已被定价。

```
USE    Pubs
Select    Count(Price)
From        Titles
```

结果显示如下：

```
-----------
1 6
```

【例 3-30】计算书的总数。

```
USE    Pubs
Select    Count(*)
From        Titles
```

结果显示如下：

```
-----------
20
```

【例 3-31】计算书的平均价、最高价和最低价。

```
USE    Pubs
Select    Avg(price) as avg_price,
          Max(price) as max_price,
          Min(price) as min_price
FROM Ttitles
```

执行结果如下：

```
avg_price        max_price          min_price
---------------------------------------------------
59.0650          91.8000            11.9600
```

3.8.2 数学函数

数学函数用来执行较复杂的数学运算。例如，求绝对值、平方、平方根。表 3-9 给出了最常用的数学函数。

表 3-9 最常用的数学函数

数学函数	说明	语法	举例
ABS	函数返回给定数的绝对值	ABS(number)	ABS(-10) 返回数值 10
CEILING	返回大于或等于所给数字表达式的最小整数	CEILING(number)	SELECT CEILING(10.5) 返回数值数 11
FLOOR	返回小于或等于所给数字表达式的最大整数	FLOOR(number)	SELECT FLOOR(10.2) 返回数值 10
POWER	返回指定幂次数的乘方	POWER(number, power)	SELECT POWER(3, 2) 返回数值 9
ROUND	返回数字表达式并四舍五入为指定的长度或精度	ROUND(number, precision)	SELECT ROUND(8.25, 1) 返回近似数值 8.3
SQUARE	返回一个数的平方	SQUARE(number)	SELECT SQUARE(4) 返回数值 16
SQRT	返回一个数的平方根	SQRT(number)	SELECT SQRT(9) 返回数值 3

3.8.3 字符串函数

在数据库中存储的数据一般包含很多字符串数据部分。SQL Server 提供了几种功能强大的字符串函数。表 3-10 详细介绍了常用的字符串函数。

表 3-10 常用的字符串函数

字符串函数	说明	语法	举例
CHAR	将 int 整数转换为字符的字符串函数	CHAR(integer_expression) integer_expression 为 0～255 间的整数	SELECT CHAR(78) 返回字符“N”，“N”的 ASCII 值为 78
CHARINDEX	寻找一个指定的字符串（string1）在另一个字符串（string2）中的起始位置	CHARINDEX(str1, str2, start_po)	SELECT CHARINDEX('a', 'This is a test', 1) 返回 9
LEFT	从字符串左边返回指定数目的字符	LEFT(string, number_of_characters)	SELECT LEFT('This is a test', 4) 返回指定数目的字符，即“This”
LEN	检测传递给它的字符串长度	LEN(string)	SELECT LEN('This is a test') 返回 14，它是传递给该函数的字符串总长度
LOWER	将传递给它的字符串全部强制转变为小写字母	LOWER(string)	SELECT LOWER('THIS IS A TEST') 返回“this is a test”
LTRIM	清除掉传递给它的字符串中由起始位置开始的那些空格	LTRIM(string)	SELECT LTRIM(' This is a test') 将返回“This is a test”

续表

字符串函数	说　明	语　法	举　例
RIGHT	从字符串右边返回指定数目的字符	RIGHT(string, number_of_characters)	SELECT RIGHT('This is a test', 6) 返回"a test"
RTRIM	清除掉传递给它的字符串中由结束位置开始的那些空格	RTRIM(string)	SELECT RTRIM('This is a test　　') 返回"This is a test"
UPPER	将传递给它的字符串全部强制转变为大写字母	UPPE(string)	SELECT UPPER('This is a test') 返回"THIS IS A TEST"

3.8.4 日期函数

另一类经常要使用的函数是日期函数。这些函数用来操作传送来的日期时间型信息。常用的日期函数见表 3-11。

表 3-11 常用的日期函数

日期函数	说　明	语　法	举　例
DATEADD	在向指定日期加上一段时间的基础上，返回新的 datetime 值	DATEADD(datepart, number, date) 其中，datepart 是规定应向日期的哪一部分返回新值的参数；number 是用来增加 datepart 的值；date 是返回 datetime 或 smalldatetime 值或日期格式字符串的表达式	SELECT DATEADD(year, 2, GETDATE()) 向当前日期增加 2 年
DATEDIFF	返回跨两个指定日期的日期和时间边界数	DATEDIFF(datepart, startdate, enddate)	SELECT DATEDIFF(hour, '1/1/2000 13 : 00 : 00', '1/1/2000 16:00:00') 返回 3，这是两者以小时为单位的相差值
DATEPART	返回代表指定日期的指定日期部分的整数	DATEPART(datepart, date)	SELECT DATEPART(month, '9/1/2000 00: 00: 00') 返回 9
DAY	返回一个指定日期中的天的整数	DAY(date)	SELECT DAY('4/23/1980 00:04:00') 返回值 23
GETDATE	返回当前系统日期和时间	GETDATE()	SELECT GETDATE() 从系统返回当前的日期与时间
MONTH	返回代表指定日期月份的整数	MONTH(date)	SELECT MONTH('1/28/76 08:10:00') 返回 1
YEAR	返回表示指定日期中的年份的整数	YEAR(date)	SELECT YEAR('1/28/76 08 10:00:00') 返回 1976

3.8.5 转换函数

通常情况下，SQL Server 能自动完成各类数据之间的转换，所以不必使用转换函数。例如，可以直接将字符串数据类型或表达式与 datetime 数据类型或表达式比较。如果不能确定 SQL Server 是否能完成自动转换或者使用了不能自动转换的其他数据类型，则要使用转换函数了。SQL Server 提供了 CAST 和 CONVERT 两个显示转换函数。

CAST 和 CONVERT 功能相似，都是将某种数据类型的表达式显式转换为另一种数据类型。

这两个转换函数都可用于选择列表、WHERE 子句和允许使用表达式的任何地方。

语法：

```
CAST：CAST(expression AS data_type)
CONVERT：CONVERT(data_type[(length)],expression[,style])
```

参数说明：

- expression：任何要转换的有效的表达式。
- data_type：要将所给表达式转换到的数据类型，如 varchar 或 SQL Server 提供的任何其他数据类型。

【例3-32】第一个 SELECT 语句中使用 CAST，第二个 SELECT 语句中使用 CONVERT，将 stu_name 列转换为 char(10)列，以使结果更可读。

```
SELECT CAST(stu_name AS char(10)), stu_age
FROM student
```

或

```
SELECT CONVERT(char(10),stu_name), stu_age
FROM student
```

下面是结果集：（对任何一个查询）

```
                stu_age
---------------  -----------
张月             30
欧阳正明         25
霍金娜           23
```

3.8.6 系统函数

SQL Server 提供了能返回数据库和服务器的有关信息的函数。这些函数可以用来检索诸如用户名、数据库名及列名称等系统数据。其中的一些函数如 NULLIF 和 COALESCE 可以用于将逻辑表达式嵌入到 SQL 的查询中。SQL 系统函数见 3-12。

表 3-12 SQL 系统函数

系统函数	说明	语法	举例
CURRENT_US ER	返回当前的用户。此函数等价于 USER_NAME()	CURRENT_USER	SELECT CURRENT_USER 返回登录的用户名
DATALENGTH	返回任何表达式所占用的字节数	DATALENGTH(expression)	SELECT DATALENGTH('Test') 返回数值 4
HOST_NAME	返回当前用户所登录的计算机名字	HOST_NAME()	SELECT HOST_NAME() 返回你所登录的计算机的名字
SYSTEM_USER	返回当前所登录的用户名称	SYSTEM_USER()	SELECT SYSTEM_USER 返回你当前所登录的用户名
USER_NAME	返回给定标识号的用户数据库用户名	USER_NAME([id])	SELECT USER_NAME(13) 返回用户编号为 13 的用户名

3.9 本章小结

Transact-SQL 是由 Microsoft 公司开发的一种 SQL 语言，它不仅提供了对 SQL 标准的支持，而且包含了 Microsoft 对 SQL 的一系列扩展。

在 Transact-SQL 编程结构中，通常包含以下一些语言元素或命令：数据定义语言（DDL）、数据控制语言（DCL）、数据操作语言（DML）及其他语言元素。

- 数据定义语言（DDL）：用来创建和管理数据库及其对象，包括 CREATE、ALTER 和 DROP。
- 数据控制语言（DCL）：用来设置和更改用户或角色对数据库对象的访问和操作的权限，包括 GRANT、DENY 和 REVOKE。
- 数据操作语言（DML）：用来数据库中的数据完成查询和更新等操作，包括 SELECT（查询）、INSERT（插入）、UPDATE（更改）、DELETE（删除）。
- 其他语言元素：包括局部变量和全局变量、注释符、运算符和通配符、流程控制命令、批处理、切换数据库命令和调试命令等。

在 SQL Server 中，系统提供了很多数据类型和函数，如果有必要，还可以创建用户自定义数据类型和用户自定义函数。

第 4 章 管理数据库

本章讨论数据库管理员最核心的工作——创建和管理 SQL Server 数据库。在本章中，将介绍如何使用 SQL Server 管理器（Microsoft SQL Server Management Studio）和系统存储过程实现大多数与数据库相关的任务。

总的来讲，本章的内容是相当容易理解和学习的。如果刚刚接触 SQL Server，那么应该仔细地学习本章，并且认真研究本章的例子，这将会帮助你更好地理解如何实现本章所描述的各种操作。

本章将介绍以下内容：

- 如何创建一个新的数据库；
- 如何更改数据库；
- 如何删除一个数据库；
- 如何压缩数据库；
- SQL Server 系统数据库、表简介。

4.1 创建数据库

SQL Server 的数据库，一般至少包括两个文件：

- 数据文件：用来存储数据库的数据和对象，如表、索引、存储过程和视图等。默认的扩展名为“mdf”。一般情况下，为了方便记忆，总是在数据库使用的文件的逻辑名上加入“data”这个词，如 Marketing_data.mdf。
- 日志文件：用来存储日志的文件，包括恢复数据中的所有事务所需的信息。扩展名为“ldf”。一般情况下，为了方便记忆，总是在事务日志使用的文件的逻辑名上加入“log”这个词，如 Marketing_log.ldf。

当创建数据库时，SQL Server 分配文件上的空间来存储数据库对象和数据。在数据库创建之后，数据库开发人员可以向其中添加必要的表、视图、索引和其他组成数据库的对象。创建数据库时，必须指定事务日志存储的位置。

在创建新数据库时，SQL Server 使用系统数据库 model 数据库作为模板。在 SQL Server 安装时自动装载的 model 数据库中包含用于管理用户数据库中的必要的所有数据库对象。model 数据库的默认容量为 1MB，用户可以在其中添加自己的数据库对象。这样，当用户创建数据库时，model 数据库中的所有对象将被复制到新数据库中。

4.1.1 创建新数据库的注意事项

创建新数据库时，应该注意以下几点：

（1）默认情况下，只有系统管理员可以创建新数据库。但是系统管理员可以通过赋予其他人特定的语句权限而将创建数据库的责任委派给另外的人来承担。

（2）给数据库指定的名字必须遵循 SQL Server 命名规范：

- 字符的长度可以是 1～30。
- 名称的第一个字符必须是一个字母或者是下列字符中的某一个：下画线（_）、at 符号（@）或英镑符号（#）。
- 在首字母后的字符可以是字母、数字或者前面规则中提到的符号。
- 名称当中不能有任何空格，除非将名字用引号引起来。

（3）所有的新数据库都是 model 数据库的备份。这意味着新数据库不可能比 model 数据库当前的容量更小。

（4）单个数据库可以存储在单个文件上，也可以跨越多个文件存储。

（5）数据库的大小可以被扩展或者收缩。

（6）当新的数据库创建时，SQL Server 自动地更新 master 数据库的 sysdatabases 系统表。

4.1.2 文件与文件组

在 SQL Server 中，数据库是由数据库文件和日志文件组成的。一个数据库至少应包含一个数据库文件和一个日志文件。

1. 数据库文件

数据库文件是存放数据库数据和数据库对象的文件。

一个数据库可以有一个或多个数据库文件，一个数据库文件只属于一个数据库，当有多个数据库文件时，有一个文件会被定义为主数据库文件（Primary Database File），扩展名为“mdf”，它用来存储数据库的启动信息和部分或全部数据，一个数据库只能有一个主数据库文件。其他数据库文件被称为次数据库文件（Secondary Database File），扩展名为“ndf”，用来存储主文件没存储的其他数据。

采用多个数据库文件来存储数据的优点体现在：

（1）数据库文件可以不断扩充而不受操作系统文件大小的限制。

（2）可以将数据库文件存储在不同的硬盘中，这样可以同时对几个硬盘做数据存取，提高了数据处理的效率，这对于服务器型的计算机尤为有用。

2. 日志文件

日志文件是用来记录数据库更新情况的，文件扩展名为“ldf”。例如，使用 INSERT、UPDATE、DELETE 等对数据库进行更改的操作都会记录在此文件中，而如 SELECT 等对数据库内容不会有影响的操作则不会记录。

一个数据库可以有一个或多个日志文件。SQL Server 中采用 Write-Ahead 提前写方式的事务（即对数据库的修改先写入事务日志中再写入数据库），其具体操作是系统先将更改操作写入事务日志中，再更改存储在计算机缓存中的数据，为了提高执行效率，此更改不会立即写到硬盘中的数据库，而是由系统以给定的时间间隔执行 CHECKPOINT 命令将更改过的数据批量写入硬盘。

SQL Server 有个特点，它在执行数据更改时会设置一个开始点和一个结束点，如果尚未到达结束点，就因某种原因使操作中断，则在 SQL Server 重新启动时会自动恢复已修改的数据，使其返回未被修改的状态。由此可见，当数据库破坏时可以用事务日志恢复数据库内容。

3. 文件组

文件组是将多个数据库文件集合起来形成的一个整体。每个文件组有一个组名。与数据库文件一样，文件组也分为主文件组（Primary File Group）和次文件组（Secondary File Group）。一个文件只能存在于一个文件组中，一个文件组也只能被一个数据库使用。

主文件组中包含了所有的系统表。当建立数据库时，主文件组包括主数据库文件和未指定组的其他文件。在次文件组中可以指定一个默认文件组，那么，在创建数据库对象时，如果没有指定将其放在哪一个文件组中，就会将它放在默认文件组中；如果没有指定默认文件组，则主文件组为默认文件组。

4.1.3 使用管理器创建数据库

大多数情况下可以使用 SQL Server 管理器来创建和管理数据库。这个图形化用户界面比 Transact-SQL 语句或者系统存储过程更容易使用。

本节将讲述如何使用 SQL Server 管理器创建新的数据库，4.1.4 节将讲述如何使用 Transact-SQL 语句创建新的数据库。

以下的步骤讲述了如何使用 SQL Server 管理器创建一个名为 Demo 的新数据库。

（1）首先确保已经成功连接到服务器，如图 2-2 所示。

（2）选择“对象资源管理器”面板中的“数据库”选项并右击（见图 4-1），在弹出的快捷菜单中选择“新建数据库”选项。

图 4-1 “新建数据库”选项

（3）在弹出窗口的“数据库名称”中输入数据库名“Demo”，所有者使用默认值，如图 4-2 所示。

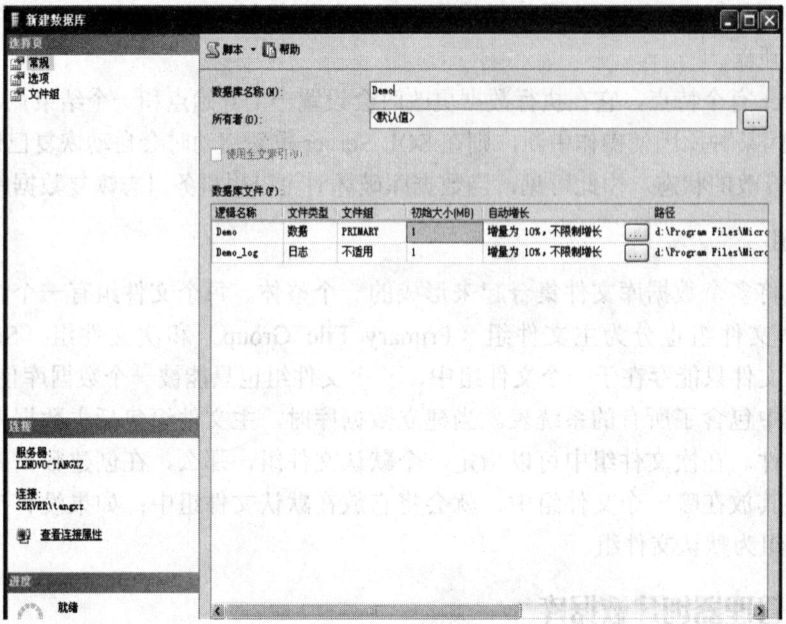

图 4-2 “新建数据库”窗口

（4）设置好参数之后，单击“确定”按钮即可创建一个以 Demo 命名的数据库，如图 4-3 所示。

图 4-3 显示创建的数据库

4.1.4 使用 Transact-SQL 语句创建数据库

使用 Transact-SQL 语句创建数据库比使用管理器要复杂一些。下面介绍用 Transact-SQL 指令使用 CREATE DATABASE 语句来创建数据库的方法。

CREATE DATABASE 语句的语法：

```
CREATE DATABASE database_name
        [ ON [PRIMARY ]
              [ <filespec> [,...n] ]
              [, <filegroup> [,...n] ]
        ]
        [ LOG ON { <filespec> [,...n]} ]
        [ FOR LOAD | FOR ATTACH ]
```

其中：

```
<filespec> ::=
      ( [ NAME = logical_file_name, ]
          FILENAME = 'os_file_name'
          [, SIZE = size]
          [, MAXSIZE = { max_size | UNLIMITED } ]
          [, FILEGROWTH = growth_increment] ) [,...n]
<filegroup> ::=
          FILEGROUP filegroup_name <filespec> [,...n]
```

部分参数说明：

- database_name：被创建的数据库的名字。
- ON：用于指定存储数据库中数据的磁盘文件，后面的 filespec 是指数据文件。它们用逗号来隔离，用来定义主文件组中的数据文件。除了主文件组外，用户可以定义用户的文件组和他们的相关用户文件。
- PRIMARY：用来描述在主文件组中定义的相关文件，所有的数据库系统表存放在主文件组中，它同时也存放没有被分配具体文件组的对象。在主文件组中第一个文件被称为主文件，通常包括数据库的逻辑起始和系统表。对于一个数据库来说，只能有一个主文件组。如果主文件组没有指明，则创建数据库时所描述的第一个文件将作为主文件组成员。
- LOG ON：用来指明存储数据库日志的磁盘文件。后面的 filespec 是指日志文件。如果没有指定 LOG ON，系统将自动创建单个的日志文件，使用系统默认的命名方法。
- NAME=logical_file_name：用来描述在 filespce 中定义的文件的逻辑名称。当用 FOR ATTACH 选项时，名字参数是不必要的。在数据库中每个逻辑文件名必须唯一且遵守命名规则。
- FILENAME =os_file_name：用来指明在 filespce 中被定义的操作系统文件名。
- SIZE：指定数据文件或者它的事务日志文件的初始容量大小。可以使用 KB 和 MB 单位。如果没有指定，默认为 1MB。
- MAXSIZE：指定文件的最大增长量。可以使用 KB 和 MB 单位。如果没有指定，会将占满整个磁盘。
- UNLIMITED：指定不限制文件的增长，直到占满整个磁盘。
- FILEGROWTH= growth_increment：指定文件的增长百分数。0 代表不变。这个值可以是 MB、KB 或%。如果没有指定，默认是 10%。

以下的步骤讲述了如何使用 Transact-SQL 语句创建 50MB 数据和 15MB 日志的 Demo 数据库。

（1）首先确保已经成功连接到服务器，如图 2-2 所示。

（2）单击工具栏上的“新建查询”按钮，在中间空白工作区中将显示 SQL 语言代码编辑窗口，如图 4-4 所示。

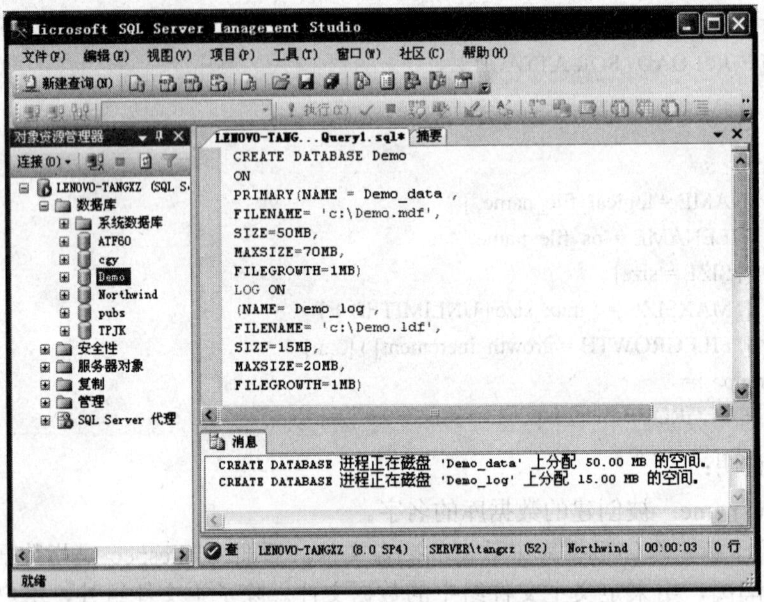

图 4-4　SQL 语言代码编辑窗口

（3）在窗口中输入 Transact-SQL 语句：

```
CREATE DATABASE Demo
    ON
    PRIMARY(NAME = Demo_data ,
    FILENAME= 'c:\ Demo.mdf',
    SIZE=50MB,
    MAXSIZE=70MB,
    FILEGROWTH=1MB)
LOG ON
    (NAME= Demo _log ,
    FILENAME= 'c:\ Demo.ldf',
    SIZE=15MB,
    MAXSIZE=20MB,
    FILEGROWTH=1MB)
```

注意 数据库存储的文件名称 FILENAME 可以根据实际情况修改。

（4）按 F5 键执行上述语句。在“结果”窗口中将显示以下消息：

```
The CREATE DATABASE process is allocating 50.00 MB on disk Demo _data'.
The CREATE DATABASE process is allocating 15.00 MB on disk Demo _log'.
```

这样，新数据库 Demo 就创建成功了。

4.1.5　数据库对象属性设置

除了可以使用 sp_configure 设置的服务器范围内的选项外，还存在一些针对数据库的选项。这些选项可以决定数据库的不同部分如何工作，可以使用 SQL 管理器或者“sp_dboption”存储过程来修改数据库选项。每个数据库的选项都是与其他数据库分离设置的。在创建一个新的数据库之后，可以修改这个数据库的多个数据库选项。这些选项影响着这个数据库的工作方式，如图 4-5 所示。

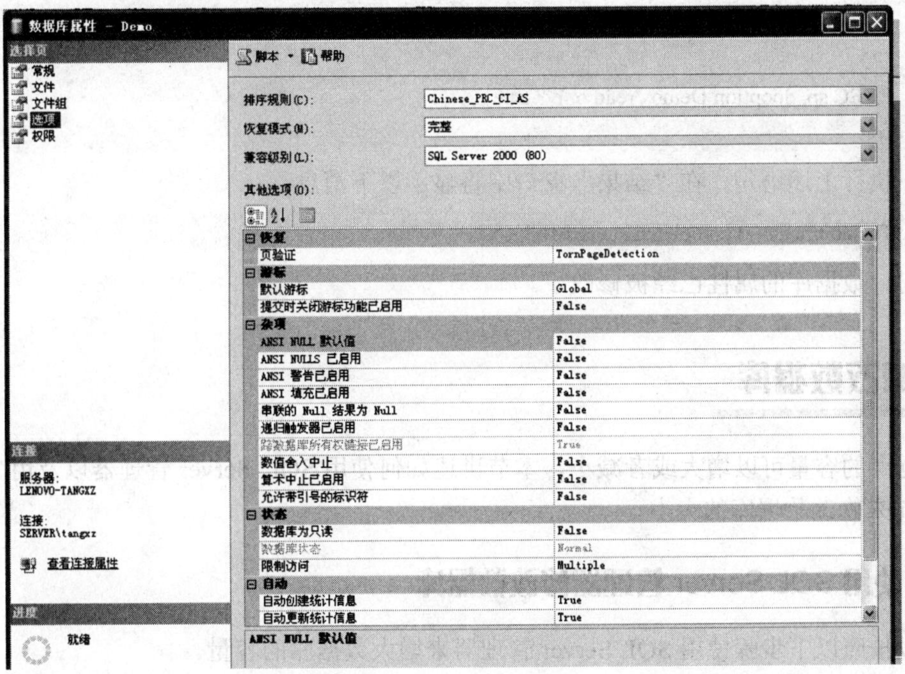

图 4-5　设置数据库属性

部分数据库选项含义如下：

- ANSI NULL 默认值：决定了表中的列在默认的情况下被设置为“NULL”（允许为空）还是“NOT NULL”（不允许为空）。打开这个选项会使 Microsoft SQL Server 的数据库与 ANSI 标准兼容。打开这个选项将影响到在这个数据库中创建的新表，表中的每一列默认都将被设置为允许空值。这个选项的默认设置是关闭的。
- 数据库为只读：如果这个选项被打开，这个数据库就处于只读状态。这样用户就不能修改数据库中的任何记录。在只读数据库中不会加任何锁，而且在自动恢复过程以外没有任何检查点。这个选项的默认设置是关闭的。

每一个选项在默认的情况下都是被关闭的，并且对于正常服务器而言，应该维持这些选项关闭的状态。在 SQL 管理器中双击数据库并选择“属性”选项卡，修改将会在单击“确定”按钮后马上生效。

在 SQL 语言编辑窗口中可以使用“sp_dboption”命令来修改选项。该命令有 3 个参数：数据库名、选项名和 true（真）或者 false（假）的选择。

下面使用 SQL Server 管理器来修改一个数据库选项。

（1）单击“数据库”文件夹，出现这个 SQL Server 上当前所有数据库的列表。

（2）右击打算配置的数据库，选择“属性”，出现“数据库属性-Demo”窗口后，选择“选项”标签页（见图 4-5），可以通过单击相应的复选框来修改这些选项。

另外，可以通过使用“sp_dboption”存储过程来修改数据库选项。以下的步骤讲述了如何使用 Transact-SQL 语句修改 Demo 数据库的选项。

（1）单击工具条上“新建查询”按钮，弹出 SQL 语言代码编辑窗口，如图 4-4 所示。

（2）输入相应的 Transact-SQL 语句。

```
USE master
GO
EXEC sp_dboption Demo ,'read only' ,true
GO
```

（3）执行上述语句，在“结果”窗口中将显示以下消息：

```
The command(s) completed successfully.
```

这时，数据库的属性已经被修改了。

4.2 修改数据库

数据库的容量可以增大或者减小。本节讲述如何使用 SQL Server 管理器以及用 Transact-SQL 语句来修改数据库的大小。

4.2.1 使用 SQL Server 管理器修改数据库

可以按照以下步骤使用 SQL Server 管理器来增大数据库的容量。

（1）单击“数据库”文件夹，出现这个 SQL Server 上当前所有数据库的列表。

（2）右击打算修改大小的数据库，选择“属性”，出现“数据库属性”对话框，如图 4-6 所示。

（3）在“初始大小”下选择新的文件大小。例如，输入 50，表示将这个数据库容量扩充到 50MB。

（4）如果需要，还可以修改日志文件的大小。

（5）在输入了所有这些信息后，单击“确定”按钮，这个数据库（和/或事务日志）将会以指定的容量扩展。

4.2.2 使用 Transact-SQL 语句修改数据库

可以使用 ALTER DATABASE 语句来增加数据库的容量，使用 DBCC SHRINKDB 命令来减少数据库的容量。

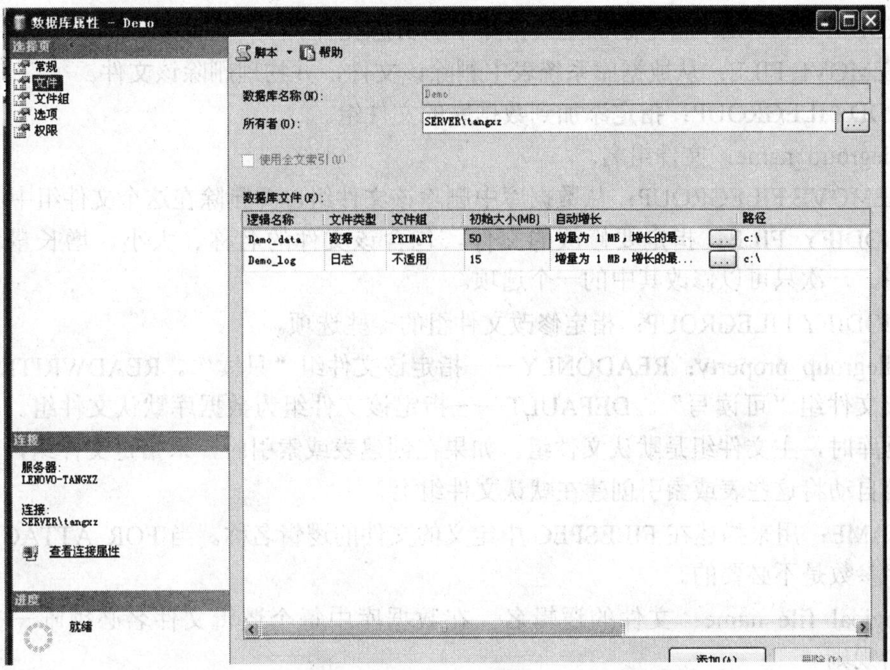

图 4-6　“数据库属性”对话框的“文件”标签页

ALTER DATABASE 语句的语法：

```
ALTER DATABASE database
{
    ADD FILE <filespec> [,...n] [TO FILEGROUP filegroup_name]
    | ADD LOG FILE <filespec> [,...n]
    | REMOVE FILE logical_file_name
    | ADD FILEGROUP filegroup_name
    | REMOVE FILEGROUP filegroup_name
    | MODIFY FILE <filespec>
    | MODIFY FILEGROUP filegroup_name filegroup_property
}
```

其中：

```
<filespec> ::=
    (NAME = logical_file_name
        [, FILENAME = 'os_file_name' ]
        [, SIZE = size]
        [, MAXSIZE = { max_size | UNLIMITED } ]
        [, FILEGROWTH = growth_increment] )
```

部分参数说明：

- database_name：被扩展的数据库的名字。
- ADD FILE：指定添加到数据库中的数据文件。
- TO FILEGROUP filegroup_name：指定文件添加到文件组名为 filegroup_name 的文件组。

- ADD LOG FILE：指定添加到数据库中的日志文件。
- REMOVE FILE：从数据库系统表中删除该文件，并物理删除该文件。
- ADD FILEGROUP：指定添加到数据库的文件组。
- filegroup_name：文件组名。
- REMOVE FILEGROUP：从数据库中删除该文件组，并删除在这个文件组中的文件。
- MODIFY FILE：指定要修改的文件，包含该文件的名称、大小、增长量和最大容量。一次只可以修改其中的一个选项。
- MODIFY FILEGROUP：指定修改文件组的一些选项。
- Filegroup_property：READONLY——指定该文件组“只读”。READWRITE——指定该文件组“可读写”。DEFAULT——指定该文件组为数据库默认文件组。在创建数据库时，主文件组是默认文件组。如果在创建表或索引时，未指定文件组，那么，系统自动将这些表或索引创建在默认文件组上。
- NAME：用来描述在 FILESPEC 中定义的文件的逻辑名称。当 FOR ATTACH 时，名字参数是不必要的。
- logical_file_name：文件的逻辑名。在数据库中每个逻辑文件名必须唯一且遵守命名规则。
- FILENAME =os_file_name：用来指明在 FILESPEC 中被定义的操作系统文件名。
- SIZE：指定文件的初始大小。可以使用 KB 和 MB 单位。如果没有指定，默认为 1MB。
- MAXSIZE：指定文件的最大容量。可以使用 KB 和 MB 单位。如果没有指定，会将占满整个磁盘。
- UNLIMITED：指定不限制文件的增长，直到占满整个磁盘。
- FILEGROWTH：指定文件的增长百分数。
- growth_increment：增长百分数。0 代表不变。这个值可以是 MB、KB 或%。如果没有指定，默认是 10%。

下面练习使用 Transact-SQL 语句修改 MyDB 数据库的日志文件 MyDB-log 的最大值和初始值大小。

（1）单击工具栏上的“新建查询”按钮，弹出 SQL 语言代码编辑窗口。

（2）输入相应的 Transact-SQL 语句。

```
USE master
GO
ALTER DATABASE Demo
    MODIFY FILE ( NAME = Demo _log,
    MAXSIZE = 25MB)
GO
USE master
GO
ALTER DATABASE Demo
    MODIFY FILE (NAME = Demo _log,
    SIZE = 20MB)
GO
```

（3）执行上述语句，在“结果”窗口中将显示以下消息：

```
The command(s) completed successfully.
```

这样，这个数据库的大小已经被修改了，可以通过数据库属性来验证是否修改成功。

4.3 删除数据库

数据库不再使用时，可以将它从 SQL Server 中删除。删除数据库时，事务日志也会同时被删除。可以使用 SQL 管理器或者 Transact-SQL 语句（DROP DATABASE）来完成这个操作。

使用管理器删除数据库时，右击打算删除的数据库，选择“删除”命令，将会出现一个提示数据库将要被删除的警告消息，单击“是”按钮删除这个数据库。

删除数据库的同时，系统会自动删除存储这个数据库的文件。

DROP DATABASE 语句的语法：

```
DROP DATABASE database_name[,…n]
```

例如：

```
DROP DATABASE Demo
```

表示删除当前的 MyDB。

在删除数据库时，应考虑以下因素和要点：

（1）使用“SQL Server 管理器”，一次只能删除一个数据库。

（2）使用 Transact-SQL，一次可以删除多个数据库。

（3）在删除一个数据库后，使用该特定数据库作为默认数据库的每个登录 ID 使用 master 数据库替代。

（4）删除数据库的限制。不能删除以下数据库：

- 在被恢复的处理中的数据库；
- 由任何用户打开进行读/写的数据库。

> **注意** 尽管 SQL Server 允许删除 msdb 系统数据库，但如果使用或打算使用以下工具，不要删除 msdb 系统数据库：SQL Server Agent、复制、SQL Server Web 向导、数据变换服务（DTS）。

4.4 数据库备份和恢复

虽然 SQL Server 提供了内置的安全性和数据保护，这种安全管理主要是为防止非法登录者或非授权用户对 SQL Server 数据库或数据造成破坏，但在有些情况下这种安全管理机制显得力不从心。例如，合法用户不小心对数据库数据做了不正确的操作或者保存数据库文件的磁盘遭到损坏，或者运行 SQL Server 的服务器因某种不可预见的事情（如病毒的侵袭或者突然断电）而导致崩溃。所以，需要提出另外的方案，即数据库的备份和恢复来解决这种问题。本节的主要目的就是介绍备份、恢复的含义、数据库备份的种类与备份设备等基本的概念，以及如何创建备份和恢复数据库，使读者对其有基本的了解和认识。

4.4.1 备份和恢复数据库概述

备份和恢复组件是 SQL Server 的重要组成部分。备份就是指对 SQL Server 数据库或事务日志进行复制。数据库备份记录了在进行备份这一操作时数据库中所有数据的状态。如果数据库因意外而损坏，这些备份文件将在数据库恢复时被用来恢复数据库。由于 SQL Server 支持在线备份，所以通常情况下可一边进行备份，一边进行其他操作。但是在备份过程中不允许执行以下操作：

- 创建或删除数据库文件；
- 创建索引；
- 执行非日志操作；
- 自动或手工缩小数据库或数据库文件大小。

如果以上各种操作正在进行当中且准备进行备份，则备份处理将被终止。如果在备份过程中打算执行以上任何操作，则操作将失败而备份继续进行。

恢复就是把遭受破坏、丢失数据或出现错误的数据库恢复到原来的正常状态。这一状态是由备份决定的，但是为了维护数据库的一致性，在备份中未完成的事务并不进行恢复。

进行备份和恢复的工作主要是由数据库管理员来完成的。实际上数据库管理员日常比较重要比较频繁的工作就是对数据库进行备份和恢复。如果在备份或恢复过程中发生中断，则可以重新从中断点开始执行备份或恢复。这在备份或恢复一个大型数据库时极有价值。

1. 数据库备份的类型

在 SQL Server 2005 中有 4 种备份类型：

- 数据库备份（Database Backup）；
- 事务日志备份（Transaction Log Backup）；
- 差异备份（Differential Database Backup）；
- 文件和文件组备份（File and File Group Backup）。

下面将详细介绍其所表述的内容及一些使用时的注意事项。

2. 数据库备份

数据库备份是指对数据库的完整备份，包括所有的数据及数据库对象。实际上备份数据库的过程就是首先将事务日志写到磁盘上，然后根据事务创建相同的数据库和数据库对象以及复制数据的过程。由于是对数据库的完全备份，所以这种备份类型不仅速度较慢，而且将占用大量磁盘空间。正因为如此，在进行数据库备份时，常将其安排在晚间，因为此时整个数据库系统几乎不进行其他事务操作，从而可以提高数据库备份的速度。

在对数据库进行完全备份时，所有未完成的事务或者发生在备份过程中的事务都不会被备份。如果使用数据库备份类型，则从开始备份到开始恢复这段时间内发生的任何针对数据库的修改将无法恢复。所以总是在一定的要求或条件下才使用这种类型的备份，比如：

（1）数据不是非常重要，尽管在备份之后恢复之前数据被修改，但这种修改是可以忍受的。

（2）通过批处理或其他方法，在数据库恢复之后可以很容易地重新实现在数据损坏前发生的修改。

（3）数据库变化的频率不大。

3. 事务日志备份

事务日志备份是指对数据库发生的事务进行备份，包括从上次进行事务日志备份、差异备份和数据库完全备份之后，所有已经完成的事务。在以下情况下常选择事务日志备份：

- 不允许在最近一次数据库备份之后发生数据丢失或损坏现象。
- 存储备份文件的磁盘空间很小或者留给进行备份操作的时间有限，如兆字节级的数据库需要很大的磁盘空间和备份时间。
- 准备把数据库恢复到发生失败的前一点。
- 数据库变化较为频繁。

由于事务日志备份仅对数据库事务日志进行备份，所以其需要的磁盘空间和备份时间都比数据库备份（备份数据和事务）少得多，这是它的优点所在。正是基于此，在备份时常采用这样的策略，即每天进行一次数据库备份，而以一个或几个小时的频率备份事务日志。这样利用事务日志备份，就可以将数据库恢复到任意一个创建事务日志备份的时刻。

但是，创建事务日志备份却相对比较复杂。因为在使用事务日志对数据库进行恢复操作时，还必须有一个完整的数据库备份，而且事务日志备份恢复时必须要按一定的顺序进行。例如，在上周末对数据库进行了完整的数据库备份，在从周一到本周末的每一天都进行一次事务日志备份，那么若要打算对数据库进行恢复，则首先恢复数据库备份，然后按照顺序恢复从周一到本周末的事务日志备份。

有时数据库事务日志会被中断，例如，数据库中执行了非日志操作（如创建索引、创建或删除数据库文件、自动或手动缩小数据库文件的大小），此时应该立即创建数据库或差异备份，然后再进行事务日志备份，以前进行的事务日志备份也没有必要了。

4. 差异备份

差异备份是指将最近一次数据库备份以来发生的数据变化备份起来，因此差异备份实际上是一种增量数据库备份。与完整数据库备份相比，差异备份由于备份的数据量较小，所以备份和恢复所用的时间较短。通过增加差异备份的备份次数，可以降低丢失数据的风险，将数据库恢复至进行最后一次差异备份的时刻，但是它无法像事务日志备份那样提供到失败点的无数据损失备份。

但在实际中为了最大限度地缩短数据库恢复时间以及降低数据损失数量，常一起使用数据库备份、事务日志备份和差异备份，而采用的备份方案是这样的。

（1）首先有规律地进行数据库备份，如每晚进行备份。

（2）其次以较小的时间间隔进行差异备份，如3h或4h。

（3）最后在相临的两次差异备份之间进行事务日志备份，可以每20min或30min一次。

这样在进行恢复时，可先恢复最近一次的数据库备份，接着进行差异备份，最后进行事务日志备份的恢复。

但是，在更多的情况下希望数据库能恢复到数据库失败那一时刻，那么该怎样做呢？下面的方法也许会有大帮助。

（1）首先如果能够访问数据库事务日志文件，则应备份当前正处于活动状态的事务日志。

（2）其次恢复最近一次数据库备份。

（3）接着恢复最近一次差异备份。

（4）最后按顺序恢复自差异备份以来进行的事务日志备份。

当然，如果无法备份当前数据库正在进行的事务，则只能把数据库恢复到最后一次事务日志备份的状态，而不是数据库失败点。

5．文件和文件组备份

文件或文件组备份是指对数据库文件或文件夹进行备份，但其不像完整的数据库备份那样同时也进行事务日志备份。使用该备份方法可提高数据库恢复的速度，因为其仅对遭到破坏的文件或文件组进行恢复。

但是在使用文件或文件组进行恢复时，仍要求有一个自上次备份以来的事务日志备份来保证数据库的一致性。所以在进行完文件或文件组备份后，应再进行事务日志备份。否则，备份在文件或文件组备份中所有数据库变化将无效。

如果需要恢复的数据库部分涉及多个文件或文件组，则应把这些文件或文件组都进行恢复。例如，如果在创建表或索引时，表或索引是跨多个文件或文件组的，则在事务日志备份结束后应再对表或索引有关的文件或文件组进行备份，否则在文件或文件组恢复时将会出错。

4.4.2 创建和删除备份设备

在进行备份以前首先必须创建备份设备。备份设备是用来存储数据库、事务日志或文件和文件组备份的存储介质。备份设备可以是硬盘、磁带或管道。SQL Server 只支持将数据库备份到本地磁带机，而不是网络上的远程磁带机。当使用磁盘时，SQL Server 允许将本地主机硬盘和远程主机上的硬盘作为备份设备，备份设备在硬盘中是以文件的方式存储的。

1．使用 SQL Server 管理器创建备份设备

使用 SQL Server 管理器创建备份设备的步骤：

（1）启动 SQL Server 管理器，在“对象资源管理器”的服务器对象文件夹下单击“备份设备”，选择“新建备份设备”命令，如图 4-7 所示。

（2）在弹出的“备份设备”窗口中输入备份设备的“设备名称”和备份的物理磁盘文件位置或“磁带”，如图 4-8 所示。

只有正在创建的设备是硬盘文件时，该选项才起作用。若要改变备份设备的存储位置，单击文件名后的按钮，选择合适的路径保存存储设备。如果选择“磁带”，表示使用磁带设备。只有正在创建的备份设备是与本地服务器相连的磁带设备时，该选项才起作用。

2．使用 SQL Server 管理器删除备份设备

在对象资源管理器中服务器对象的备份设备图标上右击，在弹出菜单中选择“删除”选项则删除该备份设备，如图 4-9 所示。

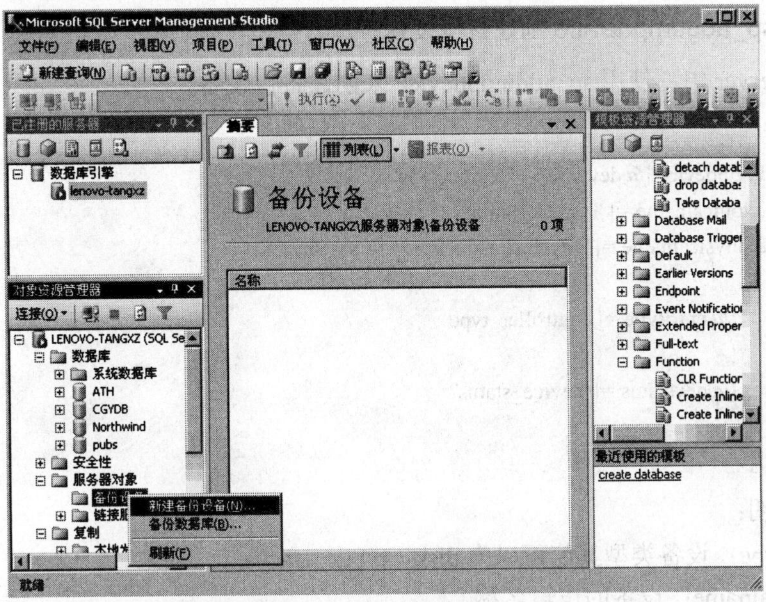

图 4-7　“新建备份设备”选择

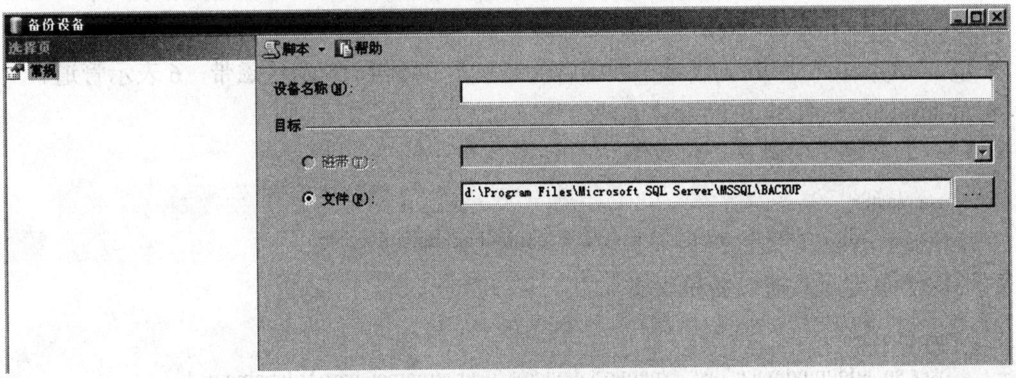

图 4-8　“备份设备”窗口

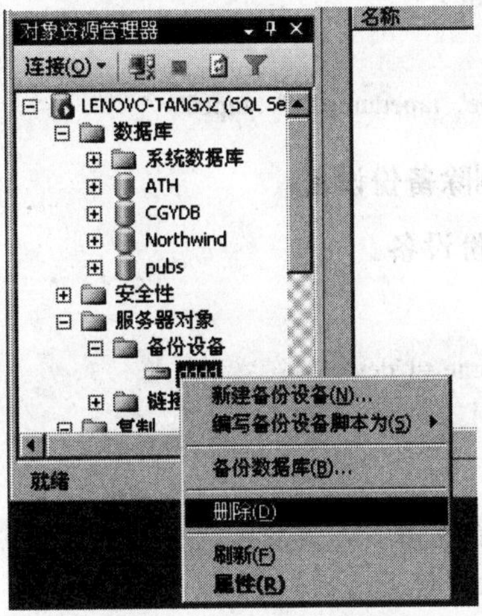

图 4-9　删除备份设备

3．使用 sp_addumpdevice 创建备份设备

在 SQL Server 中，使用 sp_addumpdevice 来创建备份设备。

语法格式：

```
sp_addumpdevice [@devtype =] 'device_type'
    [@logicalname =] 'logical_name'
    [@physicalname =] 'physical_name'
    [ {
        [@cntrltype =] controller_type
        |
        [@devstatus =] 'device_status'
      }
    ]
```

各参数说明：

- @devtype：设备类型其值可以为 disk、pipe、tape。
- @logicalname：设备的逻辑名称。
- @physicalname：设备的实际名称。使用不同的备份介质，其名称格式不同。
- @cntrltype 和@devstatus：可以不必输入。
- @cntrltype：不同取值代表不同的含义，2 表示磁盘、5 表示磁带、6 表示管道。
- @devstatus：有 skip 和 noskip 两个选项。

【例 4-1】创建一个磁盘备份设备。

```
use master
exec sp_addumpdevice 'disk', 'pubss', 'c:\backdev\backdevpubs.bak'
```

【例 4-2】创建远程磁盘备份设备。

```
use master
exec sp_addumpdevice 'disk' , 'networkdevice' , '\\servername\share \filename.ext'
```

【例 4-3】创建磁带备份设备。

```
use master
exec sp_addumpdevice 'tape', 'tapedump1' ,'\\.\tape0'
```

4．使用 sp_dropdevice 删除备份设备

sp_dropdevice 用来删除备份设备。

语法格式：

```
sp_dropdevice [@logicalname =] 'device'
    [, [@delfile =] 'delfile']
```

参数说明：

- @logicalname：备份设备逻辑名。
- @delfile：相对应的实体文件。

当执行该系统过程时，@delfile 选项值必须给出，否则备份设备相对应的实体文件仍旧存在。

【例 4-4】删除备份设备。

```
sp_dropdevice 'pubss', 'c:\backdev\backdevpubs.bak'
```

4.4.3 备份数据库

1. 用 SQL Server 管理器备份数据库

在 SQL Server 中，无论是数据库备份，还是事务日志备份、差异备份、文件或文件组备份都执行相同的步骤。使用 SQL Server 管理器进行备份的步骤：

（1）启动 SQL Server 管理器登录到指定的数据库服务器。

（2）打开数据库文件夹，右击要进行备份的数据库图标，在弹出菜单上选择“任务”，再选择“备份…”选项，如图 4-10 所示。

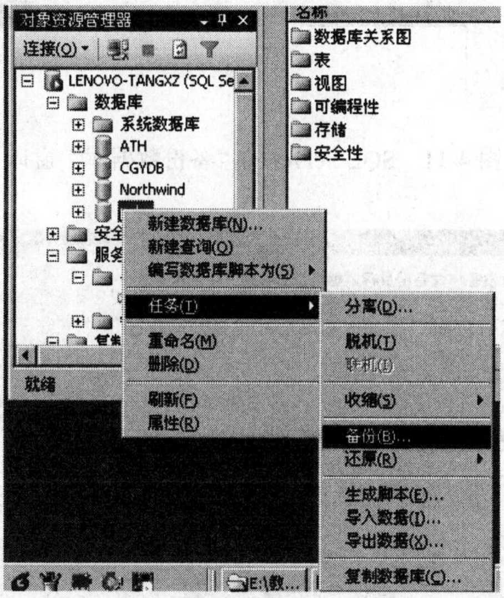

图 4-10　SQL Server 备份数据库

（3）弹出 SQL Server 的“备份数据库”窗口，如图 4-11 所示。在“备份数据库”窗口的“常规”标签页中，在“名称”框内输入备份集名称，在“备份类型”选项栏内选择单选按钮来选择要进行哪种类型的备份。

（4）通过单击“添加”按钮来选择备份设备然后弹出“选择备份目标”对话框，如图 4-12 所示。可选择“文件名”单选按钮，单击“浏览”按钮，在图 4-13 所示对话框中给出文件名和路径，也可以选择“备份设备”单选按钮，然后从组合框中选择备份设备。

（5）此时刚才选择的文件被加入备份文件中，返回到图 4-11 所示的窗口。如果要添加其他的文件，则可以单击“添加”按钮添加其他文件。

（6）单击“确定”按钮创建数据库备份。

2. 用 Transact-SQL 语句备份数据库

在 SQL Server 中使用 BACKUP 命令进行备份操作。

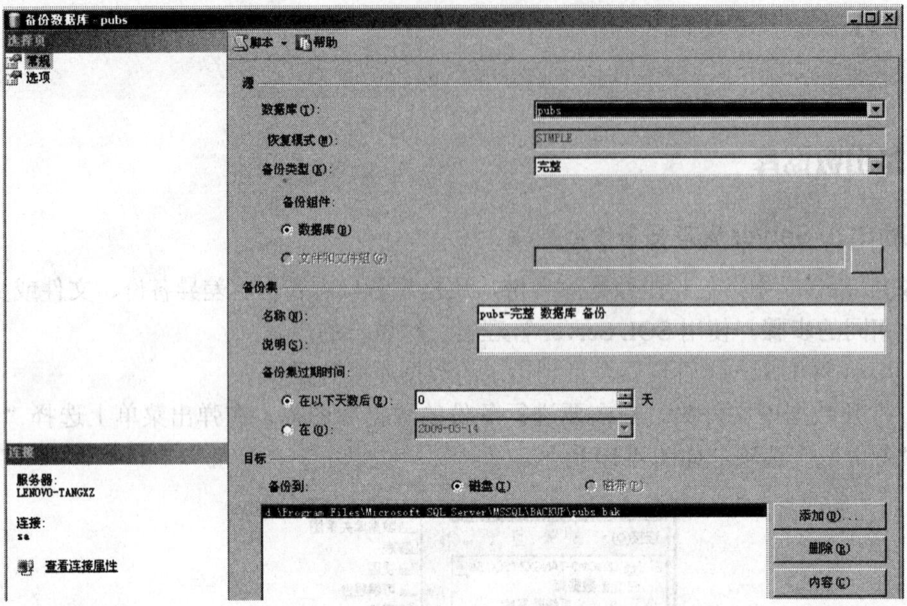

图 4-11　SQL Server 的“备份数据库”窗口

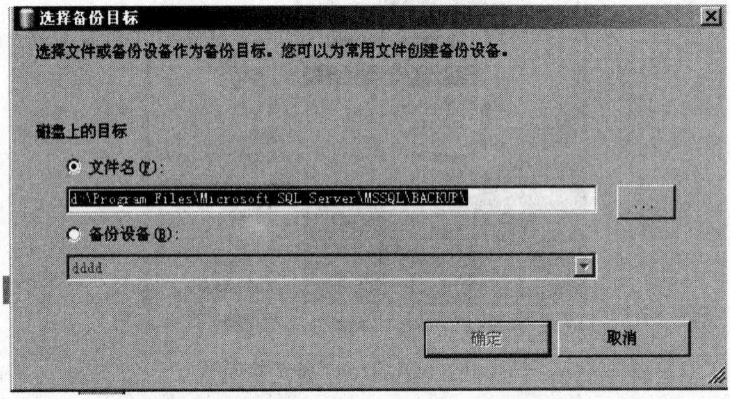

图 4-12　“选择备份目标”对话框

数据库备份的语法格式：

```
BACKUP DATABASE { database_name | @database_name_var }
        < file_or_filegroup > [ ...n ]
        [ FROM < backup_device > [ ...n ] ]
        [ WITH
        [ RESTRICTED_USER ]
        [ [ ] FILE = file_number ]
        [ [ ] PASSWORD = { password | @password_variable } ]
        [ [ ] MEDIANAME = { media_name | @media_name_variable } ]
        [ [ ] MEDIAPASSWORD = { mediapassword | @mediapassword_variable } ]
        [ [ ] NORECOVERY ]
        [ [ ] { NOREWIND | REWIND } ]
        [ [ ] { NOUNLOAD | UNLOAD } ]
```

```
        [ [ ] REPLACE ]
        [ [ ] RESTART ]
        [ [ ] STATS [ = percentage ] ]
        ]
```

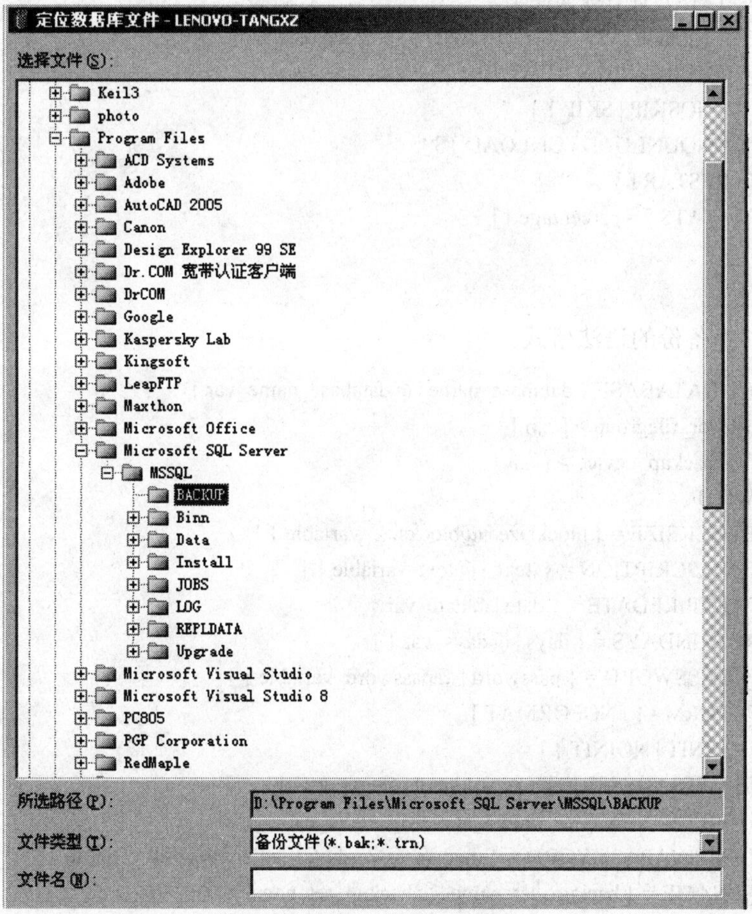

图 4-13　选择备份文件保存路径对话框

日志备份的语法格式：

```
BACKUP LOG { database_name | @database_name_var }
        {
        TO < backup_device > [ ...n ]
        [ WITH
        [ BLOCKSIZE = { blocksize | @blocksize_variable } ]
        [ [ ] DESCRIPTION = { 'text' | @text_variable } ]
        [ [ ] EXPIREDATE = { date | @date_var }
        | RETAINDAYS = { days | @days_var } ]
        [ [ ] PASSWORD = { password | @password_variable } ]
        [ [ ] FORMAT | NOFORMAT ]
        [ [ ] { INIT | NOINIT } ]
        [ [ ] MEDIADESCRIPTION = { 'text' | @text_variable } ]
```

```
        [ [ ] MEDIANAME = { media_name | @media_name_variable } ]
        [ [ ] MEDIAPASSWORD = { mediapassword |
        @mediapassword_variable } ]
        [ [ ] NAME = { backup_set_name | @backup_set_name_var } ]
        [ [ ] NO_TRUNCATE ]
        [ [ ] { NORECOVERY | STANDBY = undo_file_name } ]
    [ [ ] { NOREWIND | REWIND } ]
    [ [ ] { NOSKIP | SKIP } ]
    [ [ ] { NOUNLOAD | UNLOAD } ]
    [ [ ] RESTART ]
    [ [ ] STATS [ = percentage ] ]
    ]
    }
```

文件或文件组备份的语法格式：

```
BACKUP DATABASE { database_name | @database_name_var }
    < file_or_filegroup > [ ...n ]
    TO < backup_device > [ ...n ]
    [ WITH
    [ BLOCKSIZE = { blocksize | @blocksize_variable } ]
    [ [ ] DESCRIPTION = { 'text' | @text_variable } ]
    [ [ ] EXPIREDATE = { date | @date_var }
    | RETAINDAYS = { days | @days_var } ]
    [ [ ] PASSWORD = { password | @password_variable } ]
    [ [ ] FORMAT | NOFORMAT ]
    [ [ ] { INIT | NOINIT } ]
    [ [ ] MEDIADESCRIPTION = { 'text' | @text_variable } ]
    [ [ ] MEDIANAME = { media_name | @media_name_variable } ]
    [ [ ] MEDIAPASSWORD = { mediapassword | @mediapassword_variable } ]
    [ [ ] NAME = { backup_set_name | @backup_set_name_var } ]
    [ [ ] { NOSKIP | SKIP } ]
    [ [ ] { NOREWIND | REWIND } ]
    [ [ ] { NOUNLOAD | UNLOAD } ]
    [ [ ] RESTART ]
    [ [ ] STATS [ = percentage ] ]
    ]
```

其中各参数或保留字的含义请参看查询分析器“帮助”菜单里的“Transact-SQL 帮助”。

在三种备份的 BACKUP 语句中 backup_device 都有以下形式：

```
<backup_device> ::=
    { {backup_device_name | @backup_device_name_var} |
    {DISK | TAPE | PIPE} =
    {'temp_backup_device' | @temp_backup_device_var} }
```

<backup_device>：表示执行备份操作时使用的设备参数。

文件或文件组的形式：

```
<file_or_filegroup> ::=
    { FILE = {logical_file_name | @logical_file_name_var} |
    FILEGROUP = {logical_filegroup_name | @logical_filegroup_name_var} }
```

<file_or_filegroup>：用来定义进行备份时的文件或文件组。

【例 4-5】完全备份 pubs 数据库。

```
/* 创建备份设备*/
use master
exec sp_addumpdevice 'disk' 'pubss' 'c:\mssql7\backup\pubss.dat'
/* 备份数据库*/
backup database pubs to pubss
/* 创建事务日志备份设备*/
use master
exec sp_addumpdevice 'disk' 'pubsslog' 'c:\mssql7\backup\pubsslog.dat'
/* 备份事务日志*/
backup log pubs to pubsslog
```

4.5 还原数据库

在 4.3 节、4.4 节介绍了如何使用 SQL Server 管理器和 BACKUP 命令进行备份及 SQL Server 提供的备份向导的使用。本节将介绍部分数据库还原，以及如何使用 SQL Server 管理器和 RESTORE 命令还原数据库。

4.5.1 使用管理器还原数据库

使用 SQL Server 管理器还原数据库的操作步骤：

（1）登录 SQL Server 管理器，展开服务器组，然后展开服务器。展开“数据库”文件夹，右击要备份的数据库，指向“任务”→“还原”→“数据库”选项（见图 4-14）。

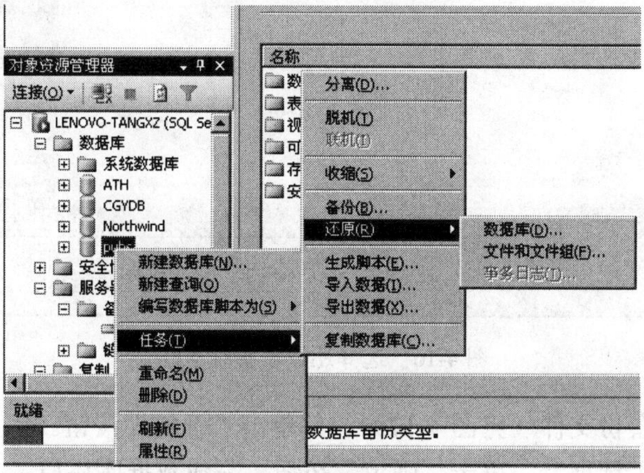

图 4-14 还原数据库菜单

（2）在“还原数据库”窗口中，如果要还原的数据库名称与显示的默认数据库名称不同，请在其中进行输入或选择。若要用新名称还原数据库，请输入目标数据库名称，如图 4-15 所示。

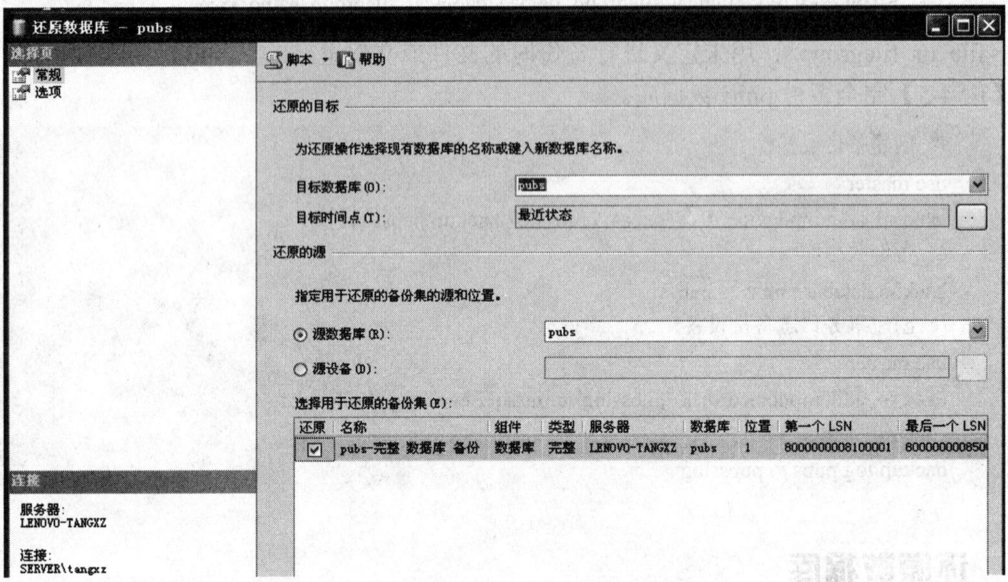

图 4-15　还原数据库“常规”标签页

（3）在“选择用于还原的备份集”列表中，选择要还原的备份集类型和备份集。

（4）选择指定还原操作的备份媒体及其位置，如图 4-16 所示。

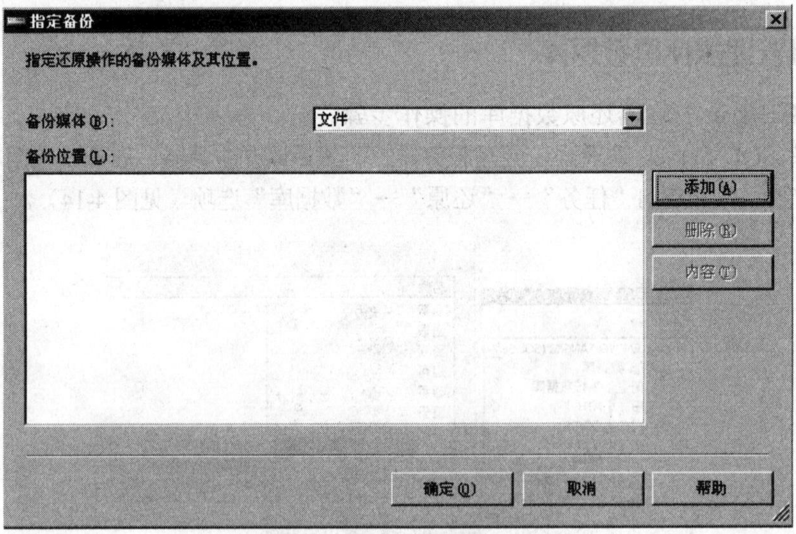

图 4-16　选择还原设备对话框

（5）添加指定的备份文件（见图 4-17），并单击“确定”按钮。

（6）回到“常规”选项卡，单击“确定”按钮，完成数据库还原。

通过本节，学习了如何利用 SQL Server 管理器从数据库备份中还原数据。

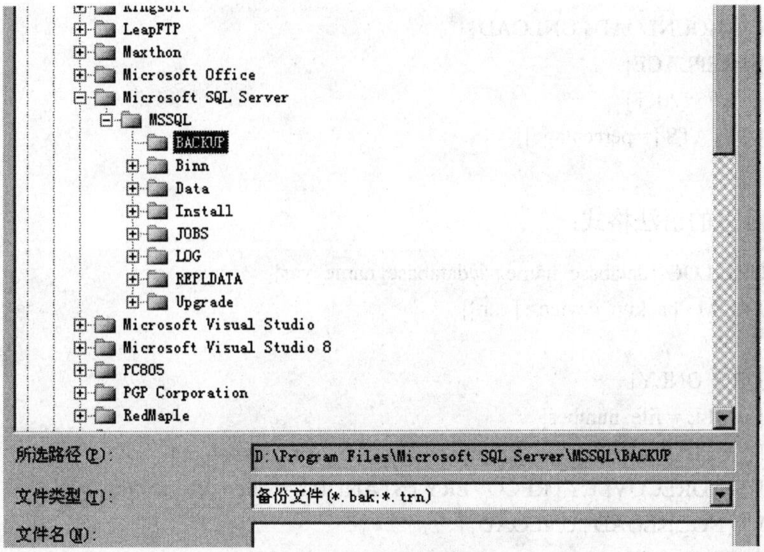

图 4-17 备份文件路径

4.5.2 使用 RESTORE 命令还原数据库

还原数据库的语法格式：

```
RESTORE DATABASE {database_name | @database_name_var}
    [FROM <backup_device> [ ...n]]
    [WITH
    [DBO_ONLY]
    [[ ] FILE = file_number]
    [[ ] MEDIANAME = {media_name | @media_name_variable}]
    [[ ] MOVE 'logical_file_name' TO 'operating_system_file_name']
    [ ...n]
    [[ ] {NORECOVERY | RECOVERY | STANDBY = undo_file_name}]
    [[ ] {NOUNLOAD | UNLOAD}]
    [[ ] REPLACE]
    [[ ] RESTART]
    [[ ] STATS [= percentage]]
    ]
```

还原文件或文件组的语法格式：

```
RESTORE DATABASE {database_name | @database_name_var}
    <file_or_filegroup> [ ...n]
    [FROM <backup_device> [ ...n]]
    [WITH
    [DBO_ONLY]
    [[ ] FILE = file_number]
    [[ ] MEDIANAME = {media_name | @media_name_variable}]
    [[ ] NORECOVERY]
```

```
[[ ] {NOUNLOAD | UNLOAD}]
[[ ] REPLACE]
[[ ] RESTART]
[[ ] STATS [= percentage]]
]
```

还原事务日志的语法格式：

```
RESTORE LOG {database_name | @database_name_var}
    [FROM <backup_device> [ ...n]]
    [WITH
    [DBO_ONLY]
    [[ ] FILE = file_number]
    [[ ] MEDIANAME = {media_name | @media_name_variable}]
    [[ ] {NORECOVERY | RECOVERY | STANDBY = undo_file_name}]
    [[ ] {NOUNLOAD | UNLOAD}]
    [[ ] RESTART]
    [[ ] STATS [= percentage]]
    [[ ] STOPAT = {date_time | @date_time_var}]
    ]
<backup_device> ::=
    { {'backup_device_name' | @backup_device_name_var}
    | {DISK | TAPE | PIPE} =
    {'temp_backup_device' | @temp_backup_device_var} }
<file_or_filegroup> ::=
    { FILE = {logical_file_name | @logical_file_name_var} |
```

其中各参数或保留字的含义请参看查询分析器“帮助”菜单里的“Transact-SQL 帮助”。

【例 4-6】还原数据库 pubs 至 2009 年 4 月 1 日前的状态。

```
restore database pubs
from pubss1,  pubss2
with norecovery
restore log pubs
from pubsslog1
with norecovery
restore log pubs
from pubslog2
with recovery ,  stopat = 'Apr 1 2009 15:00 am'
```

4.6 SQL Server 系统数据库介绍

SQL Server 管理两种类型的数据库：系统数据库和用户数据库。系统数据库存储 SQL Server 专门用于管理自身和用户数据库的数据。用户数据库用于存储用户数据。

当在一个物理服务器上安装 SQL Server 时，安装过程创建了多个完成 SQL Server 的操作所必须的系统文件和数据库。创建的系统数据库包括 master、model、tempdb 和 msdb，安装过程还会创建 pubs 和 Northwind 的用户数据库的样本。SQL Server 使用存储在系统数据库中的信息来操纵和管理自身及用户数据库。

无论是系统数据库还是用户数据库都包含系统表。系统表存储有关 SQL Server 的行为信息的数据。系统表分为两种。无论是系统数据库还是用户数据库，每个数据库都包含 19 个通常叫做数据库目录的系统表。除了这些普通的系统表之外，每个系统数据库还包括专用的系统表。这些系统表将在下面的部分中讨论。所有系统表的表名都是以“sys”字符作为前缀。当讨论了系统数据库和用户数据库都有的 19 个系统表之后，再讨论每一个 SQL Server 系统数据库独有的系统表。

4.6.1　数据库目录系统表

每个数据库都使用数据库目录系统表来记录它的设计和使用情况。每一个 SQL Server 创建的数据库都包含下列 19 个数据库目录系统表：

- syscolumns：数据库表中的每一列、视图中的每一列、存储过程中的每一个参数都有一行对应的记录。
- syscomments：数据库中的每一个视图、规则、默认、触发器和存储过程都在表中对应于一行或几行 SQL 定义的语句（创建正文）。
- sysdepends：数据库中每一个被其他视图、表或者存储过程引用的表、视图和存储过程都有一行记录。
- sysfilegroups：每个文件组的信息。
- sysfiles：在数据库中的每个文件的信息。
- sysfiles1：在数据库中的辅助文件的信息。
- sysforeignkeys：数据库中每一个表的外键约束信息。
- sysfulltextcatalogs：存放全文检索的目录信息。
- sysfulltextnotify：存放全文通知信息。
- sysindexes：数据库中每一个簇式索引、非簇式索引和没有索引的表都对应一行记录。表中还包括一些有关存储文本或图像数据的表的附加记录。
- sysindexkeys：包含索引中键或列的信息。一个索引可能对应多行。
- sysmembers：数据库角色（database role）中的每一个成员信息。
- sysobjects：数据库中的每一个表、视图、日志、规则、默认、触发器和存储过程都对应一行记录。
- syspermissions：在数据库中的每一个用户、组和角色的权限授予或撤销信息。
- sysprotperties：每个分配单元的属性。
- sysprotects：包括数据库中用户对于对象所拥有的权限的信息。
- sysreferences：数据库中每一个与一列或一个表对应的维护参照完整性的约束都有一行对应的记录。
- systypes：数据库中使用的每一个默认和用户定义数据类型都对应一行记录。
- sysusers：每一个有权限访问数据库的用户都对应一行记录。

4.6.2 master 数据库

master 数据库是 SQL Server 中最重要的数据库。它存储的信息包括可用的数据库、为每一个数据库分配的空间、使用中的进程、用户账户、活动的锁、系统错误信息和系统存储过程等。

master 数据存储在 master.mdf 中，事务日志存储在 mastlog.ldf 中。由于这个数据库非常重要，所以不允许用户直接修改它。所有对于 master 数据库的修改一般情况下必须通过 SQL Server 管理器、Transact-SQL 语句或是存储过程来实现。每次对 SQL Server 的修改影响到 master 数据库时，都应该立即备份 master 数据库。

在每个 SQL Server 数据库都包含的 19 个普通的系统表之外，master 数据库还包括几十个特殊的系统表（通常叫系统目录（或数据目录））。以下是常用的 16 个系统表。

- syscharsets：包含有关安装的字符集和排序的信息。
- sysaltfiles：包含每个文件的信息。
- syscacheobjects：包含了每个 Cache 的使用信息。
- sysconfigures：包含在下一次启动 SQL Server 时使用的系统配置值。
- syscurconfigs：包含当前的系统配置值。
- sysdatabases：包含由 SQL Server 管理的数据库的信息，包括数据库名、所有者和状态等。
- sysdevices：包含有关数据库磁盘备份文件、磁带备份文件和数据文件的信息。
- syslanguages：包含安装的语言集的信息。
- syslockinfo：包含由 SQL Server 管理的所有活动锁的信息。
- syslogins：包含所有的用户账户信息，包括名字、口令和配置信息。
- sysmessages：包含所有 SQL Server 可用的系统错误消息。
- sysoledbusers：包含了映射到连接服务器（linked server）的每个用户名称和口令的信息。
- sysperfinfo：包含了通过 Windows 性能监视器显示的性能计数器信息。
- sysprocesses：包含所有当前进程的信息，包括进程标识符、登录信息和每一个登录的用户的当前状态。
- sysremotelogins：包含所有从远程 SQL Server 上登录的用户的信息。
- sysservers：包含本地服务器和远程服务器的信息。

4.6.3 msdb 数据库

msdb 数据库由 SQL Server Agent 服务使用，用来管理警报和任务。它还存储由 SQL Server 管理的数据库的每一次备份和恢复的历史信息。

msdb 数据存储在 msdbdata.mdf 中，它的事务日志存储在 msdblog.ldf 中。

msdb 数据库包含 19 个普通的系统表，外加几十个系统表。以下是常用的几个特殊的系统表。

- sysalerts：包含用户定义的警报的信息。
- backupfile：记录每个被备份的数据库和日志文件。
- backupset：包含使用的备份设备的信息。
- sysjobhistory：包含每个任务的成功或失败执行的完整历史记录。

- sysnotifications：包含哪一个操作员和哪一个警报相关联以及给操作员发送警报的方式等信息。
- sysoperators：包含从 SQL Server 接收警报的操作员的列表，以及有关的联系方法的信息。
- restorehistory：包含由 SQL Server 管理的任何数据库每一次完成恢复过程的完整历史记录。
- restorefile：记录所有被恢复的文件。
- sysjobs：包含用户定义的任务的信息。
- sysjobschedules：记录要求 SQL Server 执行的任务的调度信息。
- syscategories：记录 SQL Server 用于组织任务、警报和操作员的分类信息。
- sysjobsteps：记录 SQL Server 所执行一个任务的步骤信息。

4.6.4　model 数据库

任何一个新创建的数据库都包含前面描述的 19 个系统表。这 19 个系统表是在创建新数据库时从 model 数据库复制而来的。model 数据库的主要作用是为新的数据库充当模板。一些数据库设计者喜欢修改 model 数据库，这样新建数据库就会包含这些修改。常见的对 model 数据库的修改包括添加用户定义数据类型、规则、默认和存储过程。对 model 数据库的任何修改都会自动地反映到新建的数据库中。model 数据存储在 model.mdf 和 modellog.ldf 中。model 数据库只包含普通的 19 个系统表。

4.6.5　tempdb 数据库

tempdb 数据库是被所有 SQL Server 数据库和数据库用户共享的数据库。它用来存储临时信息，如对一个未建索引的表查询时创建的临时索引的排序信息。

任何因用户行为而创建的临时表都会在该用户与 SQL Server 断开连接时删除。另外，所有在 tempdb 中创建的临时表都会在 SQL Server 停止和重启时删除。tempdb 数据存储在 tempdb.mdf 和 templog.ldf 中。

4.7　本章小结

本章介绍了如何创建和管理数据库。通过学习进一步了解到：

- 一个新的数据库可以通过 SQL Server 管理器或者 Transact-SQL 语句来创建。
- 每个数据库都有它自己的数据库选项，这些选项可以通过 SQL Server 管理器或者系统存储过程来设置。
- 可以使用 SQL Server 管理器或者 Transact-SQL 语句来增加和减少数据库的容量。
- 可以使用 SQL Server 管理器或者 Transact-SQL 语句来删除数据库和它们的事务日志。
- 备份还原设备和备份还原数据的方法。
- SQL Server 中系统数据库、表的功能简介。

第5章 管理数据库及其完整性

表是 SQL Server 2005 中最基本的数据库对象，它包含了数据库中所有的数据。其他数据库对象的操作都依赖于某个或某些特定的表进行。对表的各项操作，特别是数据操作是 SQL Server 2005 中使用频率最高的，它直接影响数据库的效率。所以说，表设计的好坏直接决定着一个数据库中的好坏，从而决定这个整个数据库应用系统的成败。

在数据库中，表表现为列的集合。与电子表格相似，数据在表中是按行和列的格式组织排列的。每行代表唯一的一条记录，而每列代表记录中的一个域。

本章主要内容：

- 创建表；
- 修改表；
- 删除表；
- 创建和使用基本约束；
- 规则管理；
- 默认值管理。

5.1 创建表

在 SQL Server 操作中，表的创建和修改可以说是最常见的操作之一了，所以用户务必要熟练掌握。

创建一个新的表之前一定要进行详细的设计。虽然 SQL Server 允许用户在表创建后对其属性进行修改，但是由于表在创建后就可能被某些程序使用，这时即使对表结构的一个很小的改动，都可能需要在整个程序中修改引用此表的代码段，不但工作量大，而且会带来不可预期的错误，这在一个大型的数据库应用系统中显然是致命的。所以最好是将表中所需的信息一次定义完成，这就需要在创建之前对表进行详细的设计。

5.1.1 设计表

设计表之前有必要了解表的概念。表是 SQL Server 2005 中最基本的数据库对象，它包含数据库中所有数据。数据在表中是按行和列的格式组织排列的。每行代表唯一的一条记录，而每列代表记录中的一个字段，或者说域。

在表中行的顺序是任意的，存储时按照行插入的顺序进行，需要的话可以利用索引对行进行排序，在检索时也可以让结果按某种指定的顺序显示。

同样，表中列的顺序也是任意的，对使用没有任何影响。请注意，说列的顺序对使用没有影响是指 A 列在 B 列前还是 B 列在 A 列前没有区别，而不是说可以随时调换 A 列和 B 列的顺序。

在一个 SQL Server 数据库中表名是唯一的，也就是说，同一个 SQL Server 数据库中不得出现两个同名的表。同一个表中列的名称也必须唯一，不同的表中可以有同名的列出现。

这二者均由 SQL Server 本身强制实现。但是在一个表中允许出现完全相同的两行，虽然不建议这样，可以通过设置主键的办法禁止相同行的出现。一般情况下，不要在一个表中出现完全相同的两行。

表的设计过程中需要完成的主要任务：

（1）设计表的各列及每一列的数据类型，尽量使表中不出现冗余信息，使其达到三级范式要求。列设计还包括为每一列选择一个合适的数据类型。

（2）决定哪些列允许空值，某些列必须有值数据库才能正确运行。

（3）决定是否要在表中使用以及何时使用约束、默认设置或规则。

（4）所需索引的类型，哪里需要索引，哪些列是主键，哪些是外键。

表的创建也可以通过 SQL Server 管理器和 Transact-SQL 语句这两种方法实现，下面具体介绍这两种方法。

5.1.2　使用 SQL Server 管理器创建表

这里给出一个学生管理数据库中记录学生信息的表的创建。首先对其进行设计：

（1）这个表用于存放学生信息，所以应该包含以下列：姓名（Name）、学号（ID）、性别（Sex）、出生年月日（Birthday）及出生地（Birth_Place）、班级（Class）等，根据各自的需要将其数据类型设定为 Name（char，10 位）、ID（char，7 位）、Sex（char，2 位）、Birthday（datetime，8 位）、Birth_Place（varchar，50 位）、Class（char，10 位）。

（2）各列均不能为空值。

（3）考虑到学生姓名可能重复的情况，使用永不重复的学号作为主键，起唯一标示作用。

使用 SQL Server 管理器创建表的基本步骤：

（1）展开对象资源管理器中的“数据库”→“Demo”选项，右击“表”对象，在弹出的菜单中选择“新建表”选项，如图 5-1 所示。

（2）进入表设计界面，切换到“属性”面板，在“名称”中输入表名“Student”，在“列名”和“数据类型”中填入相应的数据信息，设置好主键后，单击“保存”按钮，如图 5-2 所示。

表设计器（图 5-2 中间部分）是一种可视化工具，它允许用户对 SQL Server 2005 数据库中的表进行设计和可视化处理。

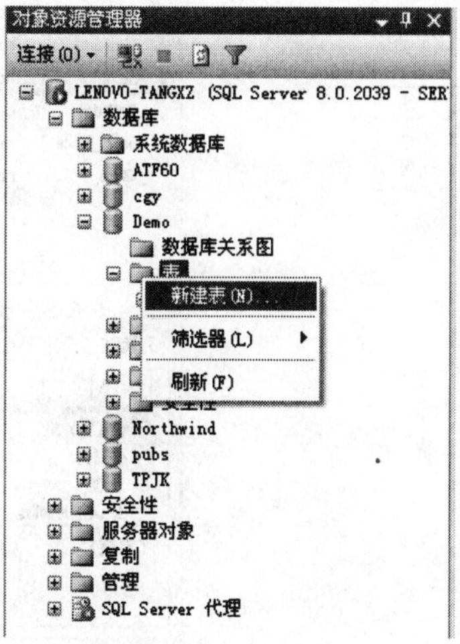

图 5-1　“新建表”选项

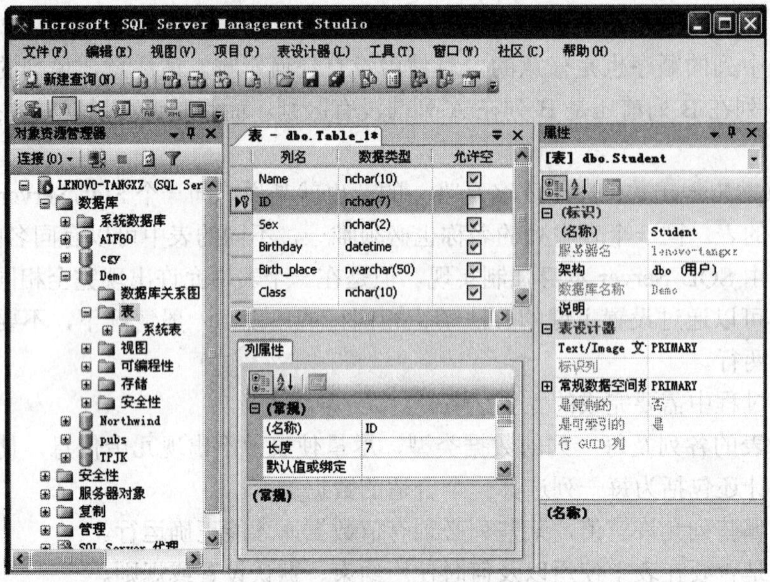

图 5-2　表设计器界面

值得一提的是，在 SQL Server 2005 中，表设计器改变了过去那种不友好的界面样式，而借鉴了 Microsoft Office 系列产品 Microsoft Access 中的表设计器样式而重新设计，这更有利于用户的使用。使用过 SQL Server 7.0 很快就会感觉到它的便利之处。

从中可以看出，表设计器分两部分。上半部分为网格显示，网格的每一行描述一个数据库列的基本特征：列名、数据类型、长度和允许空值设置。下半部分列出当前列的所有附加特性。

从表设计器中还能访问属性页，并且可以创建和修改表的关系、约束、索引和键，如图 5-3 所示。

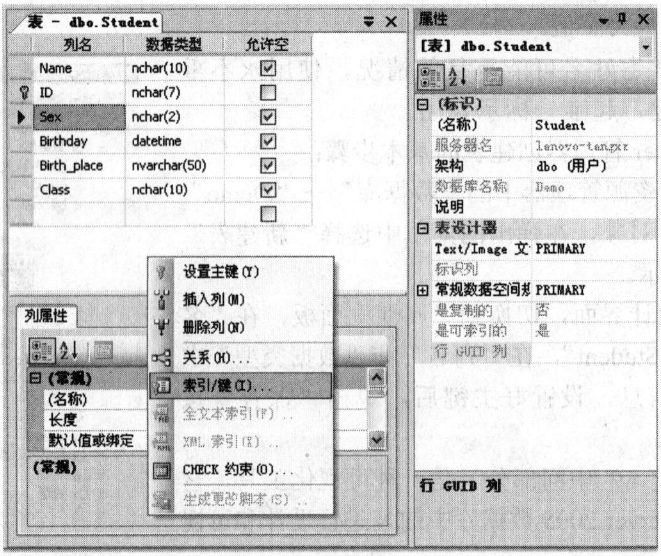

图 5-3　表设计器快捷菜单

5.1.3 使用 Transact_SQL 语句创建表

创建表的 Transact_SQL 语句为 CREATE TABLE。

CREATE TABLE 的语法格式：

```
CREATE TABLE
   [ database_name.[ owner ] .| owner.] table_name
   ( { < column_definition >
      | column_name AS computed_column_expression
      | < table_constraint > ::= [ CONSTRAINT constraint_name ] }
         | [ { PRIMARY KEY | UNIQUE } [ ,...n ]
   )
[ ON { filegroup | DEFAULT } ]
[ TEXTIMAGE_ON { filegroup | DEFAULT } ]
```

其中：

```
< column_definition > ::= { column_name data_type }
   [ COLLATE < collation_name > ]
   [ [ DEFAULT constant_expression ]
      | [ IDENTITY [ ( seed , increment ) [ NOT FOR REPLICATION ] ] ]
   ]
   [ ROWGUIDCOL]
  [ < column_constraint > ] [ ...n ]
< column_constraint > ::= [ CONSTRAINT constraint_name ]
   { [ NULL | NOT NULL ]
     | [ { PRIMARY KEY | UNIQUE }
        [ CLUSTERED | NONCLUSTERED ]
        [ WITH FILLFACTOR = fillfactor ]
        [ON {filegroup | DEFAULT} ] ]
     ]
     | [ [ FOREIGN KEY ]
        REFERENCES ref_table [ ( ref_column ) ]
        [ ON DELETE { CASCADE | NO ACTION } ]
        [ ON UPDATE { CASCADE | NO ACTION } ]
        [ NOT FOR REPLICATION ]
     ]
     | CHECK [ NOT FOR REPLICATION ]
     ( logical_expression )
   }
< table_constraint > ::= [ CONSTRAINT constraint_name ]
{ [ { PRIMARY KEY | UNIQUE }
     [ CLUSTERED | NONCLUSTERED ]
     { ( column [ ASC | DESC ] [ ,...n ] ) }
     [ WITH FILLFACTOR = fillfactor ]
     [ ON { filegroup | DEFAULT } ]
  ]
```

```
    | FOREIGN KEY
        [ ( column [ ,...n ] ) ]
        REFERENCES ref_table [ ( ref_column [ ,...n ] ) ]
        [ ON DELETE { CASCADE | NO ACTION } ]
        [ ON UPDATE { CASCADE | NO ACTION } ]
        [ NOT FOR REPLICATION ]
    | CHECK [ NOT FOR REPLICATION ]
        ( search_conditions )
    }
```

部分参数说明：

- database_name：要在其中创建表的数据库名称。database_name 必须是现有数据库的名称。如果不指定数据库，database_name 默认为当前数据库。当前连接的登录必须在 database_name 所指定的数据库中有关联的现有用户 ID，而该用户 ID 必须具有创建表的权限。
- table_name：新表的名称。表名必须符合标识符规则。数据库中的 owner.table_name 组合必须唯一。table_name 最多可包含 128 个字符，但本地临时表的表名（名称前有一个编号符#）最多只能包含 116 个字符。
- column_name：表中的列名。列名必须符合标识符规则，并且在表内唯一。以 timestamp 数据类型创建的列可以省略 column_name。如果不指定 column_name，timestamp 列的名称默认为 timestamp。
- computed_column_expression：定义计算列值的表达式。计算列是物理上并不存储在表中的虚拟列。计算列由同一表中的其他列通过表达式计算得到。例如，计算列可以这样定义：cost AS price * qty。表达式可以是非计算列的列名、常量、函数、变量，也可以是用一个或多个运算符连接的上述元素的任意组合。表达式不能为子查询。计算列可用于选择列表、WHERE 子句、ORDER BY 子句或任何其他可使用常规表达式的位置，但下列情况除外：
    - 计算列不能用做 DEFAULT 或 FOREIGN KEY 约束定义，也不能与 NOT NULL 约束定义一起使用。但是，如果计算列由具有确定性的表达式定义，并且索引列中允许计算结果的数据类型，则可将该列用做索引中的键列，或用做 PRIMARY KEY 或 UNIQUE 约束的一部分。例如，如果表中含有整型列 a 和 b，则可以在计算列 a+b 上创建索引。但不能在计算列 a+DATEPART(dd, GETDATE())上创建索引，因为在以后的调用中，其值可能发生改变。
    - 计算列不能作为 INSERT 或 UPDATE 语句的目标。
- data_type：指定列的数据类型。可以是系统数据类型或用户定义数据类型。用户定义数据类型必须先用 sp_addtype 创建，然后才能在表定义中使用。在 CREATE TABLE 语句中，用户定义数据类型的 NULL/NOT NULL 赋值可被替代，但长度标准不能更改，不能在 CREATE TABLE 语句中指定用户定义数据类型的长度。
- DEFAULT：如果在插入过程中未显式提供值，则指定为列提供的值。DEFAULT 定义可适用于除定义为 timestamp 或带 IDENTITY 属性的列以外的任何列。除去表时，将删除 DEFAULT 定义。只有常量值（如字符串）、系统函数（如 SYSTEM_USER()）或

NULL 可用做默认值。为保持与 SQL Server 早期版本的兼容，可以给 DEFAULT 指派约束名。

- constant_expression：用做列的默认值的常量、NULL 或系统函数。
- IDENTITY：表示新列是标识列。当向表中添加新行时，SQL Server 将为该标识列提供一个唯一的、递增的值。标识列通常与 PRIMARY KEY 约束一起用做表的唯一行标识符。可以将 IDENTITY 属性指派给 tinyint、smallint、int、bigint、decimal(p,0)或 numeric(p,0)列。对于每个表只能创建一个标识列。不能对标识列使用绑定默认值和 DEFAULT 约束。必须同时指定种子和增量，或者二者都不指定。如果二者都未指定，则取默认值（1,1）。
- CONSTRAINT：可选关键字，表示 PRIMARY KEY、NOT NULL、UNIQUE、FOREIGN KEY 或 CHECK 约束定义的开始。约束是特殊属性，用于强制数据完整性并可以为表及其列创建索引。
- constrain_name：约束的名称。约束名在数据库内必须是唯一的。
- NULL | NOT NULL：确定列中是否允许空值的关键字。从严格意义上讲，NULL 不是约束，但可以使用与指定 NOT NULL 同样的方法指定。
- PRIMARY KEY：通过唯一索引对给定的一列或多列强制实体完整性的约束。对于每个表只能创建一个 PRIMARY KEY 约束。
- UNIQUE：通过唯一索引为给定的一列或多列提供实体完整性的约束。一个表可以有多个 UNIQUE 约束。
- CLUSTERED | NONCLUSTERED：表示为 PRIMARY KEY 或 UNIQUE 约束创建聚集或非聚集索引的关键字。
- FOREIGN KEY...REFERENCES：为列中的数据提供引用完整性的约束。FOREIGN KEY 约束要求列中的每个值在被引用表中对应的被引用列中都存在。FOREIGN KEY 约束引用的列必须是另一个表中为 PRIMARY KEY 或 UNIQUE 约束的列。
- ref_table：FOREIGN KEY 约束所引用的表名。
- (ref_column[,...n])：FOREIGN KEY 约束所引用的表中的一列或多列。

下面结合实例详细介绍 CREATE TABLE 语句的用法。

【例 5-1】创建学生信息表 Student，如图 5-4 所示。

```
CREATE TABLE Student
(
    ID char(7) not null,
    Name char(10) not null,
    Sex char(2) not null,
    Birthday datetime not null,
    Birth_place varchar(50) not null,
    Class char(10) not null
)
```

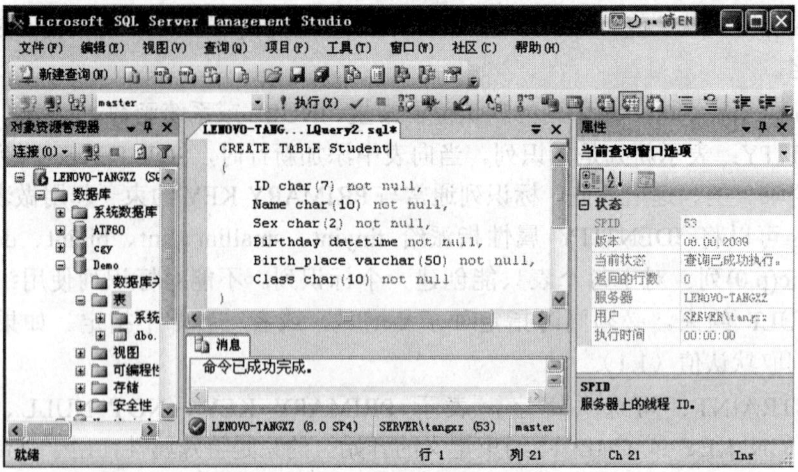

图 5-4　创建 Student 表

【例 5-2】显示 pubs 数据库中所创建的三个表（jobs、employee 和 publishers）的完整表定义，其中包含所有的约束定义。

```
/* ***************************** jobs table ***************************** */
CREATE TABLE jobs
(
    job_id    smallint
        IDENTITY(1,1)
        PRIMARY KEY CLUSTERED,
    job_desc        varchar(50)        NOT NULL
        DEFAULT 'New Position - title not formalized yet',
    min_lvl tinyint NOT NULL
        CHECK (min_lvl >= 10),
    max_lvl tinyint NOT NULL
        CHECK (max_lvl <= 250)
)

/* *************************** employee table ************************** */
CREATE TABLE employee
(
    emp_id    empid
        CONSTRAINT PK_emp_id PRIMARY KEY NONCLUSTERED
        CONSTRAINT CK_emp_id CHECK (emp_id LIKE
            '[A-Z][A-Z][A-Z][1-9][0-9][0-9][0-9][0-9][FM]' or
            emp_id LIKE '[A-Z]-[A-Z][1-9][0-9][0-9][0-9][0-9][FM]'),
        /* Each employee ID consists of three characters that
        represent the employee's initials, followed by a five
        digit number ranging from 10000 through 99999 and then the
        employee's gender (M or F). A (hyphen) - is acceptable
        for the middle initial. */
    fname      varchar(20)        NOT NULL,
```

```
    minit    char(1) NULL,
    lname     varchar(30)          NOT NULL,
    job_id   smallint              NOT NULL
        DEFAULT 1
        /* Entry job_id for new hires. */
        REFERENCES jobs(job_id),
    job_lvl tinyint
        DEFAULT 10,
        /* Entry job_lvl for new hires. */
    pub_id   char(4) NOT NULL
        DEFAULT ('9952')
        REFERENCES publishers(pub_id),
        /* By default, the Parent Company Publisher is the company
        to whom each employee reports. */
    hire_date           datetime              NOT NULL
        DEFAULT (getdate())
        /* By default, the current system date is entered. */
)

/* ***************** publishers table ******************** */
CREATE TABLE publishers
(
    pub_id   char(4) NOT NULL
            CONSTRAINT UPKCL_pubind PRIMARY KEY CLUSTERED
            CHECK (pub_id IN ('1389', '0736', '0877', '1622', '1756')
                OR pub_id LIKE '99[0-9][0-9]'),
    pub_name          varchar(40)        NULL,
    city            varchar(20)        NULL,
    state         char(2) NULL,
    country          varchar(30)        NULL
                DEFAULT('USA')
)
```

5.1.4　创建和使用 5 种基本约束

在数据库管理系中，保证数据库中的数据完整性是非常重要的。数据完整性就是指存储在数据库中的数据的一致性和正确性。在 SQL Server 中，可以通过各种约束和默认、规则、触发器等数据库对象来保证数据的完整性。其中约束包括以下几种：

- PRIMARY KEY（主键约束）；
- FOREIGN KEY（外键约束）；
- UNIQUE（唯一约束）；
- CHECK（检查约束）；
- DEFAULT（默认值约束）。

在 SQL Server 中，默认可以作为约束或数据库对象，为了区分二者，在本书中根据其实际作用将用做约束的默认称做默认值，而默认数据库对象则称做默认。

建立和使用约束的目的是保证数据的完整性，约束是 SQL Server 强制实行的应用规则，它能够限制用户存放到表中数据的格式和可能值。约束作为数据库定义的一部分在 CREATE TABLE 语句中声明，所以又称做声明完整性约束。约束独立于表结构，可以在不改变表结构情况下，通过 ALTER TABLE 语句来添加或者删除。在删除一个表时，该表所带的所有的约束定义也被随之删除。

5.1.5 数据完整性分类

在 SQL Server 中，根据数据完整性措施所作用的数据库对象和范围不同，可以将它们分为以下几种。

1．实体完整性

实体完整性把表中的每行看做一个实体，它要求所有行都具有唯一标识。在 SQL Server 中，可以通过建立唯一索引、PRIMARY KEY 约束、UNIQUE 约束，以及列的 IDENTITY 属性等措施来实施实体完整性。

2．域完整性

域完整性要求表中指定列的数据具有正确的数据类型、格式和有效的数据范围。域完整性通过默认值、FOREIGN KEY、CHECK 等约束，以及默认、规则等数据库对象来实现。

3．参照完整性

参照完整性维持被参照表和参照表之间的数据一致性，它通过主键（PRIMARY KEY）约束和外键（FOREIGN KEY）约束来实现。在被参照表中，当其主键值被其他表所参照时，该行不能被删除，也不允许改变。在参照表中，不允许参照不存在的主键值。

5.1.6 PRIMARY KEY 约束

PRIMARY KEY 约束通过建立唯一索引保证指定列的实体完整性，使用 PRIMARY KEY 约束时，列的空值属性为 NOT NULL。PRIMARY KEY 约束可以应用于表中一列或多列，应用多列时，它被定义为表级 PRIMARY KEY 约束。

列级 PRIMARY KEY 约束的定义格式：

```
[CONSTRAINT constraint_name ]
   PRIMARY KEY [ CLUSTERED | NONCLUSTERED ]
        [ WITH FILLFACTOR = fillfactor ]
        [ ON { filegroup | DEFAULT } ]
```

表级 PRIMARY KEY 约束的定义格式：

```
[ CONSTRAINT constraint_name ]
 PRIMARY KEY [ CLUSTERED | NONCLUSTERED ]
      { ( column [ ,...n ] ) }
      [ WITH FILLFACTOR = fillfactor ]
      [ ON { filegroup | DEFAULT } ]
```

【例 5-3】创建一个主键约束。

```
USE MyDb
ALTER TABLE member
    ADD
    CONSTRAINT PK_member_member_no
    PRIMARY KEY CLUSTERED(member_no)
```

在应用 PRIMARY KEY 约束时，考虑注意：

（1）每个表只能定义一个 PRIMARY KEY 约束。

（2）输入的值必须是唯一的。

（3）不允许空值。

（4）在指定的列上创建一个唯一索引。如果存在一个簇索引，必须先删除再指定一个非簇索引。

5.1.7　FOREIGN KEY 约束

FOREIGN KEY 约束为表中一列或多列数据提供参照数据完整性。实施 FOREIGN KEY 约束时，要求在被参照表中定义了 PRIMARY KEY 约束或 UNIQUE 约束。

FOREIGN KEY 约束限制插入表中，被约束列的值必须在被参照表中已经存在。

表级 FOREIGN KEY 约束的定义格式：

```
[ CONSTRAINT constraint_name ]
    [ FOREIGN KEY ]
    [(column[,…n])]
    REFERENCES ref_table [ ( ref_column ) ]
    [ NOT FOR REPLICATION ]
```

列级 FOREIGN KEY 约束的定义格式：

```
[ CONSTRAINT constraint_name ]
    [ FOREIGN KEY ]
        REFERENCES ref_table [ ( ref_column ) ]
    [ NOT FOR REPLICATION ]
```

【例 5-4】使用一个 FOREIGN KEY 约束保证每个少年都与一个成人相关。

```
USE MyDb
ALTER TABLE juvenile
    ADD
    CONSTRANT FK_adult_memberno
      FOREIGN KEY(adult_memberno)
      REFERENCES adult(member_no)
```

在应用 FOREIGN KEY 约束时要注意以下事实和要点：

（1）提供单列或多列引用完整性。在 FOREIGN KEY 约束中指定的列数和数据类型必须与 REFRENCES 子句中的列数和数据类型匹配。

（2）与 PRIMARY KEY 约束或 UNIQUE 约束不同，FOREIGN KEY 约束不自动创建索

引。但是，如果使用数据库中许多连接，应为 FOREIGN KEY 约束创建一个索引，以提高连接性能。

（3）要修改数据，用户在使用 FOREIGN KEY 约束引用的其他表上必须有 SELECT 或 REFERENCES 权限。

（4）在引用同一表中的列时，必须只使用 REFERENCES 子句，而没有 FOREIGN KEY 子句。

5.1.8 UNIQUE 约束

UNIQUE 约束也能保证一列或多列的实体完整性，每个 UNIQUE 约束要建立一个唯一索引。对于实施 UNIQUE 约束的列，不允许有任意两行具有相同的索引值。

列级 UNIQUE 约束的定义格式：

```
[CONSTRAINT constraint_name ]
 UNIQUE [ CLUSTERED | NONCLUSTERED ]
     [ WITH FILLFACTOR = fillfactor ]
     [ ON { filegroup | DEFAULT } ]
```

表级 UNIQUE 约束的定义格式：

```
[ CONSTRAINT constraint_name ]
     UNIQUE [ CLUSTERED | NONCLUSTERED ]
         { ( column [ ,...n ] ) }
         [ WITH FILLFACTOR = fillfactor ]
         [ ON { filegroup | DEFAULT } ]
```

【例 5-5】在 employee 表中的驾驶证号码上创建一个 UNIQUE 约束。

```
ALTER TABLE employee
   ADD
      CONSTRANT u_driver_lic_no UNIQUE NOCLUSTERED(driver_lic_no)
```

在应用 UNIQUE 约束时要考虑以下事实：

（1）允许空值。

（2）在一个表上可以设置多个 UNIQUE 约束。

（3）可以在必须有唯一值，但不是表的主关键字的一个或多个列上应用 UNIQUE 约束。

（4）通过在指定列上创建唯一索引强制 UNIQUE 约束。

5.1.9 CHECK 约束

CHECK 约束限制输入到一列或多列中的可能值。

在 CREATE TABLE 和 ALTER TABLE 语句中，表级和列级 CHECK 约束的定义格式分别为：

```
[ CONSTRAINT constraint_name ]
     CHECK[NOT FOR REPLICATION]（搜索条件）
```

和

```
[ CONSTRAINT constraint_name ]
     CHECK[NOT FOR REPLICATION]（逻辑表达式）
```

- constraint_name：指出所建立的 CHECK 约束的名称。
- 逻辑表达式可以是 AND 和 OR 连接的多个简单逻辑表达式而构成的复合型逻辑表达式，搜索条件为布尔表达式。

【例 5-6】添加 CHECK 约束，保证电话号码符合接受的电话号码格式。

```
Use MyDb
ALTER TABLE adult
  ADD
   CONSTRAINT phone_no CHECK(phone_no like '(519)[0-9] [0-9] [0-9] [0-9] [0-9] [0-9] [0-9] [0-9]')
```

在应用 CHECK 约束时，应考虑以下事实：

（1）它在每次执行 INSERT 或 UPDATE 语句时验证数据。

（2）可以引用同一表中的其他列。

（3）不能在具有 IDENTITY 属性的列或具有 timestamp 或 uniqueidentifier 数据类型的列上放置 CHECK 约束。

（4）不能含有子查询。

5.1.10 DEFAULT 约束

使用默认值（DEFAULT）约束，用户在插入新行时没有显式为列提供数据，系统将默认值赋给该列。默认值约束所提供的默认值可以为常量、函数、用户自定义函数、空值等。默认值约束的语法格式：

```
[ CONSTRAINT constraint_name ]
     DEFAULT constant_expression
```

- constraint_name：指出所建立的 DEFAULT 约束的名称。
- constant_expression 表达式为列提供默认值。

【例 5-7】添加一个 DEFAULT 约束，当没有提供 firstname，将在表 adult 中插入 UNKNOWN 值。

```
Use MyDb
ALTER TABLE adult
     CONSTRANT firstname DEFAULT
          'UNKNOWN' FOR firstname
```

在应用 DEFAULT 约束时，应考虑以下事实：

（1）只应用于 INSERT 语句。

（2）每列只能定义一个 DEFAULT 约束。

（3）不能用于 IDENTITY 属性或 timestamp 数据类型。

（4）允许使用一些系统提供的值，如 USER、CURRENT_USER、SESSION_USER、SYSTEM_USER 或 CURRENT_TIMESTAMP。这些系统提供的值在提供插入数据的用户的记录时是有用的。

5.2 修改表

在建立一个表后，在使用过程中经常会发现原来创建的表可能存在结构、约束等方面的问题。在这种情况下，如果用一个新表替换原来的表，将造成表中数据的丢失。使用 ALTER TABLE 语句可以在保留表中原有数据的基础上修改表结构，打开、关闭或删除已有约束，或增加新的约束等。

1. ALTER TABLE 语句的语法

```
ALTER TABLE table
  {[ALTER COLUMN column_name
  { new_data_type [ ( precision [ , scale ] ) ]
    [ COLLATE < collation_name > ]
    [ NULL | NOT NULL ]
    |{ADD | DROP } ROWGUIDCOL }]
  | ADD
    { [ < column_definition > ]
    | column_name AS computed_column_expression
    } [ ,...n ]
  | [WITH CHECK|WITH NOCHECK] ADD
    { < table_constraint > } [ ,...n ]
  | DROP
    { [ CONSTRAINT ] constraint_name
      | COLUMN column } [ ,...n ]
  | { CHECK | NOCHECK } CONSTRAINT
    { ALL | constraint_name [ ,...n ] }
  | { ENABLE | DISABLE } TRIGGER
    { ALL | trigger_name [ ,...n ] }
}
```

部分参数说明：

- table：要更改的表的名称。如果表不在当前数据库中或者不属于当前用户所拥有，可以显式指定数据库和所有者。
- ALTER COLUMN：指定要更改给定列。如果兼容级别是 65 或小于 65，将不允许使用 ALTER COLUMN。
- new_data_type：要更改的列的新数据类型。
- ADD：指定要添加一个或多个列定义、计算列定义或者表约束。
- computed_column_expression：一个定义计算列的值的表达式。计算列是并不物理地存储在表中的虚拟列，该列用表达式计算得出，该表达式使用同一表中的其他列。例如，计算列的定义可以是 cost AS price * qty。表达式可以是非计算列的列名、常量、函数、变量，也可以是用一个或多个运算符连接的上述元素的任意组合。表达式不能为子查询。
- WITH CHECK | WITH NOCHECK：指定表中的数据是否用新添加的或重新启用的

FOREIGN KEY 或 CHECK 约束进行验证。如果没有指定，对于新约束，默认为 WITH CHECK，对于重新启用的约束，默认为 WITH NOCHECK。WITH CHECK 和 WITH NOCHECK 子句不能用于 PRIMARY KEY 和 UNIQUE 约束。如果不想用新 CHECK 或 FOREIGN KEY 约束对现有数据进行验证，请用 WITH NOCHECK。新约束将在以后的所有更新中生效。

- DROP {[CONSTRAINT] constraint_name | COLUMN column_name}：指定从表中删除 constraint_name 或者 column_name。如果兼容级别小于或等于 65，将不允许 DROP COLUMN。可以列出多个列或约束。
- {CHECK | NOCHECK} CONSTRAINT：指定启用或禁用 constraint_name。如果禁用，将来插入或更新该列时将不用该约束条件进行验证。此选项只能与 FOREIGN KEY 和 CHECK 约束一起使用。
- ALL：指定使用 NOCHECK 选项禁用所有约束，或者使用 CHECK 选项启用所有约束。

其余参数可以参考 CREATE TABLE 语句。

2. ALTER TABLE 语句的使用说明

若要添加新数据行，请使用 INSERT 语句。若要删除数据行，请使用 DELETE 或 TRUNCATE TABLE 语句。若要更改现有行中的值，请使用 UPDATE 语句。

ALTER TABLE 语句指定的更改将立即实现。如果这些更改需要修改表中的行，ALTER TABLE 将更新这些行。ALTER TABLE 将获取表上的架构修改锁，以确保在更改期间其他连接不能引用该表（甚至不能引用其元数据）。对表进行的更改将记录于日志中，并且可以完全恢复。影响非常大的表中所有行的更改，如除去一列或者用默认值添加 NOT NULL 列，可能需要较长时间才能完成，并会生成大量日志记录。如同影响大量行的 INSERT、UPDATE 或者 DELETE 语句一样，这一类 ALTER TABLE 语句也应小心使用。

如果过程高速缓存中存在引用该表的执行计划，ALTER TABLE 会将这些执行计划标记为下次执行时重新编译。

如果 ALTER TABLE 语句指定更改其他表所引用的列值，那么根据引用表中 ON UPDATE 或者 ON DELETE 所指定的操作，将发生以下两个事件之一。

如果在引用表中没有指定值或指定了 NO ACTION（默认值），那么 ALTER TABLE 语句导致的更改父表中被引用列的操作将回滚，并且 SQL Server 将引发一个错误。

如果在引用表中指定了 CASCADE，那么由 ALTER TABLE 语句导致的对父表的更改将应用于父表及其相关表。

添加 sql_variant 列的 ALTER TABLE 语句会生成下列警告：

```
The total row size (xx) for table 'yy' exceeds the maximum number of bytes per row (8060). Rows that exceed the maximum number of bytes will not be added.
```

因为 sql_variant 的最大长度为 8016 字节，所以产生该警告。当某 sql_variant 列所含值接近最大长度时，即会超过行长度的最大字节限制。

ALTER TABLE 语句对具有架构绑定视图的表操作时，所受限制与当前在更改具有简单索引的表时所受的限制相同。添加列是允许的。但是，不允许删除或更改参与架构绑定视图的表中的列。如果 ALTER TABLE 语句要求更改用在架构绑定视图中的列，更改操作将失败，并且 SQL Server 将引发一条错误信息。

创建引用表的架构绑定视图不会影响在基表上添加或删除触发器。

当除去约束时，作为约束的一部分而创建的索引也将除去。而通过 CREATE INDEX 创建的索引必须使用 DROP INDEX 语句来除去。DBCC DBREINDEX 语句可用来重建约束定义的索引部分；而不必使用 ALTER TABLE 先除去再重新添加约束。

必须删除所有基于列的索引和约束后，才能删除列。

添加约束时，所有现有数据都要进行约束违规验证。如果发生违规，ALTER TABLE 语句将失败并返回一个错误。

当在现有列上添加新 PRIMARY KEY 或 UNIQUE 约束时，该列中的数据必须唯一。如果存在重复值，ALTER TABLE 语句将失败。当添加 PRIMARY KEY 或 UNIQUE 约束时，WITH NOCHECK 选项不起作用。

每个 PRIMARY KEY 和 UNIQUE 约束都将生成一个索引。UNIQUE 和 PRIMARY KEY 约束的数目不能导致表上非聚集索引的数目大于 249，聚集索引的数目大于 1。

如果要添加的列的数据类型为 uniqueidentifier，那么该列可以使用 NEWID()函数作为默认值，以向表中现有行的新列提供唯一标识符值。

SQL Server 在列定义中并不强制以特定的顺序指定 DEFAULT、IDENTITY、ROWGUIDCOL 或列约束。

ALTER TABLE 的 ALTER COLUMN 子句并不会在列上绑定或取消绑定任何规则。必须分别使用 sp_bindrule 或 sp_unbindrule 来绑定或取消绑定规则。

可将规则绑定到用户定义数据类型，然后 CREATE TABLE 将自动在以该用户定义数据类型定义的列上绑定该规则。当用 ALTER COLUMN 更改列数据类型时，并不会取消绑定这些规则。原用户定义数据类型上的规则仍然绑定在该列上。在 ALTER COLUMN 更改了列的数据类型之后，随后执行的任何从该用户定义数据类型上取消绑定规则的 sp_unbindrule 都不会导致从更改了数据类型的列上取消绑定该规则。如果 ALTER COLUMN 将列的数据类型更改为绑定了规则的用户定义数据类型，那么绑定到新数据类型的规则不会被绑定到该列。

【例 5-8】添加一个允许空值的列，而且没有通过 DEFAULT 定义提供值。各行的新列中的值将为 NULL。

```
CREATE TABLE doc_exa ( column_a INT)
GO
ALTER TABLE doc_exa ADD column_b VARCHAR(20) NULL
GO
EXEC sp_help doc_exa
GO
DROP TABLE doc_exa
GO
```

【例 5-9】修改表以删除一列。

```
CREATE TABLE doc_exb ( column_a INT, column_b VARCHAR(20) NULL)
GO
ALTER TABLE doc_exb DROP COLUMN column_b
```

```
GO
EXEC sp_help doc_exb
GO
DROP TABLE doc_exb
GO
```

【例 5-10】向表中添加具有 UNIQUE 约束的新列。

```
CREATE TABLE doc_exc ( column_a INT)
GO
ALTER TABLE doc_exc ADD column_b VARCHAR(20) NULL
    CONSTRAINT exb_unique UNIQUE
GO
EXEC sp_help doc_exc
GO
DROP TABLE doc_exc
GO
```

【例 5-11】向表中的现有列上添加约束。该列中存在一个违反约束的值；因此，利用 WITH NOCHECK 来防止对现有行验证约束，从而允许该约束的添加。

```
CREATE TABLE doc_exd ( column_a INT)
GO
INSERT INTO doc_exd VALUES (-1)
GO
ALTER TABLE doc_exd WITH NOCHECK
ADD CONSTRAINT exd_check CHECK (column_a > 1)
GO
EXEC sp_help doc_exd
GO
DROP TABLE doc_exd
GO
```

【例 5-12】向表中添加多个带有约束的新列。第一个新列具有 IDENTITY 属性；表中每一行的标识列都将具有递增的新值。

```
CREATE TABLE doc_exe ( column_a INT CONSTRAINT column_a_un UNIQUE)
GO
ALTER TABLE doc_exe ADD
/* Add a PRIMARY KEY identity column. */
column_b INT IDENTITY
CONSTRAINT column_b_pk PRIMARY KEY,
/* Add a column referencing another column in the same table. */
column_c INT NULL
CONSTRAINT column_c_fk
REFERENCES doc_exe(column_a),
/* Add a column with a constraint to enforce that nonnull data is in a valid phone number format.    */
```

```
column_d VARCHAR(16) NULL
CONSTRAINT column_d_chk
CHECK
(column_d IS NULL OR
column_d LIKE "[0-9][0-9][0-9]-[0-9][0-9][0-9][0-9]" OR
column_d LIKE
"([0-9][0-9][0-9]) [0-9][0-9][0-9]-[0-9][0-9][0-9][0-9]"),
/* Add a nonnull column with a default.   */
column_e DECIMAL(3,3)
CONSTRAINT column_e_default
DEFAULT .081
GO
EXEC sp_help doc_exe
GO
DROP TABLE doc_exe
GO
```

【例 5-13】添加可为空的、具有 DEFAULT 定义的列，并使用 WITH VALUES 为表中的各现有行提供值。如果没有使用 WITH VALUES，那么每一行的新列中都将具有 NULL 值。

```
ALTER TABLE MyTable
ADD AddDate smalldatetime NULL
CONSTRAINT AddDateDflt
DEFAULT getdate() WITH VALUES
```

【例 5-14】禁用用于限制可接受的薪水数据的约束。WITH NOCHECK CONSTRAINT 与 ALTER TABLE 一起使用，以禁用该约束并使正常情况下会引起约束违规的插入操作得以执行。WITH CHECK CONSTRAINT 重新启用该约束。

```
CREATE TABLE cnst_example
(id INT NOT NULL,
 name VARCHAR(10) NOT NULL,
 salary MONEY NOT NULL
     CONSTRAINT salary_cap CHECK (salary < 100000)
)

-- Valid inserts
INSERT INTO cnst_example VALUES (1,"Joe Brown",65000)
INSERT INTO cnst_example VALUES (2,"Mary Smith",75000)

-- This insert violates the constraint.
INSERT INTO cnst_example VALUES (3,"Pat Jones",105000)

-- Disable the constraint and try again.
ALTER TABLE cnst_example NOCHECK CONSTRAINT salary_cap
INSERT INTO cnst_example VALUES (3,"Pat Jones",105000)
```

```
-- Reenable the constraint and try another insert, will fail.
ALTER TABLE cnst_example CHECK CONSTRAINT salary_cap
INSERT INTO cnst_example VALUES (4,"Eric James",110000)
```

【例 5-15】使用 ALTER TABLE 的 DISABLE TRIGGER 选项来禁用触发器，以使正常情况下会违反触发器条件的插入操作得以执行，然后使用 ENABLE TRIGGER 重新启用触发器。

```
CREATE TABLE trig_example
(id INT,
name VARCHAR(10),
salary MONEY)
go
-- Create the trigger.
CREATE TRIGGER trig1 ON trig_example FOR INSERT
as
IF (SELECT COUNT(*) FROM INSERTED
WHERE salary > 100000) > 0
BEGIN
print "TRIG1 Error: you attempted to insert a salary > $100,000"
ROLLBACK TRANSACTION
END
GO
-- Attempt an insert that violates the trigger.
INSERT INTO trig_example VALUES (1,"Pat Smith",100001)
GO
-- Disable the trigger.
ALTER TABLE trig_example DISABLE TRIGGER trig1
GO
-- Attempt an insert that would normally violate the trigger
INSERT INTO trig_example VALUES (2,"Chuck Jones",100001)
GO
-- Re-enable the trigger.
ALTER TABLE trig_example ENABLE TRIGGER trig1
GO
-- Attempt an insert that violates the trigger.
INSERT INTO trig_example VALUES (3,"Mary Booth",100001)
GO
```

5.3 查看表

对于一个表，可以使用系统存储过程 sp_help 检索其定义信息，它所返回的内容包括表的结构定义、所有者、创建时间、各种属性、约束和索引等信息。

sp_help 的语法格式：

```
sp_help name
```

其中，name 参数说明所检索表的名称。

【例 5-16】列出有关 sysobjects 中每个对象的信息。

```
USE master
EXEC sp_help
```

【例 5-17】显示有关 publishers 表的信息。

```
USE pubs
EXEC sp_help publishers
```

5.4 删除表

执行 DROP TABLE 语句删除数据表。

DROP TABLE 的语法格式：

```
DROP TABLE table_name
```

其中，table_name 为待删除表的名称。

当删除一个表时，表的定义和表中的所有数据，以及该表的索引、许可设置、约束、触发器等均被自动删除，该表相关联的规则和默认对象也失去与它的关联关系。

【例 5-18】从当前数据库中删除 titles1 表及其数据和索引。

```
DROP TABLE titles1
```

【例 5-19】除去 pubs 数据库内的 authors2 表。

```
DROP TABLE pubs.dbo.authors2
```

但是，使用 DROP TABLE 语句不能删除 SQL Server 系统表和被 FOREIGN KEY 约束所参照的用户表。

5.5 创建和使用规则

规则是对录入列中的数据所实施的完整性约束条件，它指定插入列中的可能值。规则的作用与 CHECK 约束相同，每列只能同时关联一个规则。除此之外，每列还可以具有多个 CHECK 约束。规则作为一个独立的数据库对象存在，定义一次，可以绑定到一列或多列，以及用户定义的数据类型。

5.5.1 创建规则

在 Transact-SQL 中，执行 CREATE RULE 语句创建规则。

CREATE RULE 的语法格式：

```
CREATE RULE    rule    AS    condition_expression
```

参数说明：

- rule：新规则的名称。规则名称必须符合标识符规则。可以选择是否指定规则所有者的名称。
- condition_expression：定义规则的条件。规则可以是 WHERE 子句中任何有效的表达式，并且可以包含诸如算术运算符、关系运算符和谓词（如 IN、LIKE、BETWEEN）之类的元素。规则不能引用列或其他数据库对象。可以包含不引用数据库对象的内置函数。
- condition_expression：包含一个变量。每个局部变量的前面都有一个@符号。该表达式引用通过 UPDATE 或 INSERT 语句输入的值。在创建规则时，可以使用任何名称或符号表示值，但第一个字符必须是@符号。

【例 5-20】创建一个规则，用以限制插入该规则所绑定的列中的整数范围，如图 5-5 所示。

```
CREATE RULE range_rule
AS
    @range >= $1000 AND @range < $20050
```

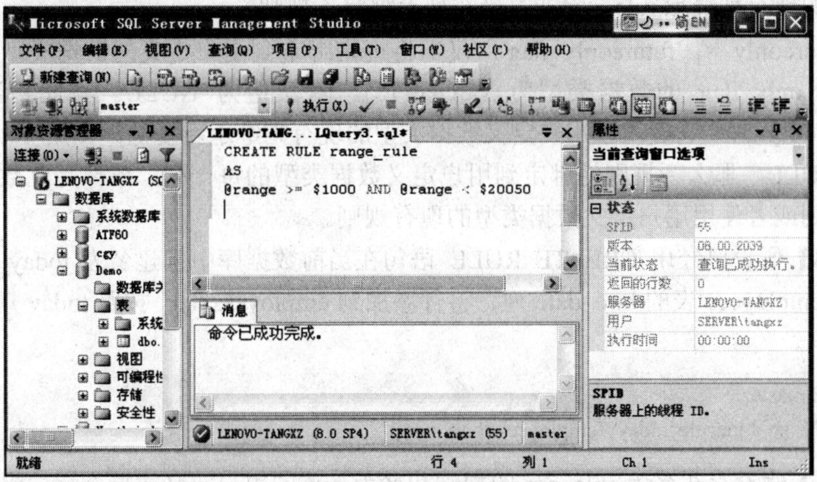

图 5-5　创建规则

【例 5-21】创建一个规则，用以将输入该规则所绑定的列中的实际值限制为只能是该规则中列出的值。

```
CREATE RULE list_rule
AS
    @list IN ('1389', '0736', '0877')
```

【例 5-22】创建一个遵循这种模式的规则：任意两个字符的后面跟一个连字符和任意多个字符（或没有字符），并以 0～9 之间的整数结尾。

```
CREATE RULE pattern_rule
AS
    @value LIKE '_ _-%[0-9]'
```

5.5.2 规则应用

在建立规则后，应将它们关联到列或用户定义数据类型才能使它们发挥作用。执行系统存储过程 sp_bindrule 建立规则关联。在用户输入或修改数据时激活规则，系统将自动检查列值是否在规则指定的值范围内或是否与规则指定的数据格式相匹配。

sp_bindrule 的语法格式：

```
sp_bindrule [ @rulename = ] 'rule' ,
    [ @objname = ] 'object_name'
    [ , [ @futureonly = ] 'futureonly_flag' ]
```

参数说明：

- [@rulename =] 'rule'：由 CREATE RULE 语句创建的规则名称。rule 的数据类型为 nvarchar(776)，无默认值。
- [@objname =] 'object_name'：绑定了规则的表和列或用户定义的数据类型。object_name 的数据类型为 nvarchar(517)，无默认值。如果 object_name 没有采取 table.column 格式，则认为它属于用户定义数据类型。默认情况下，用户定义的数据类型的现有列继承 rule，除非直接在列上绑定了规则。
- [@futureonly =] 'futureonly_flag'：仅当将规则绑定到用户定义的数据类型时才使用。future_only_flag 的数据类型为 varchar(15)，默认值为 NULL。将此参数在设置为 futureonly 时，它会防止用户定义数据类型的现有列继承新规则。如果 futureonly_flag 为 NULL，那么新规则将绑定到用户定义数据类型的每一列，条件是此数据类型当前无规则或者使用用户定义数据类型的现有规则。

【例 5-23】假设已经用 CREATE RULE 语句在当前数据库中创建名为 today 的规则，将规则绑定到 employees 表的 hire date 列。将行添加到 employees 时，按照 today 规则检查 hire date 列的数据。

```
USE master
EXEC sp_bindrule 'today', 'employees.[hire date]'
```

【例 5-24】假设存在名为 rule_ssn 的规则和名为 ssn 的用户定义数据类型，将 rule_ssn 绑定到 ssn。在 CREATE TABLE 语句中，类型 ssn 的列继承 rule_ssn 规则。类型 ssn 的现有列也继承 rule_ssn 规则，除非为 futureonly_flag 指定了 futureonly 或者在 ssn 上直接绑定了规则。绑定到列的规则始终优先于绑定到数据类型的规则。

```
USE master
EXEC sp_bindrule 'rule_ssn', 'ssn'
```

【例 5-25】将 rule_ssn 规则绑定到用户定义数据类型 ssn。因为已指定 futureonly，所以不影响类型 ssn 的现有列。

```
USE master
EXEC sp_bindrule 'rule_ssn', 'ssn', 'futureonly'
```

【例 5-26】在 object_name 中分隔标识符的使用。

```
USE master
CREATE TABLE [t.2] (c1 int)
-- Notice the period as part of the table name.
EXEC sp_binderule rule1, '[t.2].c1'
-- The object contains two periods;
-- the first is part of the table name
-- and the second distinguishes the table name from the column name.
```

5.5.3 删除规则

在删除规则前必须执行系统存储过程 sp_unbindrule 解除规则与列或用户自定义数据类型之间的关联。

sp_unbindrule 语句的格式：

```
sp_unbindrule
 [ @objname = ] 'object_name'
 [ , [ @futureonly = ] 'futureonly_flag' ]
```

参数说明：

- object_name：待解除关联的列名或用户自定义数据类型的名称。由于列或用户定义数据类型只能与一个规则关联，所以，在指定列名或用户定义数据类型后，它们相关联的规则也就唯一的确定。一个规则与多列或多个用户定义数据类型相关联时，应使用 sp_unbindrule 一一解除。
- [@futureonly =] 'futureonly_flag'：仅用于解除用户定义数据类型规则的绑定。futureonly_flag 的数据类型为 varchar(15)，其默认值为 NULL。当参数 futureonly_flag 为 futureonly 时，现有的属于该数据类型的列不会失去指定规则。

【例 5-27】为表 employees 的 startdate 列解除规则绑定。

```
EXEC sp_unbindrule 'employees.startdate'
```

【例 5-28】为用户定义数据类型 ssn 解除规则绑定。这将为该数据类型的现有列和将来的列解除规则绑定。

```
EXEC sp_unbindrule ssn
```

【例 5-29】为用户定义数据类型 ssn 的解除规则绑定，现有的 ssn 列不受影响。

```
EXEC sp_unbindrule 'ssn', 'futureonly'
```

【例 5-30】在 object_name 中定界标识符的使用。

```
CREATE TABLE [t.4] (c1 int) -- Notice the period as part of the table
-- name.
GO
CREATE RULE rule2 AS @value > 100
GO
EXEC sp_bindrule rule2, '[t.4].c1' -- The object contains two
```

```
-- periods; the first is part of the table name and the second
-- distinguishes the table name from the column name.
GO
EXEC sp_unbindrule '[t.4].c1'
```

解除关联后，规则仍存储在当前数据库中，这时可执行 DROP RULE 将它删除。DROP RULE 语句的语法格式：

```
DROP RULE { rule } [ ,...n ]
```

参数说明：

- **rule**：要删除的规则。规则名称必须符合标识符规则。可以选择是否指定规则所有者的名称。
- **n**：表示可以指定多个规则的占位符。

在一个 DROP RULE 语句中，可以一次同时删除多个规则，但必须保证这些规则没有相关联的列或用户定义数据类型。否则，系统将取消 DROP RULE 语句的执行，并返回一条错误消息。

【例 5-31】解除绑定名为 pub_id_rule 的规则，并将其除去。

```
USE pubs
IF EXISTS (SELECT name FROM sysobjects
         WHERE name = 'pub_id_rule'
            AND type = 'R')
   BEGIN
      EXEC sp_unbindrule 'publishers.pub_id'
      DROP RULE pub_id_rule
   END
GO
```

5.6 创建和使用默认

默认也是一种数据库对象，其所执行的功能与默认值约束完全一样。但默认值约束是在使用 CREATE TABLE 或 ALTER TABLE 语句定义表结构时定义的，它与表定义存储在一起，所以，在删除表时，默认值约束被自动删除，而默认对象，它作为一种数据库对象单独存储，所以它可以被多次应用于不同列或用户定义数据类型。在删除表时不能删除默认对象，而需要用 DROP DEFAULT 语句删除默认对象。

5.6.1 创建默认

CREATE DEFAULT 语句的语法格式：

```
CREATE DEFAULT default
AS
constant_expression
```

参数说明：

- default：默认值的名称。默认值名称必须符合标识符的规则。可以选择是否指定默认值所有者名称。
- constant_expression：只包含常量值的表达式（不能包含任何列或其他数据库对象的名称）。可以使用任何常量、内置函数或数学表达式。字符和日期常量用单引号（'）引起来。货币、整数和浮点常量不需要使用引号。二进制数据必须以 0x 开头。货币数据必须以美元符号（$）开头。默认值必须与列数据类型兼容。

CREATE DEFAULT 语句只能在当前数据库中创建默认对象。对每个用户来说，在同一数据库中创建的默认对象名称必须保持唯一。

【例 5-32】建立一个字符类型默认对象。

```
USE pubs
GO
CREATE DEFAULT phonedflt AS 'unknown'
```

5.6.2 默认应用

在创建默认后，必须将它与列或用户定义数据类型关联起来才能使之发挥作用。执行系统存储过程 sp_bindefault 在默认对象和列或默认对象和用户定义数据类型间建立关联。

sp_bindefault 的语法格式：

```
sp_bindefault [ @defname = ] 'default' ,
    [ @objname = ] 'object_name'
    [ , [ @futureonly = ] 'futureonly_flag' ]
```

参数说明：

- [@defname =] 'default'：由 CREATE DEFAULT 语句创建的默认名称。default 的数据类型为 nvarchar(776)，无默认值。
- [@objname =] 'object_name'：要绑定默认值的表和列名称或用户定义的数据类型。object_name 的数据类型为 nvarchar(517)，无默认值。如果 object_name 没有采取 table.column 格式，则认为它属于用户定义数据类型。默认情况下，用户定义数据类型的现有列继承 default，除非默认值直接绑定到列中。默认值无法绑定到 timestamp 数据类型的列、带 IDENTITY 属性的列或者已经有 DEFAULT 约束的列。
- [@futureonly =] 'futureonly_flag'：仅在将默认值绑定到用户定义的数据类型时才使用。futureonly_flag 的数据类型为 varchar(15)，默认值为 NULL。将此参数设置为 futureonly 时，它会防止现有的属于此数据类型的列继承新的默认值。当将默认值绑定到列时不会使用此参数。如果 futureonly_flag 为 NULL，那么新默认值将绑定到用户定义数据类型的任一列，条件是此数据类型当前无默认值或者使用用户定义数据类型的现有默认值。

【例 5-33】假定已经用 CREATE DEFAULT 语句在当前数据库中定义了名为 today 的默认值，将默认值绑定到 employees 表的 hire date 列。当将行添加到 employees 表而且没有提供 hire date 列的数据时，列取得默认值 today 的值。

```
USE master
EXEC sp_bindefault 'today', 'employees.[hire date]'
```

【例 5-34】假定存在命名为 def_ssn 的默认值和命名为 ssn 的用户定义数据类型，将默认值 def_ssn 绑定到用户定义的数据类型 ssn 中。在创建表时，所有指派了用户定义数据类型 ssn 的列都将继承默认值。类型 ssn 的现有列也继承默认值 def_ssn，除非为 futureonly_flag 值指定了 futureonly，或者在列上直接绑定了默认值。绑定到列的默认值始终优先于绑定到数据类型的默认值。

```
USE master
EXEC sp_bindefault 'def_ssn', 'ssn'
```

【例 5-35】将默认值 def_ssn 绑定到用户定义的数据类型 ssn。因为已指定 futureonly，所以不影响类型 ssn 的现有列。

```
USE master
EXEC sp_bindefault 'def_ssn', 'ssn', 'futureonly'
```

【例 5-36】在 object_name 中分隔标识符的使用。

```
USE master
CREATE TABLE [t.1] (c1 int)
-- Notice the period as part of the table name.
EXEC sp_bindefault 'default1', '[t.1].c1'
-- The object contains two periods;
-- the first is part of the table name,
-- and the second distinguishes the table name from the column name.
```

5.6.3 删除默认

在删除默认对象时，首先要执行系统存储过程 sp_unbindefault 解除默认对象与列和用户定义数据类型之间的关联，然后才能执行 DROP DEFAULT 语句删除默认对象。

sp_unbindefault 的语法格式：

```
sp_unbindefault [@objname =] 'object_name'
    [, [@futureonly =] 'futureonly_flag']
```

参数说明：

- object_name：待解除默认对象所关联的列名或用户自定义数据类型。由于无论是列还是用户定义数据类型，只能同时关联一个默认对象，当关联新的默认对象时，旧的关联自动解除。所以，在 sp_unbindefault 中指定列名或用户自定义数据类型后，它们所关联的默认对象也就唯一确定，因此，在 sp_unbindefault 语句中不必再具体指出默认对象的名称。
- [@futureonly =] 'futureonly_flag'：仅用于解除用户定义数据类型默认值的绑定。futureonly_flag 的数据类型为 varchar(15)，其默认值为 NULL。当参数 futureonly_flag 为 futureonly 时，现有的属于该数据类型的列不会失去指定默认值。

【例 5-37】解除表 employees 的 hiredate 列默认值绑定。

```
EXEC sp_unbindefault 'employees.hiredate'
```

【例 5-38】解除用户定义数据类型 ssn 默认值绑定。这将为该数据类型的现有列和将来的列解除绑定。

```
EXEC sp_unbindefault 'ssn'
```

【例 5-39】解除用户定义数据类型 ssn 默认值绑定，现有的 ssn 列不受影响。

```
EXEC sp_unbindefault 'ssn', 'futureonly'
```

【例 5-40】在 object_name 中分隔标识符的使用。

```
CREATE TABLE [t.3] (c1 int) -- Notice the period as part of the table
-- name.
CREATE DEFAULT default2 AS 0
GO
EXEC sp_bindefault 'default2', '[t.3].c1'
-- The object contains two periods;
-- the first is part of the table name and the second
-- distinguishes the table name from the column name.
EXEC sp_unbindefault '[t.3].c1'
```

解除默认对象的关联后，该对象仍存在于当前数据库中，这时可执行 DROP DEFAULT 语句将其删除。

DROP DEFAULT 的语法格式：

```
DROP DEFAULT { default } [ ,...n ]
```

参数说明：

- default：现有默认值的名称。若要查看现有默认值的列表，请执行 sp_help。默认值必须符合标识符规则。可以选择是否指定默认值所有者名称。
- n：表示可以指定多个默认值的占位符。

使用一个 DROP DEFAULT 语句可同时删除多个默认对象。

如果默认值没有绑定到列或用户定义的数据类型，可以很容易地使用 DROP DEFAULT 将其除去。

【例 5-41】删除用户创建的名为 datedflt 的默认值。

```
USE pubs
IF EXISTS (SELECT name FROM sysobjects
          WHERE name = 'datedflt'
             AND type = 'D')
   DROP DEFAULT datedflt
GO
```

【例 5-42】解除绑定与 authors 表的 phone 列关联的默认值，然后除去名为 phonedflt 的默认值。

```
USE pubs
IF EXISTS (SELECT name FROM sysobjects
        WHERE name = 'phonedflt'
           AND type = 'D')
BEGIN
    EXEC sp_unbindefault 'authors.phone'
    DROP DEFAULT phonedflt
END
```

5.7 本章小结

通过本章的学习，我们掌握了对 SQL Server 中最基本的数据库对象——表的管理以及表中相关数据完整性的实施。特别是了解到：

- 创建表、修改表和删除表的一般技巧；
- 创建和使用基本约束的一般方法；
- 使用规则对表添加约束；
- 默认值的管理。

第6章 索引

在前面的学习中，读者可能已经注意到，对一个规模比较庞大的数据库，检索数据时可能花费很长的时间。如果某个数据库应用系统中，要经常进行这种检索，那么检索时所花费的时间可能就是这个系统性能提高的瓶颈。

索引可以用来快速访问数据库表中的特定信息。索引提供指针以指向存储在表中指定列的数据值，然后根据指定排序次序排列这些指针。检索时首先通过搜索索引找到特定的值，然后跟随指针到达包含该值的行。所谓“顺藤摸瓜”，索引就是瓜的藤。合理地利用索引，将大大提高数据库的检索速度，同时也提高了数据库的性能。

本章主要内容：

- 索引简介；
- 索引的创建；
- 查看及删除索引；
- 索引的维护。

6.1 索引简介

数据库中的索引与书籍中的目录类似。在一本书中，利用目录可以快速查找所需信息，而无须阅读整本书。在数据库中，索引使数据库程序无须对整个表进行扫描，就可以在其中找到所需数据。书中的目录是一个标题列表，其中注明了包含各个标题的页码。而数据库中，索引是一个表中所包含的值的列表，其中注明了表中包含各个值的行所在的存储位置。可以为表中的单个列建立索引，也可以为一组列建立索引。索引包含一个条目，该条目来自其中每一行的一个或多个列（搜索关键字），可以在包括搜索关键字的任何列表上进行高效搜索。例如，对于一个 A、B、C 列上的索引，可以在 A 以及 A、B 和 A、B、C 上对其进行高效搜索。

不过，索引技术虽然提高了搜索性能，缩短了搜索时间，但是却需要更多的数据空间，带索引的表在数据库中会占据更多的空间。另外，为了维护索引，对数据进行插入、修改、删除操作的命令所花费的时间更长。在设计和创建索引时，应确保对性能的提高程度大于在存储空间和处理资源方面的代价。

在多数情况下，索引所带来的数据检索速度的优势都会大大超过它的不足之处。然而如果应用程序非常频繁地更新数据，或磁盘空间有限，那么最好限制索引的数量。

6.1.1 创建索引的目的

建立索引的目的：

1．加速数据检索

索引是一种物理结构，它能够提供以一列或多列的值为基础迅速查找/存取表的行的能力。

索引的存在与否对存取表的 SQL 用户来说是完全透明的。

【例 6-1】用户想要查询书的 ID 号为“BU1032”的书信息，可能要执行如下 SQL 语句：

```
SELECT title
FROM titles
WHERE title_id='BU1032'
```

如果 title_id 列上没有索引，而且在 titles 表上也没有聚簇索引，那么 SQL Server 就可能强制按照表的顺序一行一行地查询，观察每一行中的 title_id 列的内容。为了找出满足搜索条件的所有行，必须访问表的每一行。对于一个具有成千上万行的大型表来说，表的搜索可能要花费数分钟或数小时的时间。

如果在 title_id 列上个创建了索引，那么不需要花费很多时间，SQL Server 就能够找到所要求的数据。SQL Server 首先搜索这个索引，找到这个要求的值（BU1032），然后按照索引中的位置信息确定表中的行。由于索引进行了分类，并且由于索引的行和列比较少，所以索引搜索是很快的。同样，通过索引也能够很快地删除行，这是由于索引会告诉 SQL Server 行在磁盘上的地址位置。

正如例 6-1 所示，有了索引的优点是在索引列的搜索条件之下，索引能够大大地提高 SQL 语句的执行速度。

针对书的类比，可以想象，如果没有目录和附录，那么查找书中的内容是很费时的。

读者必须从第一页开始，逐页开始查找。读者所花费的平均时间是查找整本书的一半时间。同样，如果没有索引，那么 SQL Server 必须从表的第一行数据开始查找，直到找到结果为止。所以，创建索引可以加速数据检索。

2．加速连接（参照完整性检查）、ORDER BY 和 GROUP BY

正如在第 5 章所讲，连接、ORDER BY 和 GROUP BY 都需要数据检索，在建立索引后，其数据检索速度就会加快，从而也就加速了连接等操作。

3．查询优化器依赖于索引起作用

在执行查询时，SQL Server 都会对查询进行优化。但是，优化依赖于索引起作用，它是在决定到底选择哪些索引可以使得该查询最快。

4．强制实施行的唯一性

通过创建唯一索引，可以保证表中的数据不重复。

总之，创建索引有很多优点。但是，也不应该在每一列上都创建索引。

6.1.2 为何不在每一列上创建索引

既然在 6.1.1 节中阐述了索引的重要性，那么为何不在每个列上创建索引呢？其实，定义一个表的索引的效果在很大程度上取决于对表访问的形式。如果索引和用户访问数据的形式相匹配，则它是最有效的。由于索引的创建通常有助于改进大型的或频繁更新的数据库的性能，因而每个索引必须保持是最新的。因此对一个表所进行的每个插入、更新和删除操作，如果所涉及的列也包含在索引定义中，都需要对索引进行更新。下面是一些详细的原因：

（1）创建索引要花费时间和占用存储空间。建立聚簇索引时（注意：创建时，不是创建后）所需要的可用空间应该是数据库表中数据量的 120%，该空间不包括现存表已经占用的空间。在建立索引时，数据被复制以便建立聚簇索引，索引创建后，再将旧的未加索引的表数据删除。而且，创建索引也需要时间。

（2）创建索引加快了检索速度，却减慢了数据修改速度。因为每当执行一次数据修改（包括插入、删除和更新），就要维护索引，修改的数据越多，涉及维护索引的开销也就越大。所以修改数据时要动态维护其索引，对创建了索引的列执行修改操作要比未创建索引的列执行修改操作所花的时间长。也就是说，索引虽然可以加快数据查询的速度，但是会减慢数据插入的速度。并且，如果将一些数据行插入一个已经放满行的数据页面上，就必须将这个数据页面中最后一些数据移到下一个页面中，这样，必须改变索引页中的内容，以保持数据顺序的正确性。这就是对索引的维护，它必须花费代价，减慢了数据插入的速度。

总之，索引的缺点是索引占用磁盘空间，并且在每次给表添加一行时，都必须修改这个索引；每次修改现有行中的一个已经被索引的列时，也必须修改这个索引。这样，就会使表的 INSERT 和 UPDATE 语句承担额外的开销。

下面将讲解哪些列应该考虑创建索引呢，哪些列不考虑创建索引。

6.1.3 考虑创建索引的列

一般而言，存取表的最常用的方法是通过主键来进行。因此，应该在主键上创建索引；对于在连接中频繁使用的列（外键），也要创建索引，这是因为用于连接的列若按顺序存放，系统可以很快执行连接；另外，在某一范围内频繁搜索的列和按排序顺序频繁检索的列，也应考虑创建索引。

6.1.4 不考虑创建索引的列

值得注意的是，创建索引需要一定的开销（包括时间和空间），当进行 INSERT 和 UPDATE 时，维护索引也要花费时间和空间，因此，没有必要对表中的所有列都创建索引。创建索引与否，在哪些列上创建索引，要看创建索引和维护索引的代价与因创建索引所节省的时间相比较而定。一般来说，如下情况的列不考虑创建索引：

（1）很少或从来不在查询中引用的列，因为系统很少或从来不根据这个列的值去查找行。

（2）只有两个或若干个值的列（如性别：男/女），也没必要创建索引。

（3）小表（行数很少的表）一般也没有必要创建索引。

总之，当 UPDATE 的性能比 SELECT 的性能更重要时不应创建索引。另外，索引可根据需要创建或删除以提高性能，适应不同操作要求。例如，要对表进行大批量的插入和更新时，应先删除索引，待执行大批量插入或更新完成后，再重建索引。因为在插入或更新时需要花费维护索引的代价。

6.2 创建索引

在 Microsoft SQL Server 2005 中有多种方法可以创建索引。一般在创建其他相关对象的同时就创建了索引。例如，在表中定义主键约束成唯一性约束时，也创建了索引。这在相关章节已有介绍，本节不再赘述。

6.2.1 使用 SQL Server 管理器创建索引

本节以表 Student（见例 5-1）为例，具体讲述创建表 Student 的 Name 列索引的基本步骤。

（1）打开 SQL Server 管理器，并正确连接到数据库 Demo。

（2）在“对象资源管理器”中，展开“数据库”→“Demo”→“表”，找到 Student 表，如图 6-1 所示。

图 6-1 新建索引快捷菜单

（3）右击“索引”，在弹出的菜单中选择“新建索引”，出现“新建索引”窗口，如图 6-2 所示。

（4）在“索引名称”中输入索引名 idx_Name，在“索引类型”中选择“非聚集”，单击“添加”按钮，选择索引列“Name”，如图 6-3 所示。

（5）单击“确定”按钮，回到“新建索引”窗口，再次单击“确定”按钮，操作完成。

6.2.2 使用 Transact-SQL 语句创建索引

数据库中的表大多数都需要一个或者多个索引，这些索引是使用“CREATE INDEX” Transact-SQL 语句创建的。索引可以用于保证表中记录的唯一性，还可以在查询过程中提高获取数据的速度。索引与表和视图一样，也是数据库对象。在 SQL Server 中，索引按照它们的结构可分为两类。

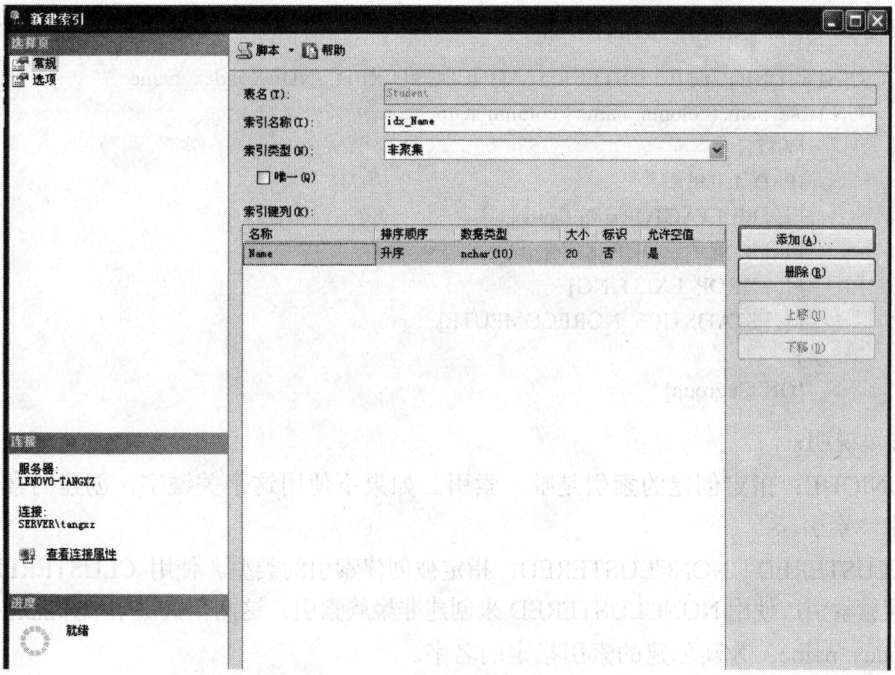

图 6-2 “新建索引”窗口

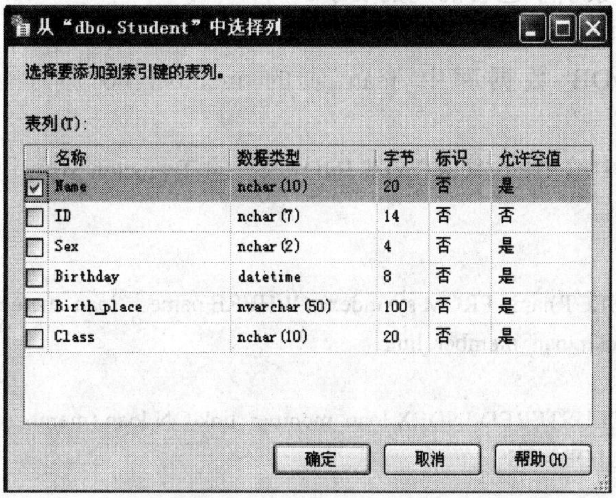

图 6-3 选择索引列

（1）聚簇索引（clustered index）：聚簇索引能保证表中的数据的物理存储顺序和排序顺序相同，它使用表中的一列或多列来排序记录。一个表中只能有一个聚簇索引。

（2）非聚簇索引（nonclustered index）：非聚簇索引并不在物理上排列数据，它仅仅是指向表中的数据。这些指针本身是有序的，可以有助于在表中快速定位数据。非聚簇索引作为和表分离的对象存在，表中的每一列都可以有自己的索引。

1．一般语法

在讲述上述两类索引之前，先来学习用“CREATE INDEX”Transact-SQL 语句创建索引的一般方法。

CREATE INDEX 语句的语法格式：

```
CREATE [UNIQUE] [CLUSTERED | NONCLUSTERED] INDEX index_name
  ON table_name(column_name [,column_name].......)
        [WITH
        [PAD_INDEX]
        [ [, ] FILLFACTOR= fillfactor]
        [ [, ] IGNORE_DUP_KEY]
        [ [, ] DROP_EXISTING]
        [ [, ] STATISTICS_NORECOMPUTE]
        ]
        [ON filegroup]
```

各参数说明：

- UNIQUE：指定创建的索引是唯一索引。如果不使用这个关键字，创建的索引就不是唯一索引。
- CLUSTERED | NONCLUSTERED：指定被创建索引的类型。使用 CLUSTERED 来创建聚簇索引；使用 NONCLUSTERED 来创建非聚簇索引。这两个关键字中只能选用一个。
- index_name：为新创建的索引指定的名字。
- table_name：创建索引的表的名字。
- column_name：索引中包含的列的名字。
- PAD_INDEX 和 FILLFACTOR：填充因子。

【例 6-2】为 MyDB 数据库中 loan 表的 member_no 列上创建一个非聚簇索引 loan_member_link。

① 输入下面例子中给出的“CREATE INDEX”的 Transact-SQL 语句。

```
USE Demo
GO
IF EXISTS (SELECT name FROM sysindexes WHERE name = 'loan_member_link')
DROP INDEX loan.loan_member_link
GO
CREATE NONCLUSTERED INDEX loan_member_link ON loan (member_no)
WITH FILLFACTOR = 75
GO
DUMP TRANSACTION MyDB WITH TRUNCATE_ONLY
GO
```

② 执行这个语句。在“结果”窗口中将显示以下消息：

```
The command(s) completed successfully.
```

该索引已经被创建了。

注意 聚簇索引改变表的物理顺序。所以，应先建聚簇索引，后建非聚簇索引。而且不能在视图上创建索引，也不能在 bit、text、image 数据类型定义的列上创建索引。

2. 聚簇索引的类型和特性

聚簇索引是由索引页面组成的。索引页面具有层次性。聚簇索引的底层称做叶级，包含实际的数据页面，用来存放表中的数据（这些数据页也叫 heap），上层称做非叶级，如图 6-4 所示。

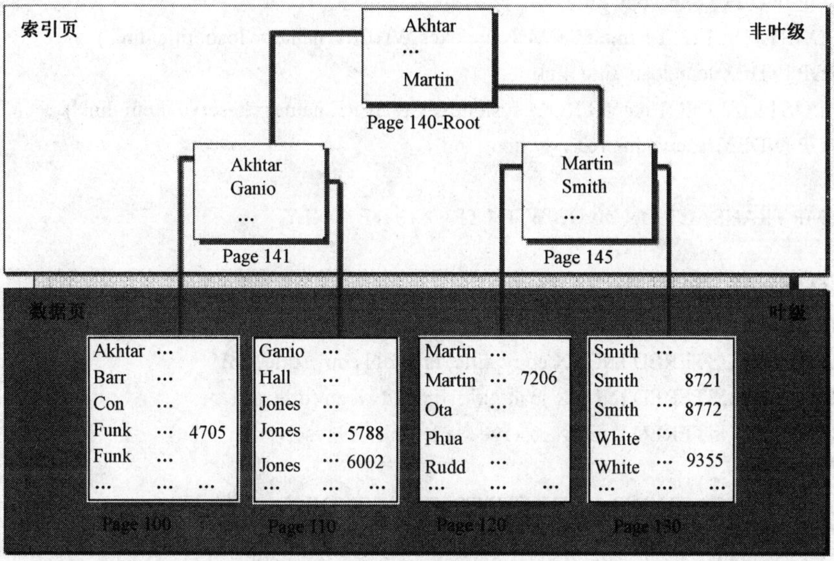

图 6-4　聚簇索引的结构

在聚簇索引中，表的数据是按照索引顺序排序的。在图 6-4 中，聚簇索引建立在 member 表的 lastname 列上（Akhtar、Hall 等是 lastname 列的值）。该索引分成两部分：叶级和非叶级。索引值是很有序的，如按照字母顺序排列；数据值也很有序，也按照字母顺序排列，即按照聚簇索引列（lastname）排序。

再举一个聚簇索引的例子。在图书馆中，存放着很多书，这些书可以按照作者顺序存放，也可以按照书名顺序存放，还可以按照书的出版社排序存放。假设现在这些书是杂乱存放的，并且在书名列上建立了聚簇索引，那么这些书就必须按照书名的顺序重新排放，使得数据（书）按照索引排序。这就是聚簇索引。

聚簇索引有利于范围搜索，由于聚簇索引的顺序与数据行存放的物理顺序相同，因此，聚簇索引最适合于范围搜索，因为相邻的行将被物理地存放在相同的页面上或相邻近的页面上。

以下是创建聚簇索引的几个注意事项：

- 每张表只能有一个聚簇索引，并应该在第一个建立；
- 创建索引所需的空间来自用户数据库，而不是 TEMPDB 数据库；
- 主键是聚簇索引的良好候选者；
- 默认设置是非聚簇索引。

【例 6-3】为 Demo 数据库中的 loan、juvenile、item、copy 和 reservation 表创建聚簇索引。

① 输入下面例子中给出的“CREATE INDEX”的语句。

```
USE Demo
GO
IF EXISTS (SELECT name FROM sysindexes WHERE name = 'item_title_link')
DROP INDEX item.item_title_link
IF EXISTS (SELECT name FROM sysindexes WHERE name = 'copy_title_link')
DROP INDEX copy. copy_title_link
IF EXISTS (SELECT name FROM sysindexes WHERE name = 'loan_title_link')
DROP INDEX loan.loan_title_link
IF EXISTS (SELECT name FROM sysindexes WHERE name = 'reserve_item_link')
DROP INDEX reservation.reserve_item_link
GO
DUMP TRANSACTION MyDB WITH TRUNCATE_ONLY
GO
/****** Book related indexes. ******/
CREATE CLUSTERED INDEX item_title_link ON item (title_no)
CREATE CLUSTERED INDEX copy_title_link ON copy (title_no)
CREATE CLUSTERED INDEX loan_title_link ON loan (title_no)
CREATE CLUSTERED INDEX reserve_item_link ON reservation (isbn)
GO
DUMP TRANSACTION MyDB WITH TRUNCATE_ONLY
GO
/*************** Display the results ***************/
PRINT 'CREATED INDEXES:'
SELECT name FROM sysindexes
WHERE name IN ('item_title_link'
, 'copy_title_link'
, 'loan_title_link'
, 'reserve_item_link'
)
GO
DUMP TRANSACTION MyDB WITH TRUNCATE_ONLY
GO
```

② 执行这个语句。在“结果”窗口中将显示以下消息：

```
CREATED INDEXES:
name
--------------------------------------------
item_title_link
copy_title_link
reserve_item_link
loan_title_link
(4 row(s) aff ected )
```

这样，item_title_link、copy_title_link、reserve_item_link、loan_title_link 聚簇索引就被创建了。

下面介绍系统是如何在一个已经创建了聚簇索引的表上搜索数据的。首先，假设在

Demo 数据库的 member 表的 lastname 上创建了聚簇索引，现在执行一个用户查询：

```
SELECT lastname,firstname FROM member WHRER lastname='Rudd'
```

下面是 SQL Server 执行查询的过程（见图 6-4）：

（1）SQL Server 发现在 lastname 上有索引，而且适合以上查询，所以使用该索引。

（2）从索引的根级出发（即 140 页），开始比较索引的值，如果查询值（Rudd）大于或等于该索引值，则继续到同一页中的下一个索引值。如果查询值小于该索引值，则跳到上一个索引中指定的页（即左边页）。

（3）在 140 页查询到最后一个索引值（Martin），则跳到 Martin 所指的页（即 145 页）。

（4）在 145 页继续查找，直到 Smith，因为 Rudd<Smith，所以跳到上一个索引中指定的页（即 120 页）。

（5）因为 120 页是叶级页，所以，在这页中从第一行开始逐行扫描，直到找到 Rudd。

在创建了聚簇索引的表上查询数据，非常类似于在图书馆中查找书：首先在索引中查找，找到这本书的位置号；然后从这个位置号找到这本书。

3．非聚簇索引的类型和特性

对于非聚簇索引，表的物理顺序与索引顺序不同，即表的数据并不是按照索引列排序的。非聚簇索引由索引页面组成。索引页面具有层次性。非聚簇索引的底层称做叶级，包含指向实际数据页面的指针，上层称做非叶级（见图 6-5）。

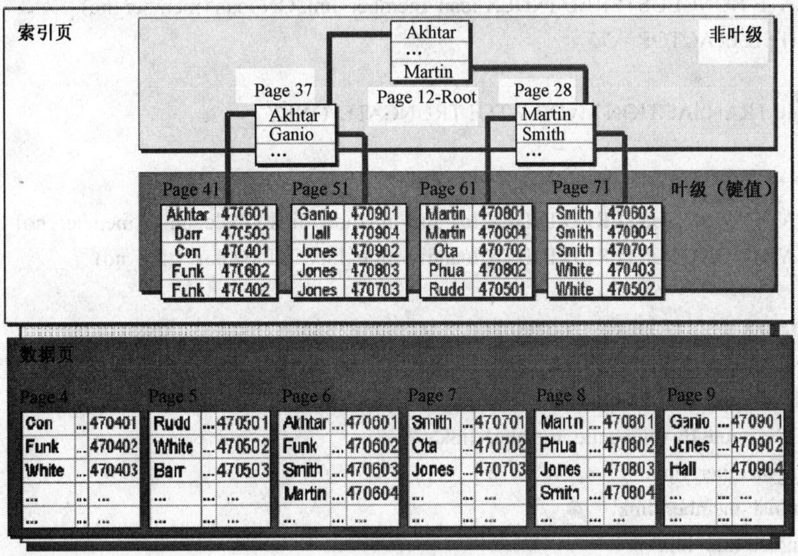

图 6-5　非聚簇索引

在图 6-5 中，非聚簇索引建立在 member 表的 lastname 列上，从中看出非聚簇索引的特点：

（1）创建了一个指定表的逻辑顺序的对象，如索引中的指针 470904。

（2）表的物理顺序与索引顺序不同。索引是有序的，而表中的数据并不按照索引列排序。例如，数据页并不是按照字母顺序排列的。

（3）叶级包含指向数据页上的行的指针。

（4）一张表可多达 249 个非聚簇索引。

【例 6-4】为 Demo 数据库中的 loan、juvenile、item、copy 和 reservation 表创建非聚簇索引。

① 输入下面例子中给出的“CREATE INDEX”的语句。

```
USE Demo
GO
IF EXISTS (SELECT name FROM sysindexes WHERE name = 'juvenile_member_link')
DROP INDEX juvenile.juvenile_member_link
IF EXISTS (SELECT name FROM sysindexes WHERE name = 'loan_member_link')
DROP INDEX loan.loan_member_link
IF EXISTS (SELECT name FROM sysindexes WHERE name = 'loanhist_member_link')
DROP INDEX loanhist.loanhist_member_link
IF EXISTS (SELECT name FROM sysindexes WHERE name = 'loanhist_title_link')
DROP INDEX loanhist.loanhist_title_link
GO
DUMP TRANSACTION MyDB WITH TRUNCATE_ONLY
GO
/****** Member related indexes. ******/
CREATE NONCLUSTERED INDEX juvenile_member_link ON juvenile (adult_member_no)
GO
/****** Book related indexes. ******/
CREATE NONCLUSTERED INDEX loan_member_link ON loan (member_no)
WITH FILLFACTOR = 75
GO
DUMP TRANSACTION MyDB WITH TRUNCATE_ONLY
GO
/****** Loan History related indexes. ******/
CREATE NONCLUSTERED INDEX loanhist_member_link ON loanhist (member_no)
CREATE NONCLUSTERED INDEX loanhist_title_link ON loanhist (title_no)
GO
/*************** Display the results ***************/
PRINT 'CREATED INDEXES:'
SELECT name FROM sysindexes
WHERE name IN ( 'juvenile_member_link'
, 'loan_member_link'
, 'loanhist_member_link'
, 'loanhist_title_link'
)
GO
DUMP TRANSACTION MyDB WITH TRUNCATE_ONLY
GO
```

② 执行这个语句，在“结果”窗口中将显示以下消息：

```
CREATED INDEXES:
name
----------------------------------------------------------------------------------------------
```

```
juvenile_member_link
loan_member_link
loanhist_member_link
loanhist_title_link
(4 row(s) affected )
```

这样，juvenile_member_link、loan_member_link、loanhist_member_link 和 loanhist_title_link 非聚簇索引就被创建了。

6.2.3 唯一索引

索引按照结构可分为聚簇索引和非聚簇索引两种不同的类型。按照实现的功能，有一类索引被称为“唯一索引”。它既可以采用聚簇索引的结构，又可以采用非聚簇索引的结构。

唯一索引的特征：

（1）不允许两行具有相同的索引值；

（2）实施实体完整性；

（3）在创建主键约束和唯一约束时自动创建。

【例 6-5】在 titles 表的 title_id 上创建唯一索引，保证每行的 title_id 值的唯一性。

```
CREATE UNIQUE INDEX title_ident   ON   titles(title_id)
```

在创建唯一索引时，如果在该列上存在重复值，那么系统将返回错误信息。可以通过类似以下脚本查询出哪些行上存在着重复值。

【例 6-6】查询在哪些行上 title_id 重复。

```
Select title_id,count(title_id)
From titles
Group by title_id
Having count(title_id)>1
Order by title_id
```

经常会使用唯一索引。因为在一个表中，可能会有很多列需要值的唯一性（如在人员表中，有身份证号、驾驶证号、E-mail 地址、分机号等)，这样，可以在这些列上创建唯一索引。

6.2.4 复合索引

有些索引由一列组成，而有些索引由两列或更多列组成。把由两列或更多列组成的索引称为“复合索引”。

复合索引的特征：

（1）把两列或更多列指定为索引；

（2）对复合列作为一个单元进行搜索；

（3）创建复合索引中的列序不一定与表定义列序相同。

【例 6-7】为 loan 表创建一个复合索引。

```
CREATE   INDEX   LOAN_INDEX   ON   loan(isbn,copy_no)
```

在创建复合索引时，请注意以下几点：

（1）只有当 WHERE 子句中指定索引键的第一列时才使用该索引。

例如：SELECT * FROM loan where copy_no=1，该查询语句不会使用 LOAN_INDEX 索引。

（2）被查阅的表中任何频繁访问的列都应创建复合索引。

（3）索引不应过大（≤8 字节为最好）。

例如：isbn 的数据类型是 int，相当于 4 字节，而 copy_no 是 smallint，相当于 2 字节，所以共 6 字节。

（4）列的顺序很重要，在（列 1，列 2）上的所以不同于（列 2，列 1）上的索引。在上面这个例子中，该索引不同于在（copy_no, isbn）上创建的索引。

（5）如果在 C1、C2 和 C3 上创建索引，而且 C1 的值重复 20%，C2 的值重复 40%，C3 的值重复 10%，那么应该创建（C3, C1, C2）索引。

6.2.5 创建索引的选项

1. 填充因子（FILLFACTOR）

请再看图 6-4 或图 6-5。从图中可知索引是由叶级索引页和非叶级索引页组成的。还知道系统是按照盘区（extent）为单位给索引分配空间的，而一个盘区由 8 页（page）组成。所以，一个索引很有可能由多个盘区组成，而这些页之间是极有可能不连续的（因为分配的盘区并不能保证连续）。这样，一个索引的一些数据可能在硬盘的中间，而另一些数据可能在硬盘的边缘。这种不连续势必会影响查询速度。因此，使得相关数据连续是很重要的。

另外，如果在一个索引页上已经全部写上了索引数据（假设是图 6-4 中的 51 页），那么，当系统插入（如插入 jack）或更新数据而要往该索引页写上相关数据时，系统首先在其他的地方找到一个空白索引页（假设为 99 页），而后移动原有数据，将 jack 写到这个页上，并将一些数据写到新分配的索引页。现在，假设有一个查询语句正好需要查询所有这些相关数据，那么，系统就需要查询 51 页和 99 页。速度会受影响。

FILLFACTOR（填充因子）的作用是当系统新建或重建索引时，在每一个索引页上预先留出一部分空间。使得系统在新增索引信息时能够保持索引页不分裂（即使得相关的索引内容在索引页上尽量连续）。所以，FILLFACTOR 是指定索引中叶子页的数据充满度。它的目的是使索引的页分裂最小并对性能微调。

【例 6-8】在 loan 表的 member_no 上创建聚簇索引，FILLFACTOR 为 75。

```
CREATE CLUSTERED INDEX loan_member_link
    ON loan(member_no)
    WITH   FILLFACTOR = 75
```

2. PAD_INDEX

FILLFACTOR 只能指定叶级索引页的数据充满度。可以使用 PAD_INDEX 指定非叶级的索引页的数据充满度。PAD_INDEX 必须和 FILLFACTOR 一起使用，而且 FILLFACTOR 的值决定了 PAD_INDEX 指定的充满度。

【例 6-9】在 loan 表的 member_no 上创建聚簇索引，叶级和非叶级索引页的 FILLFACTOR 为 75。

```
CREATE CLUSTERED INDEX loan_member_link
    ON loan(member_no)
    WITH PAD_INDEX , FILLFACTOR = 75
```

3. SORTED_DATA_REORG

我们知道，如果在一个表上创建聚簇索引，则会对表上的数据按照索引列进行排序。有时，这个表上的数据已经按照索引列排序了（例如：对聚簇索引重新指定填充因子，重新创建索引等），那么可以使用“SORTED_DATA_REORG”选项，使得在创建聚簇索引时不排序数据，从而加快创建索引的速度。

【例 6-10】在 copy 表上创建聚簇索引。

```
CREATE UNIQUE CLUSTERED INDEX copy_index
    ON copy(isbn,copy_no)
    WITH SORTED_DATA_REORG
```

注意 该选项是用于对已排序的数据创建索引并提高性能。SQL Server 会验证表的数据的有序性。如果发现表的数据并非有序，那么系统就不会创建该索引，并报错。

6.3 索引信息查看和删除索引

在创建索引之前，需要有现有索引的信息，以避免重复；当索引不再需要时，要删除索引。

6.3.1 索引信息查看

有两类方法可以查看索引信息。一类方法是使用 SQL Server 管理器。另一类方法是使用系统存储过程。

1. 使用 SQL Server 管理器查看索引信息

（1）打开 SQL Server 管理器，并正确连接到数据库 Demo。

（2）在“对象资源管理器”中，展开“数据库”→“Demo”→“表”，找到 Student 表，如图 6-6 所示。

（3）右击“索引”，在弹出的菜单中选择“属性”，出现“索引属性-idx_Name”窗口，如图 6-7 所示。

2. 使用系统存储过程 sp_helpindex

（1）打开 SQL Server 管理器，并正确连接到数据库 Demo。

（2）单击工具栏的“新建查询”按钮，如图 6-8 所示，在 SQL 语言代码编辑窗口中输入：

```
use demo
go
sp_helpindex student
```

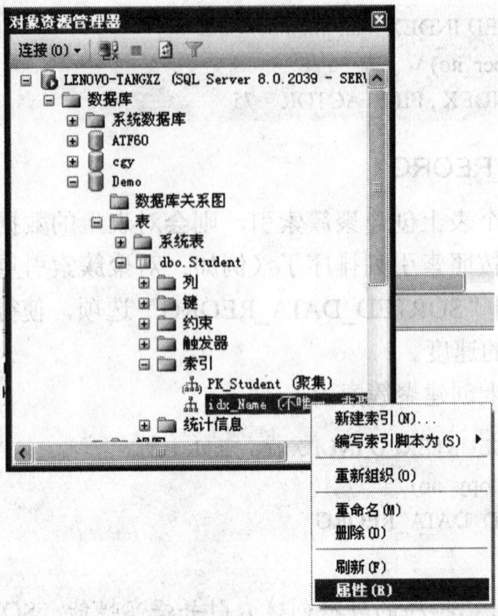

图 6-6 查看索引信息

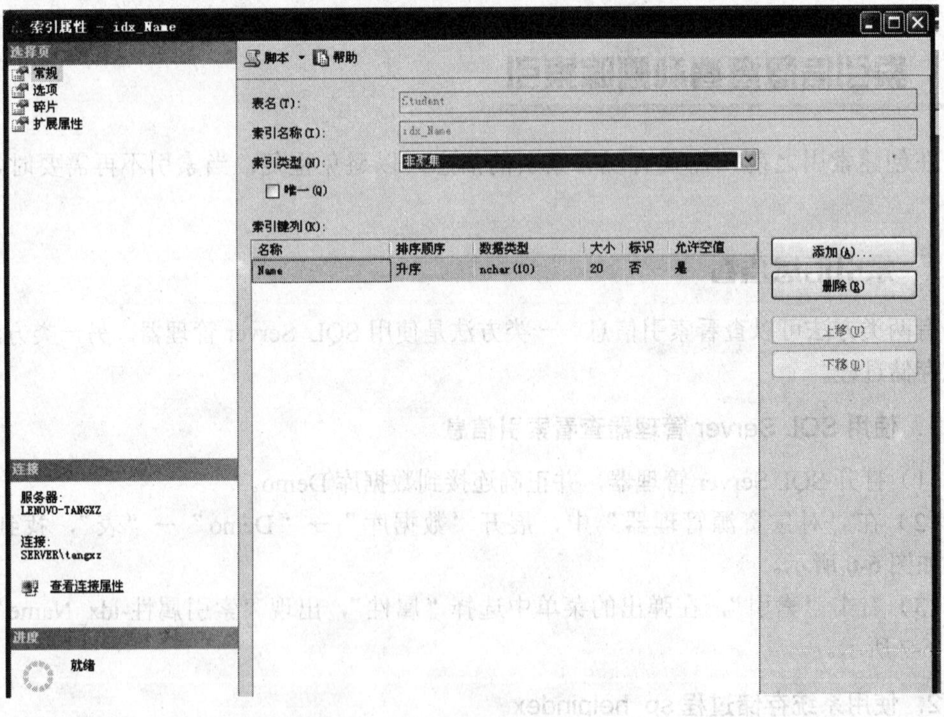

图 6-7 “索引属性”窗口

6.3.2 删除索引

删除索引的语法：

```
DROP INDEX table.index[,...n]
```

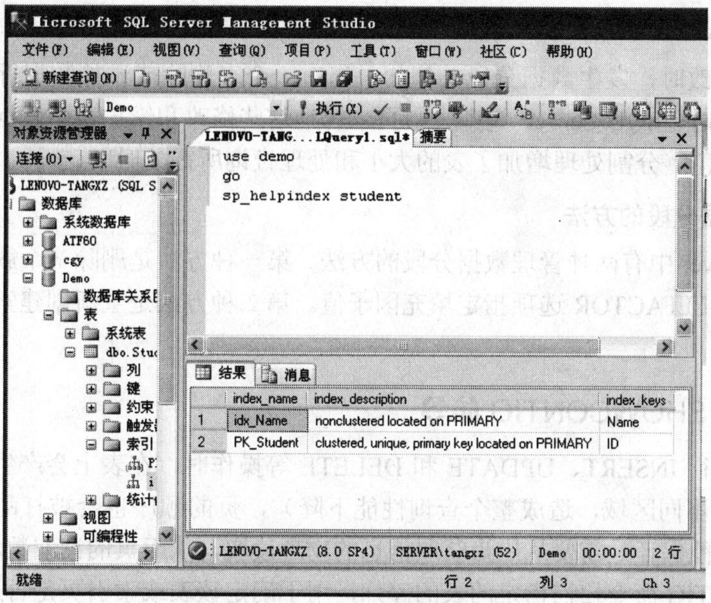

图 6-8 索引查看命令

【例 6-11】删除 student 表上的 idx_Name 索引。

```
USE Demo
GO
DROP INDEX Student.idx_Name
```

删除索引时要注意以下事实：

（1）在执行 DROP INDEX 语句时，SQL Server 释放由索引占用的磁盘空间。

（2）如果索引是在 CREATE TABLE 中创建的，只能用 ALTER TABLE 进行删除。如果是用 CREATE INDEX 创建的，可用 DROP INDEX 删除。

（3）在删除一个表时，该表的所有索引也被删除。

（4）不能在由 PRIMARY KEY 约束或 UNIQUE 约束创建的索引上使用 DROP INDEX 语句。为了删除索引必须删除约束。

（5）在删除一个簇索引时，该表上的所有非簇索引自动重建。

（6）为了删除索引，必须在该索引所在的数据库中。

（7）DROP INDEX 语句不能用于系统表。

6.4 维护索引

在创建索引后，必须维护索引来保证最佳的性能。随着时间的推移，数据被分段了，要根据业务环境来管理数据分段，也可以使用各种工具帮助验证索引最优化地使用和执行。

6.4.1 数据分段

数据分段主要分为以下几个内容。

1．数据分段的发生原因

当数据被更改时，发生数据分段。例如，当对一个表删除或添加数据行时，或者在索引列中的值被更改时，SQL Server 调整索引页来容纳这些修改和维护索引数据的存储。索引页的调整称为页分割。分割处理增加了表的大小和处理查询所需的时间。

2．管理数据分段的方法

在 SQL Server 中有两种管理数据分段的方法。第一种方法是删除一个簇索引并重新创建簇索引，使用 FILLFACTOR 选项指定填充因子值。第二种方法是重新创建索引，并指定一个填充因子。

6.4.2 DBCC SHOWCONTIG 命令

当在表上进行 INSERT、UPDATE 和 DELETE 等操作时，在表上会产生碎片（即表的数据分布在硬盘的不同区域，造成整个查询性能下降），页的顺序也会被打乱，以致预先读缓冲区中的内容不能保证是需要从磁盘获取信息的物理读取，从而页的读取数增多。

SHOWCONTIG 命令扫描指定的表的碎片，用于确定该表或索引页是否严重不连续。

SHOWCONTIG 命令的语法：

```
DBCC SHOWCONTIG(table_id,[index_id])
```

运行 SHOWCONTIG 命令，需要知道所感兴趣的表的 ID。

【例 6-12】以下 SQL 查询允许，获得在 SHOWCONTIG 命令中的表 ID。

```
USE DBNAME
GO
SELECT ID FROM SYSOBJECTS WHERE NAME='tbl_name'
GO
```

SHOWCONTIG 的以下输出包含了若干个有价值的信息：

```
DBCC SHOWCONTIG scanning 'testtable' table...
[SHOW_CONTIG - SCAN ANALYSIS ]
Table: 'testtable' (1625056825) Indid:0 dbid:1
TABLE level scan performed.
-Pages Scanned................................:68
-Extent Switches...............................:8
- Avg. Pages per Extent........................:7.6
- Scan Density [Best Count: Actual Count]..。...:100.00%[9:9]
- Avg. Bytes free per page.....................:51.2
- Avg. Page density(full)........... ............:97.46%
- Overflow Pages .................. ...........:67
- Avg. Bytes free per Overflow page.............:52.0
- Avg. Overflow Page density ...................:97.4%
- Disconnected Ouverflow Pages..................:0
```

第一个需要注意的数是 Scan Density，最理想的数是 100。如果太小，则表示有碎片。Best Count 是在所有都是连续连接时的最理想的盘区变化数。Actual Count 是跨越表的实际盘区数。

为了校正有碎片的表，应该删除并重建索引。对于一个简单的表，这不成问题。对于一个包括主键的表，必须删除外键约束然后删除主键。对于又大又复杂的数据库，这是一个又长又费劲的工作。在 SQL Server 2005 中，可以通过 DBCC DBREINDEX 修复索引。

【例 6-13】首先为一个表创建了一个填充因子为 0 的索引，然后插入了 26 000 行，该表出现了严重的碎片。然后，将该表恢复到插入 26 000 行数据前的状态，修改它的填充因子为 45，再插入 26 000 行，该表没有出现碎片。用于说明 SHOWCONTIG 和填充因子的作用。

① 创建一个填充因子为 0 的索引，然后插入 26 000 行，观察该表是否出现了严重的碎片。

```
USE MyDB
SET NOCOUNT ON
GO
/* 保存 loanhist 的原始数据，以后用他恢复* /
SELECT * INTO #loanhist FROM loanhist
BACKUP LOG MyDB WITH TRUNCATE_ONLY
GO
/*在 loanhist 表上重新创建唯一聚簇索引(isbn, copy_no, out_date)，填充因子为 0。
填充因子 0 是系统的默认。删除 nonclustered 索引的目的是为了在重新创建聚簇索引时，不会重
新创建非 nonclustered 索引。* /
IF EXISTS (SELECT name FROM sysindexes WHERE name = 'loanhist_member_link')
DROP INDEX loanhist.loanhist_member_link
IF EXISTS (SELECT name FROM sysindexes WHERE name = 'loanhist_title_link')
DROP INDEX loanhist.loanhist_title_link
IF EXISTS (SELECT name FROM sysindexes WHERE name = 'loanhist_ident')
DBCC DBREINDEX ('MyDB.dbo.loanhist', loanhist_ident, 0)
ELSE
CREATE UNIQUE CLUSTERED INDEX loanhist_ident
ON loanhist (isbn, copy_no, out_date)
GO
BACKUP LOG MyDB WITH TRUNCATE_ONLY
GO
/ *首先显示在没有插入 26 000 行数据前的状态* /
PRINT ''
PRINT ' ***** Base table of 52005 rows - No FILLFACTOR*****'
GO
DECLARE @table_name INT
SET @table_name = object_id('loanhist')
DBCC SHOWCONTIG (@table_name)
GO
/*往 loanhist 表中插入 26 000 行数据，该表的填充因子为 0 * /
INSERT INTO loanhist (isbn, copy_no, out_date, title_no, member_no)
SELECT lh1.isbn,lh1.copy_no,DATEADD(DD,15,lh1.out_date)
,lh1.title_no,lh1.member_no
FROM loanhist lh1 INNER JOIN loanhist lh2
ON lh1.isbn = lh2.isbn
```

```
AND lh1.copy_no = lh2.copy_no
AND lh1.out_date = lh2.out_date
WHERE lh1.isbn%2 = 1
BACKUP LOG MyDB WITH TRUNCATE_ONLY
GO
/* 显示插入后的碎片情况* /
PRINT ''
PRINT ' ******** Added 26 000 rows - No FILLFACTOR **********'
GO
DECLARE @table_name INT
SET @table_name = object_id('loanhist')
DBCC SHOWCONTIG (@table_name)
GO
```

结果显示如下：

```
Index (ID = 4) is being rebuilt.
Index (ID = 5) is being rebuilt.
********* Base table of 52 005 rows - No FILLFACTOR *********
DBCC SHOWCONTIG scanning 'loanhist' table...
Table: 'loanhist' (261575970); index ID: 1, database ID: 9
TABLE level scan performed.
- Pages Scanned................................: 453
- Extents Scanned..............................: 57
- Extent Switches..............................: 56
- Avg. Pages per Extent........................: 7.9
- Scan Density [Best Count:Actual Count].......: 100.00% [57:57]
- Logical Scan Fragmentation ..................: 0.00%
- Extent Scan Fragmentation ...................: 1.75%
- Avg. Bytes Free per Page.....................: 58.7
- Avg. Page Density (full).....................: 99.28%
DBCC execution completed. If DBCC printed error messages, contact your system administrator.
********* Added 26 000 rows - No FILLFACTOR *********
DBCC SHOWCONTIG scanning 'loanhist' table...
Table: 'loanhist' (261575970); index ID: 1, database ID: 9
TABLE level scan performed.
- Pages Scanned................................: 905
- Extents Scanned..............................: 11 6
- Extent Switches..............................: 903
- Avg. Pages per Extent........................: 7.8
- Scan Density [Best Count:Actual Count].......: 12.61% [11 4 : 9 0 4 ]
- Logical Scan Fragmentation ..................: 99.78%
- Extent Scan Fragmentation ...................: 3.45%
- Avg. Bytes Free per Page.....................: 2060.9
- Avg. Page Density (full).....................: 74.54%
DBCC execution completed. If DBCC printed error messages, contact your system administrator.
```

从上面结果得知，在插入 26 000 行数据前，系统未出现碎片。但是在插入 26 000 行数据后，出现了碎片。

② 现在，将该表恢复到插入 26 000 行数据前的状态，修改它的填充因子为 45，再插入 26 000 行。

```
USE MyDB
SET NOCOUNT ON
GO
/*首先恢复 loanhist 表的数据到没有插入 26 000 前。并重新创建填充因子为 45 的唯一簇* *索引* /
TRUNCATE TABLE loanhist
INSERT INTO loanhist SELECT * FROM #loanhist
BACKUP LOG MyDB WITH TRUNCATE_ONLY
GO
/*重新创建聚簇索引(isbn, copy_no, out_date)，填充因子为 45 * /
IF EXISTS (SELECT name FROM sysindexes WHERE name = 'loanhist_ident')
DBCC DBREINDEX ('MyDB.dbo.loanhist', loanhist_ident, 45)
ELSE
CREATE UNIQUE CLUSTERED INDEX loanhist_ident
ON loanhist (isbn, copy_no, out_date) WITH FILLFACTOR = 45
GO
BACKUP LOG MyDB WITH TRUNCATE_ONLY
GO
/*  显示没有插入 26 000 行数据的碎片情况* /
PRINT ''
PRINT ' ***** Base table of 52005 rows with FILLFACTOR 45 *******'
GO
DECLARE @table_name INT
SET @table_name = object_id('loanhist')
DBCC SHOWCONTIG (@table_name)
GO
/*往 loanhist 表中插入 26 000 行数据。目前填充因子为 45* /
INSERT INTO loanhist (isbn, copy_no, out_date, title_no, member_no)
SELECT lh1.isbn,lh1.copy_no,DATEADD(DD,15,lh1.out_date)
, lh1.title_no, lh1.member_no
FROM loanhist lh1 INNER JOIN loanhist lh2
ON lh1.isbn = lh2.isbn
AND lh1.copy_no = lh2.copy_no
AND lh1.out_date = lh2.out_date
WHERE lh1.isbn%2 = 1
BACKUP LOG MyDB WITH TRUNCATE_ONLY
GO
/*显示插入后的碎片情况* /
PRINT ''
PRINT ' ******** Added 26000 rows with FILLFACTOR 45 *********'
GO
```

```
DECLARE @table_name INT
SET @table_name = object_id('loanhist')
DBCC SHOWCONTIG (@table_name)
GO
```

结果显示如下：

```
Index (ID = 1) is being rebuilt.
Index (ID = 2) is being rebuilt.
Index (ID = 3) is being rebuilt.
Index (ID = 4) is being rebuilt.
Index (ID = 5) is being rebuilt.
DBCC execution completed. If DBCC printed error messages, contact your system administrator.
********* Base table of 52005 rows with FILLFACTOR 45 **********
DBCC SHOWCONTIG scanning 'loanhist' table...
Table: 'loanhist' (261575970); index ID: 1, database ID: 9
TABLE level scan performed.
- Pages Scanned................................: 982
- Extents Scanned..............................: 123
- Extent Switches..............................: 122
- Avg. Pages per Extent........................: 8.0
- Scan Density [Best Count:Actual Count].......: 100.00% [123:123]
- Logical Scan Fragmentation ..................: 0.00%
- Extent Scan Fragmentation ...................: 0.81%
- Avg. Bytes Free per Page.....................: 4387.3
- Avg. Page Density (full).....................: 45.80%
DBCC execution completed. If DBCC printed error messages, contact your system administrator.
********** Added 26000 rows with FILLFACTOR 45 **********
DBCC SHOWCONTIG scanning 'loanhist' table...
Table: 'loanhist' (261575970); index ID: 1, database ID: 9
TABLE level scan performed.
- Pages Scanned................................: 982
- Extents Scanned..............................: 123
- Extent Switches..............................: 122
- Avg. Pages per Extent........................: 8.0
- Scan Density [Best Count:Actual Count].......: 100.00% [123:123]
- Logical Scan Fragmentation .................. : 0.00%
- Extent Scan Fragmentation ...................: 0.81%
- Avg. Bytes Free per Page.....................: 2533.9
- Avg. Page Density (full).....................: 68.69%
DBCC execution completed. If DBCC printed error messages, contact your system administrator.
```

从上面结果得知，在插入 26 000 行数据前，系统未出现碎片，但是在插入 26 000 行数据后，也没有出现碎片。这说明设置合理的填充因子能够减少碎片的产生。

③ 最后，恢复整个环境。

```
/****************Restore the contents of the table.**********************/
TRUNCATE TABLE loanhist
INSERT INTO loanhist SELECT * FROM #loanhist
```

```
DROP TABLE #loanhist
GO
CREATE NONCLUSTERED INDEX loanhist_member_link ON loanhist (member_no)
CREATE NONCLUSTERED INDEX loanhist_title_link ON loanhist (title_no)
BACKUP LOG MyDB WITH TRUNCATE_ONLY
SET NOCOUNT OFF
GO
```

结果显示如下：

```
The command(s) completed successfully.
```

通过这个例子应该更加深刻地理解了填充因子的重要性，并应该学会 SHOWCONTI G 的使用。

6.4.3 DBCC DBREINDEX 语句

可以用 DBCC DBREINDEX 语句重建表上的一个或多个索引。

当需要重建索引和表上存在 PRIMARY KEY 约束或 UNIQUE 约束时，执行 DBCC DBREINDEX。也可以执行这条语句重新组织叶级索引页的存储、删除分段和重新计算索引统计值。

在使用 DBCC DBREINDEX 语句时，考虑以下事实和要点：

（1）SQL Server 根据指定的填充因子，重新填充每个叶级页。

（2）使用 DBCC DBREINDEX 语句重建带 PRIMARY KEY 约束或 UNIQUE 约束的索引。

（3）对系统表不支持 DBCC DBREINDEX 语句。

（4）使用 SORTED_DATA_REORG 选项更快地重建簇索引。如果没有排序关键字值，DBCC DBREINDEX 语句终止。

（5）可使用 Databases Maintenance Plan 向导自动重建过程。

6.4.4 索引统计值

如果汽车运行起来开始显得吃力了，那么就知道它需要修理和调整了。为确保得到最好的性能，SQL Server 的索引像汽车一样需要常规的维护。一个很重要的可以影响性能的维护工作是更新统计数字（Update Statistics）。这个命令将在很大程度上影响 SQL Server 在执行查询时选择使用哪一个索引。

当为表创建索引时，SQL Server 将生成有关该索引的可用性的概要信息，并将这些信息放在分布页上。这些信息将帮助 SQL Server 快速决定在执行指定查询时是否使用该索引。一个索引的可用性决定于指定一个索引值将会返回多少行记录。例如，一个创建在存储性别的列上的索引只有两个值（女或者男），这个索引是没有用处的，因为平均一个索引值会返回表中的一半记录。这样的索引不能用于帮助定位一个特殊的记录，尤其在表中有成千上万条记录的情况下。但是一个创建在存储“姓”的列上的索引对于一个索引值可能只返回很少的几条记录，因此这种索引比起在存储性别的列上建立的索引要有更好的可用性。

在某些情况下，索引的统计数字会变得过时。如果表中记录的分布发生了很大的变化，那么有可能一个原本可用性很低的索引会变得很有用。以下是一个这方面的例子：

① 在表中预先插入了一部分记录，这些记录的"姓"的这一列的值都是"Smith"和"Jones"。

② 在存储"姓"的这一列上创建了索引。

③ 插入了表中其余部分的记录。

最后插入数据后，系统有时不会马上更新统计信息，因为在索引创建时表中的所有记录在这一列上只有两个值，导致这个索引永远也不会被使用，即使它对于某些查询来讲是一个很好的索引。在这种情况下管理员会接到很多有关性能下降的电话。

解决这些问题的方法是要定期执行 UPDATE STATISTICS 命令，使得索引的统计信息是最新的。这个命令的执行时间不会很长，通常是安排在一个调度任务中，紧接着备份工作以后实现。

执行 UPDATE STATISTICS 命令时要提供一个或者两个参数。第一个参数是表名；第二个参数是索引名，这是一个可选的参数。如果没有指定索引，UPDATE STATISTICS 会应用于表中的所有索引。它的语法如下：

```
UPDATE STATISTICS [[database.]owner. ]table.name[index_name]
```

参数说明：

- table_name：表名。
- index_name：索引名。

这个命令应该每隔几个小时执行一次，或者是在用户活动很少的时间段内运行。这个命令可能会被用户向表中写数据的请求所阻塞。

【例 6-14】更新 authors 表的索引统计数字。

```
update statistics adult
```

结果显示如下：

```
The command(s) completed successfully.
```

总之，每个表均有一个分布页，通过 UPDATE STATISTICS 命令可以更新索引的分布统计页，帮助 SQL Server 进行查询优化。所以，无论何时数据分布改变时，都应进行更新。

6.4.5 索引分析

可以使用 SHOWPLAN、STATISTICS IO 等命令来分析索引和查询性能。

1. SHOWPLAN 命令

SHOWPLAN 命令的作用是显示优化器在连接表时采取的每个步骤以及它选择什么索引（如果存在）来访问数据。可用于分析定义的索引是否被优化器使用。

显示查询计划：

```
SET SHOWPLAN_ALL ON
```

或

```
SET SHOWPLAN_TEXT ON
```

不显示查询计划（系统默认设置）：

```
SET SHOWPLAN_ALL OFF
```

或

```
SET SHOWPLAN_TEXT OFF
```

【例 6-15】从 member 表中查询 member_no 为 1234 的人员信息。要求显示查询处理过程。

```
USE demo
GO
SET SHOWPLAN_TEXT ON
GO
SELECT member_no,lastname,firstname
FROM member WHERE member_no = 1234
```

结果显示如下：

```
Stmt Text
------------------------------------------------------
SELECT member_no,lastname,firstname
FROM member WHERE member_no = 1234
(1 行受影响)
Stmt Text
------------------------------------------------------
|--Bookmark Lookup(BOOKMARK:([Bmk1000]) , OBJECT: [MyDB].[dbo].[member]))
|--Index Seek (OBJECT:([MyDB].[dbo].[member].[member_ident]),
SEEK:([member].[member_no]=Convert([@1])) ORDERED)
(2 行受影响)
```

以上结果表示：该查询使用了一个名叫 member_ident 的索引，并且使用了 BMK1000 的书签。该书签是索引中的一个值，类似于行的指示符或聚簇索引键值，用于在表中查到相应的行。

2．STATISTICS IO 命令

STATISTICS IO 命令的作用：显示语句执行所花费的磁盘 IO 活动。

显示磁盘 IO：

```
SET STATISTICS IO ON
```

不显示磁盘 IO：

```
SET STATISTICS IO OFF
```

【例 6-16】在 pubs 数据库下执行以下语句。

```
SET SHOWPLAN_TEXT OFF
GO
SET STATISTICS IO ON
GO
select * from student
```

系统显示如下：

```
------------------------------------------------------------
表'student'。扫描计数 1，逻辑读 2 次，物理读 2 次，预读 0 次。
(4 行受影响)
```

该查询显示了扫描的次数（scan count），从磁盘和缓冲区读的页数（logical reads），从磁盘读的页数（physical reads），从缓冲区读的页数（read-ahead reads）。从这个结果看出，系统都是从磁盘上读取的数据。

再次运行该查询，结果显示如下：

```
------------------------------------------------------------
表'student'。扫描计数 1，逻辑读 2 次，物理读 0 次，预读 0 次。
(4 行受影响)
```

同上面结果相比，发现这次都是从缓冲区中获得的（从 logical reads - physical read = logicalreads 得知）。这是因为，上面读取数据的操作已经将数据放在缓冲区中了。

【例 6-17】使用 DBCC 命令执行索引分析。

```
USE demo
GO
SET SHOWPLAN_TEXT OFF
GO
SET STATISTICS IO ON
GO
DBCC CHECKTABLE(member)
```

结果显示如下：

```
The command(s) completed successfully.
DBCC results for 'member'.
There are 10000 rows in 41 pages for object 'member'.
DBCC execution completed. If DBCC printed error messages, contact your system administrator.
```

结果表明：member 表由 41 页组成。

6.5 本章小结

通过本章的学习，能够掌握：

- 确定索引什么时候是有用的，并决定创建的索引的类型；
- 创建带有唯一或复合特征的簇索引和非簇索引；
- 使用 SQL Server 管理器和 CREATE INDEX 语句创建索引；
- 应用合适的填充因子，来容纳表的未来增长；
- 使用各种工具和验证功能维护索引和提高它们的最优性能。

第 7 章

数据库查询技术

SQL Server 作为访问数据对象的语言，它用集合来描述并访问数据，人们可以使用数据查询技术随时从数据库中获取需要的数据对象的信息。因此，对于用户来说，数据查询是数据库最为重要的功能。

SQL Server 使用 Transact-SQL 语言中的 SELECT 子句来实现对数据库的查询。本章将讲述数据查询实现的各种具体方法。

Northwind 数据库是早期 SQL Server 2000 软件中自带的一个小型销售管理系统的数据模型，这个数据库中包含了一个虚构的销售公司的样本数据，其中，有客户（Customers）、雇员（Employees）、供应商（Suppliers）、产品（Products）、订单主表（Orders）、订单子表（Order Details）、销售区域（Region）、销售区域分类（Territories）、运输商（Shippers）、业务员（EmployeeTerritories）、产品分类（Categories）、客户类型（CustomerDemoGraphics）、客户分类（CustomerCustomerDemo）。这些表对象中记录了有关该销售公司的全部业务数据。本章使用该数据库来学习使用 SELECT 语句的用法。

本章所有的示例都基于 Northwind 数据库，并且，所有的查询语句在 SQL 语言窗口中完成。打开 SQL Server 管理器，首先选择 Northwind 作为当前的数据库，然后单击工具栏上的“新建查询”按钮，激活 SQL 语言代码编辑界面（见图 7-1），输入示例中的代码，完成后，单击工具栏上的“执行”按钮就可以了。

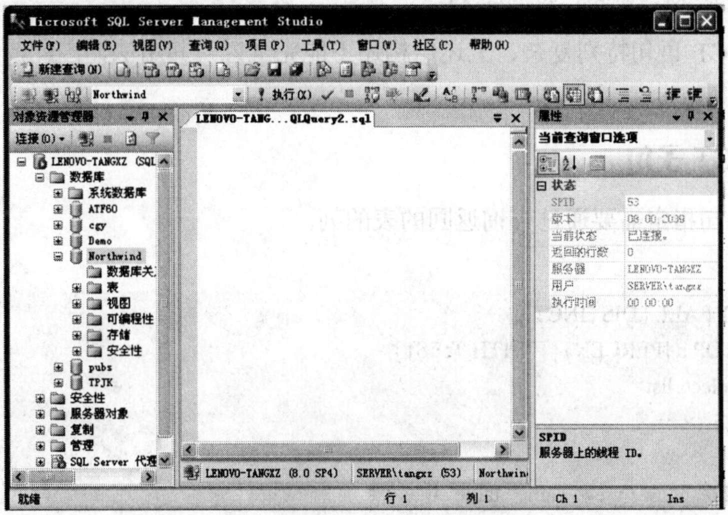

图 7-1　SQL 语言代码编辑界面

7.1 SELECT 语句

在数据库中数据查询是通过 SELECT 语句来完成的，SELECT 语句的作用是让服务器从数据库中按用户要求检索数据，并将结果以表格的形式返回给客户。在本书前几章，已经初步讲过 SELECT 语句的一些用法。在本节中将重点讲述其具体用法。

SELECT 语句完整的语法结构：

```
SELECT statement ::=
    <query_expression>
    [ ORDER BY { order_by_expression | column_position [ ASC | DESC ] } [,...n] ]
    [ COMPUTE { { AVG | COUNT | MAX | MIN | SUM } (expression) } [,...n]
      [ BY expression [,...n] ] ]
    [ FOR { BROWSE | XML { RAW | AUTO | EXPLICIT }
        [ , XMLDATA ]
          [ , ELEMENTS ]
          [ , BINARY base64 ] }
    [ OPTION (<query_hint> [,...n]) ]
<query expression> ::=
    { <query specification> | (<query expression>) }
    [UNION [ALL] <query specification | (<query expression>) [...n] ]
<query specification> ::=
    SELECT [ ALL | DISTINCT ]
        [ {TOP integer | TOP integer PERCENT} [ WITH TIES] ]
<select_list>
    [ INTO new_table ]
    [ FROM {<table_source>} [,...n] ]
        [ WHERE <search_condition> ]
    [ GROUP BY [ALL] group_by_expression [,...n]
          [ WITH { CUBE | ROLLUP } ] ]
    [ HAVING <search_condition> ]
```

由于 SELECT 语句特别复杂，上述结构还不能完全说明其用法，因此，将它拆分为若干部分来讲述。

7.1.1 SELECT 子句

SELECT 子句指定需要通过查询返回的表的列。

语法格式：

```
SELECT [ ALL | DISTINCT ]
    [ TOP n [PERCENT] [ WITH TIES] ]
    <select_list>
<select_list> ::=
{ *
  | { table_name | view_name | table_alias }.*
  | { column_name | expression | IDENTITYCOL | ROWGUIDCOL }
```

```
[ [AS] column_alias ]
| column_alias = expression
} [,...n]
```

部分参数说明：

- ALL：指定在结果集中可以显示重复行。ALL 是默认设置。
- DISTINCT：指定在结果集中只能显示唯一行。如果有两行值完全相同，只显示一行。
- TOP *n* [PERCENT]：指定只从查询结果集中输出前 *n* 行。*n* 是 0～4 294 967 295 之间的整数。如果还指定了 PERCENT，则只从结果集中输出前百分之 *n* 行。当指定带 PERCENT 时，*n* 必须是 0～100 之间的整数。如果查询包含 ORDER BY 子句，将输出由 ORDER BY 子句排序的前 *n* 行（或前百分之 *n* 行）。如果查询没有 ORDER BY 子句，行的顺序将任意。
- <select_list>：结果集选择的列。选择列表是以逗号分隔的一系列表达式。
- *：指定在 FROM 子句内返回所有表和视图内的所有列。列按 FROM 子句所指定的由表或视图返回，并按它们在表或视图中的顺序返回。
- table_name | view_name | table_alias.* ：将*的作用域限制为指定的表或视图。
- column_name：要返回的列名。限定 column_name 以避免二义性引用，当 FROM 子句中的两个表内有包含重复名的列时会出现这种情况。例如，Northwind 数据库中的 Customers 和 Orders 表内都有名为 CustomerID 的列。如果在查询中连接这两个表，可以在选择列表中将客户 ID 指定为 Customers.CustomerID。
- expression：列名、常量、函数以及由运算符连接的列名、常量和函数的任意组合，或者是子查询。
- IDENTITYCOL：返回标识列。如果 FROM 子句中的多个表内有包含 IDENTITY 属性的列，则必须用特定的表名（如 T1.IDENTITYCOL）限定 IDENTITYCOL。
- column_alias：查询结果集内替换列名的可选名。例如，可以为名为 quantity 的列指定别名，如“Quantity”或“Quantity to Date”或“Qty”。column_alias 可用于 ORDER BY 子句，但不能用于 WHERE、GROUP BY 或 HAVING 子句。如果查询表达式是游标声明语句 DECLARE CURSOR 的一部分，则 column_alias 不能用在 FOR UPDATE 子句中。

7.1.2 INTO 子句

INTO 子句用于把查询结果存放到一个新建的表中。

用户若要执行带 INTO 子句的 SELECT 语句，必须在目的数据库内具有 CREATE TABLE 权限。SELECT...INTO 不能与 COMPUTE 子句一起使用。

语法格式：

```
INTO new_table
```

参数说明：

new_table：根据选择列表中的列和 WHERE 子句选择的行，指定要创建的新表名。

new_table 的格式通过对选择列表中的表达式进行取值来确定。new_table 中的列按选择列表指定的顺序创建。new_table 中的每列有与选择列表中的相应表达式相同的名称、数据类型和值。

当选择列表中包含计算列时，新表中的相应列不是计算列，而是一个实际存储在表中的列，其中的值是在执行 SELECT...INTO 时计算出来的。如果数据库的 Select into/bulk copy 选项设置为 True/On，则可以用 INTO 子句创建表和临时表；反之，则只能创建临时表。

7.1.3 FROM 子句

FROM 子句指定需要进行数据查询的表，只要 SELECT 子句中有要查询的列，就必须使用 FROM 子句。

语法格式：

```
FROM {<table_source>} [,...n]
<table_source> ::=
    table_name [ [AS] table_alias ] [ WITH ( <table_hint> [,...n]) ]
      | view_name [ [AS] table_alias ] [ WITH ( <view_hint> [,...n]) ]
      | rowset_function [ [AS] table_alias ]
      | user_defined_function[[AS] table_alias]
      | OPENXML
      | derived_table [AS] table_alias [ (column_alias [,...n] ) ]
      | <joined_table>
<joined_table> ::=
      <table_source> <join_type> <table_source> ON <search_condition>
      | <table_source> CROSS JOIN <table_source>
      | <joined_table>
<join_type> ::=
      [ INNER | { { LEFT | RIGHT | FULL } [OUTER] } ]
      [ <join_hint> ]
      JOIN
```

部分参数说明：

- < table_source >：指定要在 Transact-SQL 语句中使用的表、视图等数据源。
- table_name[[AS] table_alias]：指明表名或表的别名。别名通常是一个缩短了的表名，用于在连接中引用表中的特定列。如果连接中的多个表中有相同名称的列存在，SQL Server 要求必须使用表名或别名来限定列名（如果定义了别名则不能使用表名）。
- view_name[[AS] table_alias]：指明视图名称或视图的别名。视图是一个“虚拟表”，通常创建为一个或多个表中列的子集。
- rowset_function[[AS] table_alias]：指明行统计函数和统计列的名称。
- user_defined_function[[AS] table_alias]：指定用户定义的函数，该函数返回一个表。如果用户定义的函数是一个内置的用户定义函数，则前面必须加两个冒号，如 FROM ::fn_listextendedproperty。
- derived_table[[AS] table_alias]：指定一个子查询，从数据库中返回数据行。
- column_alias：指明结果集中列的别名（可选），用以替换查询结果集中的列名。

- <joined_table>：指明由连接查询生成的查询结果。
- <join_type>：指定连接操作的类型。
- INNER：指定返回每对匹配的行。如果未指定连接类型，此选项为默认设置。
- FULL [OUTER]：指定在结果集中包含左表或右表中不满足连接条件的行，并将对应于另一个表的输出列设为 NULL。

注意 按此处指定的方法指定外连接或在 WHERE 子句中使用旧式非标准的*=和=*运算符都是可行的。但不能在同一语句中同时使用这两种方法。

- LEFT [OUTER]：指定在结果集中包含左表中所有不满足连接条件的行。如果右表中没有对应数据与左表匹配，则用 NULL 替代。
- RIGHT [OUTER]：指定在结果集中包含右表中所有不满足连接条件的行。如果左表中没有对应数据与右表匹配，则用 NULL 替代。
- JOIN：指明需要连接的表或视图。
- ON <search_condition>：指定连接条件。当条件中指定列时，列不一定必须具有相同的名称或数据类型；但是，如果数据类型不一致，则这些列要么必须相互兼容，要么是 SQL Server 能够隐性转换的类型。如果数据类型不能隐式转换，则条件必须使用 CAST 函数显式转换数据类型。
- CROSS JOIN：指定两个表交叉连接的结果。

7.1.4 WHERE 子句

WHERE 子句指定数据检索的条件以限制返回的数据行。

语法格式：

```
WHERE <search_condition> | <old_outer_join>
<old_outer_join> ::=
    column_name { *= | =* } column_name
```

各参数说明：

- search_condition：通过由谓词构成的条件来限制返回的查询结果。
- old_outer_join：指定一个外连接。此选项是不标准的，但使用方便，它用*=操作符表示左连接，用=*操作符表示右连接。此选项与在 FROM 子句中指定外连接都是可行的方法，但二者只能择其一。

7.1.5 GROUP BY 子句

GROUP BY 子句指定查询结果的分组条件。

语法格式：

```
GROUP BY [ALL] group_by_expression [,...n]
    [ WITH { CUBE | ROLLUP } ]
```

部分参数说明：

- ALL：包含所有可能的查询结果组合，甚至包含那些任何行都不满足 WHERE 子句指定的搜索条件的组和结果集。如果指定了 ALL，将对组中不满足搜索条件的汇总列返回空值。不能用 CUBE 或 ROLLUP 运算符指定 ALL。如果访问远程表的查询中有 WHERE 子句，则不支持 GROUP BY ALL 操作。
- group_by_expression：指明分组条件。group_by_expression 也称为分组列。group_by_expression 可以是列或引用列的非聚合表达式，但不能是列的别名。

注意 text、ntext 和 image 类型的列不能用于 group_by_expression。

- CUBE：指定在结果集内不仅包含由 GROUP BY 提供的正常行，还包含按组统计产生的汇总行。在结果集内返回每个可能的组和子组组合的 GROUP BY 汇总行。GROUP BY 汇总行在结果中显示为 NULL，但可用来表示所有值。使用 GROUPING 函数确定结果集内的空值是否是 GROUP BY 汇总值。
- ROLLUP：指定在结果集内不仅包含由 GROUP BY 提供的正常行，还包含按组统计产生的汇总行。按层次顺序，从组内的最低级别到最高级别汇总组。组的层次结构取决于指定分组列时所使用的顺序。更改分组列的顺序会影响在结果集内生成的行数。

注意 CUBE 或 ROLLUP 不能与某些聚合函数同时使用，如 AVG(DISTINCT column_name)、COUNT(DISTINCT column_name)和 SUM(DISTINCT column_name)。

7.1.6 HAVING 子句

HAVING 子句指定分组搜索条件。HAVING 子句通常与 GROUP BY 子句一起使用。TEXT NTEXT 和 IMAGE 数据类型不能用于 HAVING 子句。

语法格式：

```
HAVING <search_condition>
```

HAVING 子句与 WHERE 子句很相似，区别在于作用的对象不同。WHERE 子句作用于表和视图，HAVING 子句作用于组。

7.1.7 UNION 操作符

UNION 操作符将两个或两个以上的查询结果合并为一个结果集，它与使用连接查询合并两个表的列是不同的。使用 UNION 操作符并查询结果需要遵循两个基本规则：

（1）列的数目和顺序在所有查询中必须是一致的；

（2）数据类型必须兼容。

语法格式：

```
<query specification> | (<query expression>)
    UNION [ALL]
    <query specification | (<query expression>)
        [UNION [ALL] <query specification | (<query expression>) [...n] ]
```

各参数说明：

- <query_specification> | (<query_expression>)：指明查询规范或查询表达式，用以返回与另一个查询规范或查询表达式所返回的数据组合的数据。
- UNION：合并操作符。
- ALL：合并所有数据行到结果中，包括值重复的行。如果没有指定该选项，则删除重复行。

7.1.8　ORDER BY 子句

ORDER BY 子句指定查询结果的排序方式。

语法格式：

```
ORDER BY {order_by_expression [ ASC | DESC ] } [,...n]
```

各参数说明：

- order_by_expression：指定要排序的列。order_by_expression 可以是表或视图的列的名称或别名。如果 SELECT 语句中没有使用 DISTINCT 选项或 UNION 操作符，那么 ORDER BY 子句中可以包含 select list 中没有出现的列名或别名。

可指定多个排序列。当 SELECT 语句包含 UNION 运算符时，列名或列的别名必须是在第一选择列表内指定的列名或列的别名。

> **注意**　在 ORDER BY 子句中不能使用 ntext、text 和 image 列。

- ASC：指定按递增顺序，从最低值到最高值对指定列中的值进行排序。
- DESC：指定按递减顺序，从最高值到最低值对指定列中的值进行排序。

> **注意**　空值被视为最低的可能值。

7.1.9　COMPUTE 子句

COMPUTE 子句在查询结果的末尾生成一个汇总数据行。

语法格式：

```
COMPUTE
  { { AVG | COUNT | MAX | MIN | STDEV | STDEVP |VAR | VARP | SUM }
      (expression) } [,...n]
  [ BY expression [,...n] ]
```

各参数说明：

- AVG | COUNT | MAX | MIN | STDEV | STDEVP | VAR | VARP | SUM：指定要执行的聚合形式。以上参数与对应的函数有相同的含义。这些函数会忽略 NULL 值，且 DISTINCT 选项不能在此使用。

注意 没有等同于 COUNT(*)的函数。若要查找由 GROUP BY 和 COUNT(*)生成的汇总信息，请使用不带 BY 的 COMPUTE 子句。

- (expression)：在查询结果中生成分类统计的行。如果使用此选项，则必须同时使用 ORDER BY 子句。expression 是对应的 ORDER BY 子句中的 order_by_expression 的子集或全集。

注意 在 COMPUTE 或 COMPUTE BY 子句中，不能指定 ntext、text 和 image 数据类型。

- BY expression：在结果集内生成控制中断和分类汇总。expression 是 order_by_expression 在相关 ORDER BY 子句中的精确复本。一般情况下，这是列名或列的别名。可指定多个表达式。在 BY 后列出多个表达式可将一个组分成子组并在每个分组级别上应用聚合函数。

如果使用 COMPUTE BY，则必须也使用 ORDER BY 子句。表达式必须与在 QRDER BY 后列出的子句相同或是其子集，并且必须按相同的序列。

由于包含 COMPUTE 的语句生成表并且这些表的汇总结果不存储在数据库中，因此在 SELECT INTO 语句中不能使用 COMPUTE。因而，任何由 COMPUTE 生成的计算结果不出现在用 SELECT INTO 语句创建的新表内。

当 SELECT 语句是 DECLARE CURSOR 语句的一部分时，不能使用 COMPUTE 子句。

7.1.10 FOR BROWSE 子句

FOR BROWSE 子句用于读取另外的用户正在进行添加删除或更新记录的表。

语法格式：

```
FOR { BROWSE | XML { RAW | AUTO | EXPLICIT }
    [ , XMLDATA ]
    [ , ELEMENTS ]
    [ , BINARY base64 ]
```

部分参数说明：

- BROWSE：指明当查看在使用 DB-Library 的客户机应用程序中的数据时可以更新数据。使用此子句时对所操作的表有一些限制：
  - ➢ 表必须包含一个 timestamp 类型的时间标识列；
  - ➢ 表必须有一个唯一索引。

注意 在 SELECT 语句中，FOR BROWSE 子句必须是 SELECT 语句的最后子句；FOR BROWSE 子句不能与 UNION 操作符同时使用；FOR BROWSE 子句不能与表提示 HOLDLOCK 选项同时使用。

- XML：指明查询结果以 XML 文档模式返回。XML 模式分为 RAW、AUTO、EXPLICIT 三种。
- RAW：将查询结果每一行转换为以一个普通标识符<row/>作为元素标识 XML 文档。
- AUTO：以简单嵌套的 XML 树方式返回查询结果。
- EXPLICIT：指定查询结果按 XML 树的形式显示。
- XMLDATA：返回概要信息。它是附加在文档上返回的。
- ELEMENTS：指明列将以子元素的方式返回。
- BINARY base64：指定查询返回的以 base64 格式编码的二进制数据。

7.1.11 OPTION 子句

OPTION 子句用于指定在整个查询过程中的查询提示（Query Hint）。通常，用户不必使用 OPTION 子句，因为查询优化器会自动选择一个最佳的查询计划。OPTION 子句必须由最外层的主查询来指定。各查询提示之间应使用逗号隔开。

语法格式：

```
OPTION (<query_hint> [,...n] )
<query_hint> ::=
{    { HASH | ORDER } GROUP
     | { CONCAT | HASH | MERGE } UNION
     | { LOOP | MERGE | HASH } JOIN
     | FAST number_rows
     | FORCE ORDER
     | MAXDOP number
     | ROBUST PLAN
     | KEEP PLAN
     | KEEPFIXED PLAN
| EXPAND VIEWS
}
```

部分参数说明：

- { HASH | ORDER } GROUP：指定在 GROUP BY、DISTINCT 或 COMPUTE 查询子句中所描述的聚合应使用哈希操作或排列。所谓哈希操作法是指为存储和检索数据项或数据，把搜索关键字转换为一个地址的一种方法。该方法常作为数据集内的记录的一种算法，可以使记录分组均匀以减少搜索时间。
- { LOOP | MERGE | HASH } JOIN：指定在整个查询中所有的连接操作由循环连接、合并连接或哈希连接来完成。如果指定了多个连接提示，则优化器从允许的连接策略中选择最便宜的连接策略。
- FAST number_rows：指定对查询进行优化，以便快速检索第一个 number_rows（非负整数）。在第一个 number_rows 返回后，查询继续进行并生成完整的结果集。
- FORCE ORDER：指定在查询优化过程中保持由查询语法表示的连接顺序。
- ROBUST PLAN：强制查询优化器以性能为代价。处理查询时，中间级表和运算符可能需要存储和处理比输入行宽的行。在有些情况下，行可能很宽，以致某个运算符无法处理行。如果发生这种情况，SQL Server 将在查询执行过程中生成错误。通过使用 ROBUST PLAN，可以指示查询优化器不考虑可能会遇到该问题的查询计划。

- KEEP PLAN：强制查询优化器对查询放宽估计的重新编译阈值。估计的重新编译阈值是一个点，基于该点当对表的索引列更改（更新、删除或插入）达到估计的数字时自动重新编译查询。指定 KEEP PLAN 将确保当表有多个更新时不会频繁地对查询进行重新编译。
- KEEPFIXED PLAN：强制查询优化器不因统计中的更改或索引列（更新、删除或插入）而重新编译查询。指定 KEEPFIXED PLAN 将确保仅当更改基础表的架构或在那些表上执行 sp_recompile 时才重新编译查询。
- EXPAND VIEWS：指定展开索引视图，而且查询优化器不将任何索引视图看做是查询中任何部分的替代（当视图名称由查询文本中的视图定义替换时，视图将展开）。实际上，该查询提示不允许在查询计划中直接使用索引视图和直接在索引视图上使用索引。

只有在查询的 SELECT 部分中直接引用视图，而且指定 WITH (NOEXPAND)或 WITH (NOEXPAND、INDEX(index_val [,...n]))，才会展开索引视图。

只有语句的 SELECT 部分的视图（包括 INSERT、UPDATE 和 DELETE 语句中的视图）才受提示影响。

7.2 简单查询

从本节开始，将用大量的实例来讲述 SELECT 语句的应用。首先从最基本的简单查询开始。

7.2.1 选择列

1. 选择列表

选择列表可定义 SELECT 语句的结果集中的列。选择列表是以逗号分隔的一系列表达式。每个表达式定义结果集中的一列。结果集中列的排列顺序与选择列表中表达式的排列顺序相同。

【例 7-1】按指定名称列出产品库中所有产品的名称和单价。

```
SELECT ProductName ,UnitPrice FROM Products
```

2. 选择所有列

选择所有列可以使用符号“*”来选取表的全部列。

【例 7-2】使用“*”符号列出产品库中所有产品的名称和单价。

```
SELECT * FROM Products
```

3. 使用计算列

选择列表可包含通过对一个或多个简单表达式应用运算符而创建的表达式。这使结果集中得以包含基表中不存在，但是由存储在基表中的值计算而来的值。

（1）对数字列或常量使用算术运算符或函数进行的计算和运算

【例 7-3】列出产品 9 折后的价格信息。

```
SELECT ROUND( (UnitPrice * .9), 2) AS DiscountPrice
FROM Products
WHERE ProductID = 58
```

（2）数据类型转换

【例 7-4】列出所有产品的代号+名称。

```
SELECT ( CAST(ProductID AS VARCHAR(10)) + ': '
        + ProductName ) AS ProductIDName
FROM Products
```

（3）CASE 函数

【例 7-5】列出产品的代号、名称，并根据分类显示的不同折扣。

```
SELECT ProductID, ProductName,
    CASE CategoryID
        WHEN 1 THEN ROUND( (UnitPrice * .6), 2)
        WHEN 2 THEN ROUND( (UnitPrice * .7), 2)
        WHEN 3 THEN ROUND( (UnitPrice * .8), 2)
        ELSE ROUND( (UnitPrice * .9), 2)
    END AS DiscountPrice
FROM Products
```

4．常量列

【例 7-6】列出所有雇员的姓名和爱好。

```
SELECT LastName,FirstName,'爱好' as Hobby FROM Employees
```

7.2.2　选择行

1．使用 TOP n 关键字

TOP 关键字指定返回结果集的前 *n* 行。如果指定了 ORDER BY，行将在结果集排序之后选定。除非指定了 PERCENT 关键字，否则 *n* 即为返回的行数。PERCENT 指定 *n* 为结果集中返回的行的百分比。

【例 7-7】列出 Orders 表中前 10 个城市。

```
SELECT DISTINCT TOP 10 ShipCity, ShipRegion FROM Orders
```

【例 7-8】列出 Orders 表中前 10%个城市。

```
SELECT DISTINCT TOP 10 PERCENT ShipCity, ShipRegion FROM Orders
```

2．使用 DISTINCT 关键字

DISTINCT 关键字可从结果集中除去重复的行。

【例 7-9】在 Northwind Orders 表中有许多行的 ShipCity 值是相同的。若要获得已删除重复内容的 ShipCity 值列表，则：

```
SELECT DISTINCT ShipCity, ShipRegion FROM Orders
```

3．使用 WHERE 子句

用户在查询数据库时，往往并不需要了解全部信息，而只需要其中一部分满足某些条件的信息，在这种情况下，就需要在 SELECT 语句中加入条件以选择数据行，这时，就用到 WHERE 子句。WHERE 子句中的条件是由表达式以及逻辑运算符 AND、OR、NOT 等组成。

【例 7-10】列出 1976 年 1 月 1 日之前出生的所有雇员。

```
SELECT * FROM Employees WHERE BirthDate <'1960-1-1'
```

4．使用 IN 关键字

在使用 WHERE 子句进行查询时，若条件表达式中出现若干条件相同的情况，就会使表达式显得冗长，不便于用户使用，这时可用 IN 关键字来简化。

【例 7-11】从 Order Details 中找出产品代号为 11、42、41、14 的所有订单。

```
SELECT * FROM [Order Details] WHERE ProductID in (11,42,41,14)
```

5．使用 BETWEEN…AND 关键字

在使用 WHERE 子句进行查询时，可以使用 BETWEEN…AND 来表示数据的范围。

【例 7-12】从 Order Details 中找出产品代号在 15～25 间的所有订单。

```
SELECT * FROM [Order Details] WHERE ProductID Between 15 and 25
```

6．使用通配符和转义符

在 WHERE 子句中，可以使用谓词 LIKE 来进行字符串的匹配检查。其中，将大量使用在 Transact-SQL 语言基础中介绍到的通配符和转义符。

【例 7-13】列出字母“M”开头的所有雇员。

```
SELECT * FROM Employees WHERE lastName like 'M%'
```

【例 7-14】列出姓名中含有字标“%”的所有雇员。

```
SELECT * FROM Employees WHERE lastName like '%\%%' escape '\'
```

7.2.3 对查询结果排序

当用户要对查询结果进行排序时，就需要在 SELECT 语句中加入 ORDER BY 子句。在 ORDER BY 子句中，可以使用一个或多个排序要求，其优先级次序为从左到右。

【例 7-15】列出所有订单中产品的信息，按产品代号从小到大排序。

```
SELECT * FROM [Order Details] ORDER BY ProductID
```

【例 7-16】列出 10248 号订单中所有产品信息，按产品单价排序。

```
SELECT * FROM [Order Details] WHERE OrderID = 10248 ORDER BY UnitPrice
```

【例 7-17】查询单价最高的三个产品的名称和单价。

```
SELECT TOP 3 ProductName,UnitPrice FROM Products ORDER BY UnitPrice
```

7.2.4　对查询结果分组

1．使用 GROUP 子句

当用户要对查询结果进行分组时，就需要在 SELECT 语句中加入 GROUP BY 子句。

【例 7-18】列出所有产品的类别和该类别的平均价格。

```
SELECT categoryid,   'avg' = AVG(unitprice)
    FROM Products
    GROUP BY categoryid
```

【例 7-19】列出所有雇员的出生年份和当年出生的人数。

```
SELECT DATEPART(yy, HireDate) AS Year, COUNT(*) AS NumberOfHires
    FROM Employees
    GROUP BY DATEPART(yy, HireDate)
```

2．使用 WITH {CUBE | ROLLUP}选项

使用这两个选项可以额外返回按组统计的数据行。与 CUBE 不同的是，ROLLUP 选项只返回最高层的分组列，即第一个分组列的统计数据。读者可以从下面的例子中分析二者的差别。

【例 7-20】使用 Rollup 方式列出所有子订单的代号、产品代号、产品数量。

```
SELECT orderid,productid,sum(quantity)
    FROM [order details]
    WHERE orderid<10250
    GROUP BY orderid,productid
    WITH   ROLLUP
    ORDER BY orderid,productid
```

【例 7-21】使用 Cube 方式列出所有子订单的代号、产品代号、产品数量。

```
SELECT orderid,productid,sum(quantity)
    FROM [order details]
    WHERE orderid<10250
    GROUP BY orderid,productid
    WITH   CUBE
    ORDER BY orderid,productid
```

3．使用 HAVING 子句

HAVING 子句用来选择特殊的组。它将组的一些属性与常数值进行比较，如果一个组满足 HAVING 子句中的逻辑表达式，它就可以包含在查询结果中。

【例 7-22】列出订单子表中产品数量大于 1200 的订单。

```
SELECT productid,sum(Quantity) as Amount
    FROM [order details]
    GROUP BY productid
    HAVING sum(quantity)>1200
```

注意　在 SELECT 语句中 WHERE、GROUP BY、HAVING 子句和聚合函数的执行次序如下：WHERE 子句从数据源中去掉不符合其搜索条件的数据行；GROUP BY 搜索数据行到各个组中；聚合函数为各个组计算统计值；HAVING 子句去掉其不符合组搜索条件的数据行。

7.2.5 使用聚集函数

在 SELECT 语句中使用聚集函数可以得到很多有用的信息。

【例 7-23】列出产品表中单价最高的产品代号和单价。

```
SELECT ProductID,MAX(UnitPrice) AS MaxUnitPrice
    FROM Products
    GROUP BY ProductID
```

【例 7-24】查询公司雇员总数。

```
SELECT count(*) AS total
    FROM employees
```

【例 7-25】查询订货量大于库存量的产品名称。

```
SELECT ProductName,UnitsInStock,SUM(Quantity) as O_Quantity
    FROM Products,[Order Details]
    WHERE Products.ProductID=[Order Details].ProductID
    GROUP BY Products.ProductID,ProductName,UnitsInStock
    HAVING UnitsInStock<SUM(Quantity)
    ORDER BY Products.ProductID
```

7.3 连接查询

当用户需要从多个表中提取所需要的数据时，必须使用连接查询。如果一个查询需要对多个表进行操作就称为连接查询。连接查询实际上是通过各个表之间共同列的关联性来查询数据的，它是关系型数据库查询最主要的特征。

连接查询分为等值连接查询、非等值连接查询、自连接查询、外部连接查询和复合条件连接查询。

7.3.1　等值连接查询

如果表之间的连接是通过相等的字段值连接起来的，则称为等值连接查询。可以用两种方式来指定连接条件。例 7-26 中的两个程序段运行结果相同。

【例 7-26】查询订货表中所有产品的编号和名称。

- 用 WHERE 指定连接条件。

```
SELECT DISTINCT [Order Details].ProductID,ProductName
    FROM [Order Details],Products
    WHERE [Order Details].ProductID = Products.ProductID
```

- 用 JOIN…ON 连接两个表。

```
SELECT DISTINCT [Order Details].ProductID,ProductName
    FROM [Order Details] JOIN Products
    ON [Order Details].ProductID = Products.ProductID
```

【例 7-27】列出订单中的产品名称和发运地址。

```
SELECT ProductName,ShipAddress
    FROM [Order Details] OD
    JOIN Products ON OD.ProductID=Products.ProductID
    JOIN Orders ON OD.OrderID = Orders.OrderID
```

7.3.2　非等值连接查询

在等值查询的连接条件中不使用等号而使用其他比较运算符就构成了非等值连接查询。可以使用的比较运算符有>、>=、<、<=、!=，还可以使用 BETWEEN…AND 之类的谓词。

【例 7-28】列出订单中产品订货数量小于库存数量的所有产品的代号、订单代号。

```
SELECT Products.ProductID,OrderID
    FROM [Order Details] OD ,Products
    WHERE OD.Quantity < Products.UnitsInStock
```

非等值连接一般来说必须与其他连接查询相结合才有意义，尤其是与等值连接查询结合。

7.3.3　自连接查询

连接不仅可以在表之间进行，也可以使一个表同其自身进行连接。这种连接称为自连接（Self Join），相应的查询称为自连接查询。

【例 7-29】列出在公司工作的工龄相同的员工。

```
SELECT a.EmployeeID, a.LastName, b.EmployeeID, b.LastName, a.HireDate
    FROM Employees a
    JOIN Employees b
    ON a.EmployeeID != b.EmployeeID AND a.HireDate = b.HireDate
    WHERE a.LastName < b.LastName
    ORDER BY a.HireDate
```

【例 7-30】列出产品单价相同的所有产品。

```
SELECT a.ProductID,a.UnitPrice,b.ProductID,b.UnitPrice
    FROM Products a
    JOIN Products b
    ON a.Productid != b.Productid AND a.UunitPrice=b.UnitPrice
        ORDER BY a.UnitPrice
```

7.3.4 外部连接查询

前面所举的例子中连接都属于内部连接。内部连接（Inner Join）是从两个或两个以上的表的组合中挑选出符合连接条件的数据，如果数据无法满足连接条件，则将其丢弃。

与内部连接不同的另外一种连接称为外部连接（Outer Join）。在外部连接的两个表中，一般称为其中一个表为主表，另一个表为从表。连接时，总是用主表的每行数据去匹配从表中符合条件的数据行，如果从表的数据列符合连接条件，则将数据返回到结果集中，否则，使用 NULL 数据返回到结果集中。由于结果集中的 BIT 数据类型不允许为 NULL，所以，该列数据将会被自动填充为 0 后再返回到结果集中。

外部连接又分为左外部连接（Left Outer Join）和右外部连接（Right Outer Join）两种。以主表所在的方向区分外部连接。主表在左边则称为左外部连接；主表在右边则称为右外部连接。

【例 7-31】查询订货的订货号、订货商名称、产品名称。

```
SELECT a.OrderID, b.CustomerName,c.ProductName
    FROM Orders a LEFT JOIN Customers    b ON a.CustomerID = b.CustomerID
    RIGHT JOIN Products c ON c.ProductID = a.ProductID
    ORDER BY a.OrderDate
```

【例 7-32】查询客户的公司名称，客户代号，订单日期。

```
SELECT CompanyName,Customers.Customerid,OrderDate
    FROM Customers
    LEFT JOIN Orders ON Customers.CustomerID=Orders.CustomerID
```

【例 7-33】查询所有供应商名称、发货商名称。

```
SELECT Suppliers.CompanyName,Shippers.CompanyName
    FROM Suppliers CROSS JOIN Shippers
```

【例 7-34】查询订单中订单日期早于 1996 年 5 月 14 日的订单日期、产品名称。

```
SELECT OrderDate,ProductName
    FROM Orders o
    JOIN [order details] od ON o.OrderID=od.OrderID
    JOIN Products p ON od.ProductID=p.ProductID
    WHERE OrderDate < '5/14/96'
```

7.3.5 复合条件连接查询

在 WHERE 子句中使用多个连接条件的查询称为复合条件连接查询。

【例 7-35】查询订单中业务员的姓名，客户名称和订单日期。

```
SELECT EmployeeName,CustomerName,OrderDate
    FROM Orders,Customers,Employees
    WHERE Orders.CustomerID = Customers.CustomersID AND
            Orders.EmployeeID = Employees.EmployeeID
```

【例 7-36】查询负责 New York 地区销售的职务是 SALE MANAGER 的雇员名称、电话号码、地区名称。

```
SELECT LastName,FirstName,TerritoryDescription
    FROM Employees a,Territories b,EmployeeTerritories c
    WHERE c.EmployeeID = a.EmployeeID AND
        c.TerritoryID = b.TerritoryID AND
        Title = 'SALE MANAGER'
```

7.4 合并查询

将两个或更多查询的结果组合为单个结果集，该结果集包含了所有查询的全部行，这种查询称为合并查询。合并查询使用 UNION 操作符来实现。默认条件下，UNION 操作会自动将重复的数据行剔除，如果需要保留重复行，可以将 UNION 修改为 UNION ALL。

合并查询是多个结果集的行的合并，它与连接操作是不同的（连接操作是多个表的列的合并）。

使用 UNION 组合两个查询的结果集的两个基本规则：

- 所有查询中的列数和列的顺序必须相同；
- 数据类型必须兼容。

【例 7-37】列出所有供应商和客户的代号和名称。

```
SELECT CustomerID as 编号, CompanyName as 名称,'客户' AS 类型
     FROM Customers
    UNION
    SELECT SupplierID as 编号, CompanyName as 名称,'供应' AS 类型
     FROM Suppliers
    ORDER BY 编号
```

注意：在使用 UNION 的 SELECT 语句中，排序子句 ORDER BY 只能用在 UNION 语句之后，并且对整个合并查询结果进行排序。为了方便起见，可以使用数字作为排序列，并且，可以使用别名来指明参与合并的不同的 SELECT 子句的结果集的列。

【例 7-38】查询所有产品编号、名称和雇员编号、名称。

```
SELECT EmployeeID AS 编号,LastName + FirstName as 名称
  FROM Employees
UNION
SELECT ProductID as 编号,ProductName as 名称
  FROM Products
ORDER BY 编号
```

7.5 嵌套子查询

嵌套子查询是一个 SELECT 查询，它返回单个值且嵌套在 SELECT、INSERT、UPDATE、DELETE 语句或其他嵌套查询中。任何允许使用表达式的地方都可以使用嵌套子查询。

【例 7-39】查询订单代号、订单日期、订单中的最大单价。

```
SELECT Ord.OrderID, Ord.OrderDate,
       (SELECT MAX(OrdDet.UnitPrice)
       FROM Northwind.dbo.[Order Details] AS OrdDet
       WHERE Ord.OrderID = OrdDet.OrderID) AS MaxUnitPrice
    FROM Orders AS Ord
```

许多包含嵌套子查询的 Transact-SQL 语句都可以改为用连接表示。而其他一些问题只能由嵌套子查询提出。在 Transact-SQL 中，包括嵌套子查询的语句和不包括嵌套子查询但语义上等效的语句在性能方面通常没有区别。但是，在一些必须检查存在性的情况中，使用连接会产生更好的性能。否则，为确保消除重复值，必须为外部查询的每个结果都处理嵌套查询。所以在这些情况下，连接方式会产生更好的效果。例 7-40 显示返回相同结果集的 SELECT 嵌套子查询和 SELECT 连接。

【例 7-40】使用嵌套子查询单价与名称为“Sir Rodney's Scones”产品相同的产品。

```
SELECT ProductName
    FROM Products
    WHERE UnitPrice =
        (SELECT UnitPrice
        FROM Products
        WHERE ProductName = 'Sir Rodney''s Scones')
```

【例 7-41】使用连接查询查询单价与名称为“Sir Rodney's Scones”产品相同的产品。

```
SELECT Prd1.ProductName
    FROM Northwind.dbo.Products AS Prd1
       JOIN Northwind.dbo.Products AS Prd2
         ON (Prd1.UnitPrice = Prd2.UnitPrice)
    WHERE Prd2.ProductName = 'Sir Rodney''s Scones'
```

嵌套子查询的 SELECT 查询总是使用圆括号括起来，且不能包括 COMPUTE 或 FOR BROWSE 子句，如果同时指定 TOP 子句，则可能只包括 ORDER BY 子句。

嵌套子查询可以嵌套在外部 SELECT、INSERT、UPDATE 或 DELETE 语句的 WHERE 或 HAVING 子句内，或者其他嵌套子查询中。尽管根据可用内存和查询中其他表达式的复杂程度不同，嵌套限制也有所不同，但嵌套到 32 层是可能的。个别查询可能会不支持 32 层嵌套。任何可以使用表达式的地方都可以使用嵌套子查询，只要它返回的是单个值。

如果某个表只出现在嵌套子查询中而不出现在外部查询中，那么该表中的列就无法包含在输出中（外部查询的选择列表）。

包括嵌套子查询的语句通常采用以下格式中的一种：

```
WHERE expression [NOT] IN (subquery)
WHERE expression comparison_operator [ANY | ALL] (subquery)
WHERE [NOT] EXISTS (subquery)
```

在某些 Transact-SQL 语句中，嵌套子查询可以像一个独立的查询一样进行评估。从概念上讲，嵌套子查询结果将代入外部查询中。

有四种基本的嵌套子查询：

- 在通过 IN 引入的列表或者由 ANY 或 ALL 修改的比较运算符的列表上进行操作；
- 通过无修改的比较运算符引入，并且必须返回单个值；
- 通过 EXISTS 引入的存在测试；
- 通过 HAVING 引入的条件操作。

（1）使用谓词 IN 连接子查询

【例 7-42】查询订货单价超过 1000 元产品名称，结果按名称排序。

```
SELECT ProductName FROM Products
    WHERE ProductID IN (
        SELECT ProductID FROM [Order Details] OD
        WHERE OD.UnitPrice>1000)
    ORDER BY Products.ProductID
```

（2）使用比较运算符连接子查询

【例 7-43】查询订购了产品名称为“钢笔”的公司名称。

```
SELECT CompanyName FROM Customers
    WHERE CustomerID IN(
        SELECT CustomerID FROM Orders,[Order Details] OD
            WHERE Orders.OrderID = OD.OrderID AND
                    OD.ProductID IN (
        SELECT ProductID FROM Products
            WHERE ProductName like '钢笔'))
    ORDER BY CompanyName
```

（3）用谓词 EXISTS 连接子查询

【例 7-44】查询单笔订货量超过 7000 单位的产品名称。

```
SELECT ProductName FROM Products
    WHERE EXISTS(
        SELECT ProductID FROM [Order Details] OD
            WHERE OD.ProductID = Products.ProductID
                AND OD.Quantity > 7000 )
    ORDER BY ProductName
```

（4）用 HAVING 子句连接子查询

【例 7-45】查询订单中平均价格低于 1 号产品单价的所有产品代号、名称和平均价格。

```
SELECT OD.ProductID,ProductName,avg(UnitPrice)
    FROM [Order Details] OD,Products
     WHERE OD.ProductID = Products.ProductID AND
     GROUP BY ProductID,ProductName
     HAVING avg(UnitPrice) < (
         SELECT UnitPrict FROM Products
             WHERE ProductID = 1)
```

7.6 存储查询结果

在 SQL Server 2005 中，可以将每次查询的信息保存到一个临时表或变量中，当需要时可以直接访问上述临时数据。

7.6.1 存储查询结果到表中

使用 SELECT...INTO 语句可以将查询结果存储到一个新建的数据库表或临时表中。如果要将查询结果存储到一个表而不是临时表中，那么，在使用 SELECT...INTO 语句前，应确定存储该表的数据库的 Select into/bulk copy 选项要设置为 True/On。否则，就只能将其存储在一个临时表中。

【例 7-46】查询所有产品信息，并将结果存储到一个表中。

```
EXEC SP_DBOPTION 'Northwind', 'Select Into',TRUE
SELECT * INTO #tmp_products FROM Products
```

7.6.2 存储查询结果到变量中

在某些时候，需要在程序中使用查询的结果，如在编写存储过程或触发器时，就需要将查询结果存储到变量中。

【例 7-47】查询产品编号为 10010001 的产品名称和单价。

```
DECLARE @x varchar(50)
DECLARE @y float
USE Northwind
SELECT @x = ProductName,@y = UnitPrice FROM Products
    WHERE ProductID = 10010001
SELECT @x AS ProductName ,@y AS UnitPrice
```

7.7　本章小结

本章的重点在于 SELECT 语句的应用，学好了 SELECT 语句等于学好了一半数据库技术。在简要介绍了一些简单 SELECT 语句的使用后，本章重点介绍了一些 SELECT 语句的高级应用，配合第 8 章的学习，将有助于大家对 SQL 语言的理解。

第 8 章 数据库更新

到现在为止，已经学习了从数据库中取得数据的每一种可能的操作。当获得数据以后，可以在应用程序中使用或编辑它。数据库更新操作用于对数据库数据的插入、删除和修改。一个数据库的信息能够保持及时性、正确性和一致性，很大程度上依赖于数据库的更新功能是否能准确地执行。

本章将分别讲述如何使用 SQL Server 数据库的更新操作来有效地更新数据库。这些语句包括：

- INSERT 语句；
- UPDATE 语句；
- DELETE 语句。

另外，本章所有的实例都基于 Northwind 数据库。

8.1 添加数据

要想在表中添加一行数据，可以使用 SQL 标准指令 INSERT，也可以使用管理器集成环境。

使用管理器集成环境只能按行添加数据，不能大量地插入数据。一般来讲，可以使用数据库数据添加指令 INSERT 来完成。

8.1.1 INSERT 语句介绍

1. INSERT 语句的语法

语法格式：

```
INSERT [ INTO]
    { table_name WITH ( < table_hint_limited > [ ...n ] )
     | view_name
     | rowset_function_limited
    }
    {   [ ( column_list ) ]
        { VALUES
        ( { DEFAULT | NULL | expression } [ ,...n] )
```

```
            | derived_table
            | execute_statement
            }
        }
      | DEFAULT VALUES
```

部分参数说明：

- INTO：可选关键字，可以将它用在 INSERT 和目标表之间。
- table_name：将要接收数据的表或 table 量的名称。
- view_name：视图的名称或别名。通过 view_name 来引用的视图必须是可更新的。由 INSERT 语句所做的修改不能影响视图的 FROM 子句中引用的多个基表。
- (column_list)：指定在其中插入数据的一列或多列的列表。列与列之间用逗号隔开。

  SQL Server 自动为 IDENTITY 列、TIMESTAMP 列、有默认值的列或允许 NULL 的列自动生成一个值。
- VALUES：指定要插入的数据值的列表。对于 column_list 中或者表中的每个列，都必须有一个数据值。并且，必须用圆括号将值的列表括起来。

  如果 VALUES 列表中的值与表中列的顺序不相同，或者未包含表中所有列的值，那么必须使用 column_list 明确地指定存储每个传入值的列。
- DEFAULT：指定 SQL Server 使用该列的默认值。如果对于某列并不存在默认值，并且该列允许 NULL，那么就插入 NULL。对于使用 timestamp 数据类型定义的列，插入下一个时间戳值。DEFAULT 对标识列无效。
- expression：指定一个常量、变量或表达式。表达式不能包含 SELECT 或 EXECUTE 语句。
- derived_table：指定一个返回数据行的 SELECT 语句。
- execute_statement：指定一个返回 SELECT 或 READTEXT 语句的 EXECUTE 语句。

注意 如果将 execute_statement 与 INSERT 一起使用，那么每个结果集都必须与表中或 column_list 中的列兼容。

- DEFAULT VALUES：强制所有的列使用默认值来插入数据。

2．INSERT 语句使用说明

（1）(column_list)可以省略，如果省略，则 VALUES 中的值列表或 SELECT 子查询语句结果集的列表必须与目标表列的顺序相同。

（2）如果将值加载到带有 char、varchar 或 varbinary 数据类型的列，尾随空格（对于 char 和 varchar 是空格，对于 varbinary 是零）的填充和截断是由 SET ANSI_PADDING 设置确定的。表 8-1 显示了当开关配置语句 SET ANSI_PADDING 为 OFF 时的默认操作。

（3）如果将一个空字符串（' '）加载到带有 varchar 或 text 数据类型的列，那么默认操作是加载一个零长度的字符串。

表 8-1 INSERT 语句的默认值

数 据 类 型	默 认 操 作
char	将带有空格的值填充到已定义的列宽
varchar	删除最后的非空格字符后面的尾随空格，而对于只由空格组成的字符串，一直删除到只留下一个空格字符
varbinary	删除尾随的零

（4）如果 INSERT 语句违反约束或规则，或者它有与列的数据类型不兼容的值，那么该语句就会失败，并且 SQL Server 显示错误信息。

（5）不能将空值插入 text 列或 image 列，否则将显示错误信息。

（6）如果 INSERT 正在使用 SELECT 或 EXECUTE 加载多行，正在加载的值中出现任何违反规则或约束的行为都会导致整个语句终止。

（7）当向远程 SQL Server 表中插入值但没有为所有列指定值时，则用户必须标识将向其中插入指定值的列。

8.1.2 使用 INSERT INTO…VALUES 语句插入单行数据

INSERT INTO…VALUES 语句每次向表中插入一行数据，如果操作的规模小，只有几行数据需要插入时，它是非常有效的。

【例 8-1】插入一个新的销售地区数据到 Region 表中。

```
INSERT INTO Region (RegionID,RegionDescription)VALUES (5,'南方')
GO
```

或者

```
INSERT INTO Region VALUES (5, '南方')        -- 省略列表
GO
```

【例 8-2】插入一个新的雇员信息到 Employees 表中。

```
INSERT INTO Employees (LastName,FirstName,Title,HireDate)
    VALUES ('wang', 'bing', 'Manager',DEFAULT)
GO
```

对于使用了 IDENTITY 列的表，在插入数据时，IDENTITY 列的值一般由系统自动生成，如果必须指定 IDENTITY 列的值，一定使用开关配置语句 SET IDENTITY_INSERT…ON/OFF。

【例 8-3】假设 Region 表中的字段 RegionID 是 IDENTITY 列，插入一个指定的 RegionID = 4 的记录。

```
SET IDENTITY_INSERT Region On
DELETE Region WHERE RegionID = 4
INSERT INTO Region(RegionID,RegionDescription) VALUES(4, '北方')
SET IDENTITY_INSERT Region OFF
SELECT * FROM Region
GO
```

注意 任何时候，会话中只有一个表的 IDENTITY_INSERT 属性可以设置为 ON。如果某个表已将此属性设置为 ON，并且为另一个表发出了 SET IDENTITY_INSERT ON 语句，则 SQL Server 会返回一个错误信息。

如果插入值大于表的当前标识值，则 SQL Server 自动将新插入值作为当前标识值使用。SET IDENTITY_INSERT 的设置是在执行或运行时设置，而不是在分析时设置。

8.1.3 使用 INSERT…SELECT 语句插入多行数据

INSERT VALUE 语句在向表中插入几个数据时非常有用，但显然这是不够的，如果想向表中插入 25 000 行数据时怎么办呢？在这种情况下，INSERT SELECT 语句就非常有效。它允许程序员复制一个或一组表的信息到另外一个表中，可以在以下这几种情况下使用该语句：需要查询的表经常产生利润的增加；需要查询的表可以从多个数据库或表中获得外部数据。由于多个表的查询要比单一表的查询速度慢得多，因此，对单个表的查询速度要远远高于复杂而缓慢的多个表查询。在服务器/客户机系统上，需要查询的表的数据经常存储在客户机上，以减少网络中的数据传输速度。

【例 8-4】对每个产品类别，求产品总数，并把结果插入 CategoryInfo 表中。

```
CREATE TABLE CategoryInfo(CategoryID int ,pQuantity int)
GO
INSERT INTO CategoryInfo (CategoryID,pQuantity)
    SELECT CategoryID,count(*)  AS pQuantity
      FROM Products GROUP BY CategoryID
SELECT * FROM CatogoryInfo
GO
```

或者

```
CREATE TABLE CategoryInfo(CategoryID int ,pQuantity int)
GO
INSERT INTO CategoryInfo
    SELECT CategoryID,count(*)
    FROM Products GROUP BY CategoryID
SELECT * FROM CatogoryInfo
GO
```

注意 INSERT X SELECT INTO Y 语句忽略表 Y，并且将 SELECT 结果插入表 X 中，如下所示：

```
INSERT X SELECT select_list INTO Y
```

8.1.4 使用存储过程插入数据

在 INSERT 语句中，可以通过执行存储过程来得到要插入的数据，所插入的数据是存储过程中 SELECT 语句所检索的结果集。

使用存储过程插入数据的语法：

```
INSERT [INTO]
     { table_name WITH ( <table_hint_limited> [...n])
        | view_name
        | rowset_function_limited
     }
     { [(column_list)]}
EXECUTE procedure
```

其中，PROCEDURE 既可以是一个已存在的系统存储过程或用户自定义的存储过程，也可以是在 INSERT 语句中直接编写的存储过程。

【例 8-5】对每个产品类别，求产品总数，并把结果插入 CategoryInfo 表中。

```
CREATE TABLE CategoryInfo(CategoryID int ,pQuantity int)
GO
INSERT INTO CategoryInfo (CategoryID,pQuantity)
EXECUTE(SELECT CategoryID,count(*)   AS pQuantity
        FROM Products GROUP BY CategoryID)
SELECT * FROM CatogoryInfo
GO
```

8.2 修改数据

8.2.1 UPDATE 语句介绍

UPDATE 语句的作用是修改表中已经存在的记录数据。

1. UPDATE 语句的语法

语法格式：

```
UPDATE
{
     table_name WITH ( < table_hint_limited > [ ...n ] )
          | view_name
          | rowset_function_limited }
     SET
          { column_name = { expression | DEFAULT | NULL }
            | @variable = expression
            | @variable = column = expression } [ ,...n ]
     { { [ FROM { < table_source > } [ ,...n ] ]
          [ WHERE  < search_condition > ] }
          |   [ WHERE CURRENT OF
            { { [ GLOBAL ] cursor_name } | cursor_variable_name } ] }
          [ OPTION ( < query_hint > [ ,...n ] ) ]
     }
}
```

```
<table_source> ::=
        table_name [ [AS] table_alias ] [ WITH ( <table_hint> [,...n]) ]
        | view_name [ [AS] table_alias ]
        | rowset_function [ [AS] table_alias ]
        | derived_table [AS] table_alias [ (column_alias [,...n] ) ]
        | <joined_table>
<joined_table> ::=
        <table_source> <join_type> <table_source> ON
        <search_condition>
        | <table_source> CROSS JOIN <table_source>
        | <joined_table>
<join_type> ::=
        [ INNER | { { LEFT | RIGHT | FULL } [OUTER] } ]
        [ <join_hint> ]
        JOIN
```

部分参数说明：

- table_name：指定需要更新的表的名称。
- view_name：指定需要更新的视图的名称。
- SET：指定要更新的列或变量名称的列表。如果省略 WHERE 子句，那么，表中的所有数据均会受到影响。在 FROM 子句中指定的表或列的别名不能用于 SET 子句中。
- column_name：指定需要更改数据的列的名称。标识列不能进行更新。
- expression：可以是常量、变量、表达式或返回单个值的子查询。
- DEFAULT：指定用对列定义的默认值来替换列中的现有值。如果该列没有默认值并且定义为允许空值，这也可用来将列更改为 NULL。
- @variable：事先定义的变量，用于存储表达式 expression 所返回的值。应注意 SET @variable = column = expression 将变量设置为与列相同的值。这与 SET @variable = column, column = expression 不同，后者将变量设置为列更新前的值。
- FROM < table_source >：指定用表来为更新操作提供准则。
- table_name [[AS] table_alias]：指定为更新操作提供准则的表的名称。

  如果所更新表与 FROM 子句中的表相同，并且在 FROM 子句中对该表只有一个引用，则指定或不指定 table_alias 均可。如果所更新表在 FROM 子句中出现了不止一次，则对该表的一个（且仅仅一个）引用不能指定表的别名。FROM 子句中对该表的所有其他引用都必须包含表的别名。
- view_name [[AS] table_alias]：指定为更新操作提供准则的视图的名称。带 INSTEAD OF UPDATE 触发器的视图不能是含有 FROM 子句的 UPDATE 的目标。
- rowset_function [[AS] table_alias]：指定任意行集函数的名称和可选别名。
- column_alias：替换结果集内列名的可选别名。在选择列表中放入每个列的一个别名，并将整个列别名列表用圆括号括起来。
- <joined_table>：由两个或更多表的积组成的结果集。对于多个 CROSS 连接，请使用圆括号来更改连接的自然顺序。

- <join_type>：指定连接操作的类型。
- INNER：指定返回所有相匹配的行对。废弃两个表中不匹配的行。默认连接为 INNER。
- LEFT [OUTER]：指定除所有由内连接返回的行外，所有来自左表的不符合指定条件的行也包含在结果集内。来自左表的输出列设置为 NULL。
- RIGHT [OUTER]：指定除所有由内连接返回的行外，所有来自右表的不符合指定条件的行也包含在结果集内。来自右表的输出列设置为 NULL。
- FULL [OUTER]：如果来自左表或右表的某行与选择准则不匹配，则指定在结果集内包含该行，并且将与另一个表对应的输出列设置为 NULL。除此之外，结果集中还包含通常由内连接返回的所有行。
- JOIN：表示连接所指定的表或视图。
- ON <search_condition>：指定连接所基于的条件。
- CROSS JOIN：指定两个表的笛卡儿积。
- WHERE：指定条件来限定所更新的行。根据所使用的 WHERE 子句的形式，有两种更新形式：
  - 搜索更新指定搜索条件来限定要删除的行。
  - 定位更新使用 CURRENT OF 子句指定游标。更新操作发生在游标的当前位置。
- <search_condition>：为要更新行指定需满足的条件。
- CURRENT OF：指定更新在指定游标的当前位置进行。
- GLOBAL：指定 cursor_name 指的是全局游标。
- cursor_name：指定要从中进行提取的开放游标的名称。如果同时存在名为 cursor_name 的全局游标和局部游标，则在指定了 GLOBAL 时，cursor_name 指的是全局游标。如果未指定 GLOBAL，则 cursor_name 指局部游标。游标必须允许更新。
- cursor_variable_name：指定游标变量的名称。cursor_variable_name 必须引用允许更新的游标。

2．UPDATE 语句的使用说明

（1）当对表的 UPDATE 操作定义 INSTEAD OF 触发器时，将执行触发器而不执行 UPDATE 语句。

（2）当 UPDATE 操作既更新聚集属性列又更新一个或多个 text、image 或 Unicode 列时，如果可以更改不止一行，则更新操作失败，SQL Server 返回错误信息。

（3）用 UPDATE 修改 text、ntext 或 image 列时将对列进行初始化，这将会向该列分配一个有效的文本指针。

（4）UPDATE 语句将记入日志。如果要替换或修改大块的 text、ntext 或 image 数据，请使用 WRITETEXT 或 UPDATETEXT 语句而不要使用 UPDATE 语句。WRITETEXT 和 UPDATETEXT 语句不记入日志。

（5）使用 WHERE CURRENT OF 子句的定位更新，将在游标的当前位置更新单行。而使用 WHERE <search_condition>子句将更改多个符合条件的行。

8.2.2 修改一行数据

【例 8-6】将 1 号职工的职务（Title）改为“Vice President”。

```
UPDATE Employees SET Title = 'Vice President' WHERE EmployeeID = 1
```

【例 8-7】将 10 号产品的价格降价 5%。

```
UPDATE Products SET UnitPrice = UnitPrice * 0.95 WHERE ProductID = 10
```

8.2.3 更新多行数据

【例 8-8】将所有产品价格提高 5%。

```
UPDATE Products SET UnitPrice = UnitPrice * 1.05
```

【例 8-9】将所有单价小于 100 元的产品价格提高 5%。

```
UPDATE Products
    SET UnitPrice = UnitPrice * 1.05
    WHERE UnitPrice < 100
```

8.2.4 含子查询的数据更新

子查询可以嵌套在 UPDATE 语句中，用来构造执行更新操作的条件。

【例 8-10】将订单中所有名称为“tofu”的产品单价提高 5%。

```
UPDATE [Order Details] SET
    UnitPrice = UnitPrice * 1.05
    WHERE ProductID = (SELECT ProductID FROM Products
                            WHERE ProductName = 'tofu')
```

或者

```
UPDATE [Order Details]
    SET
        UnitPrice = UnitPrice * 1.05
    FROM [Order Details],Products
    WHERE [Order Details].ProductID = Products.ProductID
```

【例 8-11】用 Products 表中的单价替换[Order Details]表中的相同产品的单价。

```
UPDATE [Order Details] OD
    SET OD.UnitPrice = (SELECT UnitPrice FROM Products
                            WHERE OD.ProductID = Products.ProductID)
```

或者

```
UPDATE [Order Details] OD
    SET OD.UnirPrice = Products.UnitPrice
    FROM [Order Details] OD,Products
    WHERE OD.ProductID = Products.ProductID
```

8.2.5 大量数据的更新

当使用 UPDATE 更新数据时，SQL Server 会将被更新的原数据存放到事务处理日志中，如果所更新的表特别大，则有可能在命令尚未执行完时，就将事务处理日志填满了，这时 SQL Server 会生成错误信息，并将更新过的数据还原。解决此问题有两种办法：一种是使用较大的事务日志存储空间；另一种是分解更新语句的操作过程，并使用 BACKUP LOG 命令及时清理事务处理日志。

【例 8-12】将订货表中的订购数量全部设为 1000。

```
UPDATE [Order Details] OD
    SET Quantity = 1000
    WHERE OrderID < 20050
BACKUP LOG Northwind WITH   TRUNCATE ONLY   -- 清除日志
UPDATE [Order Details] OD
    SET Quantity = 1000
    WHERE OrderID >= 20050
```

8.3 删除数据

8.3.1 DELETE 语句介绍

DELETE 语句用来从表中删除数据。

1. DELETE 语句的语法

语法格式：

```
DELETE   [ FROM ]
    { table_name WITH ( < table_hint_limited > [ ...n ] )
      | view_name
      | rowset_function_limited  }
   [ FROM { < table_source > } [ ,...n ] ]
   [ WHERE
      { < search_condition >
        | { [ CURRENT OF
              { { [ GLOBAL ] cursor_name }
                 | cursor_variable_name  } ] }}]
   [ OPTION ( < query_hint > [ ,...n ] ) ]
```

部分参数说明：

- FROM：可选关键字。
- table_name：指定要从其中删除行的表的名称。
- view_name：指定视图名称。
- FROM < table_source >：指定附加的 FROM 子句。参见 UPDATE 语句。

- WHERE：指定用于限制删除行数的条件。如果没有提供 WHERE 子句，则 DELETE 删除表中所有的行。
- <search_condition>：指定删除行的限定条件。
- CURRENT OF：指定在指定游标的当前位置完成 DELETE。
- GLOBAL：指定 cursor_name 指的是全局游标。参见 UPDATE 语句。

2. DELETE 语句使用说明

（1）如果省略 WHERE 语句，则表示删除表中的全部数据。

（2）如果要删除在表中的所有行，则 TRUNCATE TABLE DELETE 的速度快。DELETE 以物理方式一次删除一行，并在事务日志中记录每个删除的行。TRUNCATE TABLE 则释放所有与表关联的页。因此，TRUNCATE TABLE 比 DELETE 快且需要的事务日志空间更少。TRUNCATE TABLE 在功能上与不带 WHERE 子句的 DELETE 相当，但是 TRUNCATE TABLE 不能用于由外键引用的表。DELETE 和 TRUNCATE TABLE 都使删除的行所占用的空间可用于存储新数据。

（3）如果 DELETE 语句违反了触发器，或试图删除另一个有 FOREIGN KEY 约束的表内的数据所引用的行，则可能会失败。如果 DELETE 删除了多行，而在删除的行中有任何一行违反触发器或约束，则将取消该语句，返回错误且不删除任何行。

（4）如果在对表或视图的 DELETE 操作上定义了 INSTEAD OF 触发器，该触发器将执行 instead of DELETE 语句。

（5）当 DELETE 语句遇到在表达式评估过程中发生的算术错误（溢出、被零除或域错误）时，SQL Server 将处理这些错误，就好像 SET ARITHABORT 打开一样，将取消批处理中的其余部分并返回错误信息。

（6）对远程表和本地及远程分区视图上的 DELETE 语句将忽略 SET ROWCOUNT 选项的设置。

8.3.2 删除一行数据

【例 8-13】删除名称为“Chai”的产品。

```
DELETE FROM Products WHERE ProductName = 'Chai'
```

【例 8-14】删除 1 号职工。

```
DELETE FROM Employees WHERE EmployeeID = 1
```

8.3.3 删除多行数据

【例 8-15】删除表 Region 中的所有数据。

```
DELETE FROM Region
```

【例 8-16】删除用“T”开头的职工

```
DELETE FROM Employees WHERE LastName LIKE 'T%'
```

8.3.4 含子查询的数据删除

【例 8-17】删除含有“CHAI”产品的订单中的产品信息。

```
DELETE FROM [Order Details]
    WHERE ProductID = (SELECT ProductID
                       FROM Products
                       WHERE ProductName = 'CHAI')
```

8.3.5 删除当前游标行数据

【例 8-18】删除游标 info_cursor 所指定的数据行。

```
DELETE FROM Employees WHERE CURRENT OF info_cursor
```

8.3.6 使用 TRUNCATE TABLE 命令

【例 8-19】删除所有的职工信息。

```
TRUNCATE TABLE Employees
```

8.4 事务

8.4.1 事务的由来

无论是使用 DELETE 命令还是使用 UPDATE 命令，每次只能操作数据库中的一个表，这样，如果要对数据库中多个表进行操作，必然会造成数据不一致的现象。例如，要删除代号为 1 的产品，则订单中相应的代号为 1 的产品也必须删除，这时，必须使用两次 DELETE 命令。

第一条命令：DELETE FROM Products WHERE ProductID = 1

第二条命令：DELETE FROM [Order Details] WHERE ProductID = 1

在执行了第一条命令后，数据库中的数据已经处于不一致的情形了，因为代号为 1 的产品已经不存在了，但订单表中仍然存在该产品的数据；当第二条删除命令执行后，数据库又回到一致状态。但是，如果在第一条命令后计算机突然出现意外的故障，使第二条命令无法执行，则数据库将永远不能回到一致状态。

因此，必须保证第一条命令和第二条命令要么都被执行，要么都不被执行，这时，可以使用数据库中的事务（Transaction）技术来实现。

8.4.2 事务的概念

事务是数据库的一个操作序列。它包含了一组数据库操作命令，所有的命令作为一个整体一起向系统提交或撤销，操作请求要么都执行，要么都不执行，因此事务是一个不可分割的工作逻辑单元。

事务的基本特性：

（1）原子性：事务在执行时，应遵守“要么不做，要么全做”的原则，即不允许事务部分地完成。即使因为故障而使事务未能完成，在恢复时也要消除其对数据库的影响。

（2）一致性：事务对数据库的作用应使数据库从一个一致状态转变到另一个一致状态。所谓一致状态是指数据库中的数据满足完整性约束，如 8.4.1 节中的示例所述。

（3）隔离性：如果多个事务并发地执行，应像各个事务独立执行一样。并发控制就是为了保证事务间的隔离性。

（4）持久性：一个成功地执行的事务对数据库的影响应是持久的，即使数据库因故障而受到破坏。

8.4.3 事务的使用

在程序中，通常用 BEGIN TRANSACTION 命令来标识一个事务的开始，用 COMMIT TRANSACTION 命令标识事务的结束。这两个命令之间的所有语句被当做一个整体，只有执行到 COMMIT TRANSACTION 命令时，对数据库的更新操作才被确认。另外事务也可以嵌套执行。

这两个命令的语法：

```
BEGIN TRAN [ SACTION ] [ transaction_name | @tran_name_variable
                    [ WITH MARK [ 'description' ] ] ]
COMMIT [ TRAN[SACTION] [transaction_name | @tran_name_variable] ]
```

各参数说明：

- transaction_name：指示事务的名称。

注意 事务名称仅仅在嵌套的 BEGIN...COMMIT 或 BEGIN...ROLLBACK 语句的最外语句对上使用。

- @tran_name_variable：指示用户定义的、含有有效事务名称的变量的名称。
- WITH MARK ['description']：指定在日志中标记事务。description 是描述该标记的字符串。

如果使用了 WITH MARK，则必须指定事务名。WITH MARK 允许将事务日志还原到命名标记。

使用注意事项：

- BEGIN TRANSACTION 用来启动一个本地事务，并且根据当前事务隔离级别的设置情况，锁定与该事务相关的所有资源，直到此事务以 COMMIT TRANSACTION 或 ROLLBACK TRANSACTION 语句完成。长时间处于等待处理状态的事务会阻止其他用户访问锁定的资源。
- 虽然 BEGIN TRANSACTION 启动一个本地事务，但是在应用程序中执行数据更新操作（插入、修改、删除）之前，事务日志不被启动。这时允许应用程序执行某些操作，例如为了保护 SELECT 语句的事务隔离级别而获取锁等，直到应用程序执行一个更新操作时，事务日志中才有记录。
- 在一系列嵌套的事务中用一个事务名给多个事务命名对该事务没有什么影响。系统仅登记第一个（最外部的）事务名。所有事务仅当外层的事务回滚时才会进行真正的回滚。

【例 8-20】删除代号为 1 的产品。

```
Declare @tranName varchar(32)
SELECT @tranName = 'MyTran'
BEGIN TRAN @tranName
    DELETE FROM Products WHERE ProductID = 1
    DELETE FROM [Order Details] WHERE ProductID = 1
COMMIT TRAN myTran
```

8.4.4 事务回滚

事务回滚是指当事务中的某一语句执行失败时，将对数据的操作恢复到事务执行前或某个指定的位置。

事务回滚使用 ROLLBACK TRANSACTION 命令。其语法如下：

```
ROLLBACK [TRAN[SACTION] [transaction_name | @tran_name_variable
        | savepoint_name | @savepoint_variable] ]
```

其中，savepoint_name 和@savepoint_variable 参数用于指定回滚到某一指定位置。

如果要让事务回滚到指定位置，则需要在事务中设定保存点（Save Point），在此语句前面的操作被视为有效。其语法如下：

```
SAVE TRAN[SACTION] {savepoint_name | @savepoint_variable}
```

各参数说明：

- savepoint_name：指定保存点的名称同事务的名称一样，只有前 32 个字符会被系统识别。
- @savepoint_variable：用变量来指定保存点的名称变量只能声明为 CHAR VARCHAR NCHAR 或 NVARCHAR 类型。

```
Declare @tranName varchar(32)
SELECT @tranName = 'MyTran'
BEGIN TRAN @tranName
    DELETE FROM Products WHERE ProductID = 1
SAVE TRAN save_point
    DELETE FROM [Order Details] WHERE ProductID = 1
IF @@error = 0 THEN
BEGIN
    ROLLBACK TRAN save_point            /*回滚到保存点*/
    COMMIT TRAN myTran
END
ELSE
    COMMIT TRAN myTran
GO
```

8.5 锁

8.5.1 锁的概念

如果需要在多用户环境下对资源的访问加以限制，可以使用锁（LOCK）技术来实现。SQL Server 中可以加锁的对象有如下几种。

- 数据行：数据页中的单行数据。
- 索引行：索引页中的单行数据，即索引的键值。
- 页：SQL Server 存取数据的基本单位，大小为 8192 字节。
- 扩展区：一个扩展区由 8 个连续的页组成。
- 表。
- 数据库。

8.5.2 锁的类型

锁可以分为以下三种类型。

1. 独占锁（Exclusive Lock）

独占锁将完全锁定需要的资源，其他用户的所有操作将被禁止。但是，当需要锁定的某个资源被其他程序锁定后，将无法使用独占锁。独占锁一直到事务结束才能被释放。

2. 共享锁（Shared Lock）

共享锁锁定的资源可以被其他用户读取，但其他用户不能修改它。通常，被共享锁锁定的数据页被读取完毕后，共享锁就会立即被释放。

3. 更新锁（Update Lock）

更新锁是指 SQL Server 在对数据进行更新时，首先对数据加更新锁，当确定要进行更新数据操作时，它会自动将更新锁替换为独占锁进行更新。但当对象上有其他锁存在时无法对其作更新锁锁定。

8.5.3 隔离级（Isolation）

隔离级是指一个事务和其他事务的隔离程度，即指定了数据库如何保护锁定那些当前正在被其他用户或服务器请求使用的数据。指定事务的隔离级与在 SELECT 语句中使用锁定选项来控制锁定的方式具有相同的效果。

在 SQL Server 中有以下四种隔离级。

1. READ COMMITTED

此隔离级下，SELECT 命令不会返回尚未提交的数据，也不能返回脏数据，它是 SQL Server 默认的隔离级。

2. READ UNCOMMITTED

与 READ COMMITTED 隔离级相反，它允许读取已经被其他用户修改但尚未提交确定的数据。

3. REPEATABLE READ

此隔离级下，SELECT 命令读取的数据在整个命令执行过程中不会被更改。此选项会影响系统的性能，如果非必要情况最好不用此隔离级。

4. SERIALIZABLE

与 DELETE 语句中 SERIALIZABLE 选项含义相同。

隔离级需要使用 SET 命令来设定。其语法如下：

```
SET TRANSACTION ISOLATION LEVEL
    {READ COMMITTED
    | READ UNCOMMITTED
    | REPEATABLE READ
    | SERIALIZABLE }
```

8.5.4 查看锁

查看锁可以使用存储过程 sp_lock。其语法如下：

```
sp_lock spid
```

参数 spid 是 SQL Server 的进程编号。如果不指定 spid，则显示所有的锁。

8.5.5 死锁（Deadlocking）的预防

死锁是在多用户或多进程状况下，为使用同一资源而产生的无法解决的争用状态。死锁会造成资源的大量浪费，甚至会使系统崩溃。

在 SQL Server 中解决死锁的原则是，挑出死锁中的一个进程将其事务回滚，并向执行此进程的程序发送编号为 1205 的错误信息。而防止死锁的途径就是不能让满足死锁条件的情况发生，为此用户需要遵循以下原则。

（1）尽可能避免同时执行涉及修改数据的语句。

（2）要求执行每个事务一次就将所有要使用的数据全部加锁，否则，就不予执行。

（3）预先设置一个封锁顺序，所有的事务都必须按这个顺序对数据执行封锁。

（4）每个事务的执行时间不可太长，对较长的程序的事务可考虑将其分割为几个事务。

8.6 本章小结

本章中介绍了数据更新的方法及事务和锁的概念。数据更新操作是维护数据完整性的重要手段，也是数据库管理员和数据库程序设计人员必须掌握的基本技能。

第9章 存储过程和触发器

9.1 存储过程概述

存储过程是预先编译好的一组 Transact-SQL 语句，这些语句作为一个单元存储。SQL Server 中的存储过程与其他编程语言中的过程类似，可以接受输入参数，并以输出参数的形式将单个值或多个值返回给调用过程或批处理。存储过程中的语句，包含执行数据库操作以及调用其他过程的语句，向调用过程或批处理返回状态值，返回成功信息或错误码。

存储过程在被创建时，会被进行语法分析，判断语法的准确性。如果没有语法问题，存储过程的名称会被保存到 sysobjects 系统表中，存储过程的内容保存到 syscomments 系统表中。如果发现语法错误，就不会创建存储过程。存储过程在第一次被执行时，会被优化编译并且保存在高速缓冲中。

9.1.1 存储过程的种类

1. 局部存储过程

局部存储过程由数据库用户创建。创建存储过程的权限默认属于数据库所有者，该所有者可将此权限授予其他用户。

2. 系统存储过程

在 SQL Server 中很多的管理活动都可以通过系统存储过程执行，系统存储过程名称有前缀“sp_”，强烈建议不要以“sp_”为前缀创建任何存储过程。“sp_”前缀是 SQL Server 用来指定系统存储过程的。自定义的名称可能会与以后的某些系统存储过程发生冲突。如果应用程序引用了不符合架构的名称，而自定义的存储过程名称与系统存储过程名称相冲突，则该名称将绑定到系统存储过程而非自定义的存储过程，这将导致应用程序中断。

3. 临时存储过程

临时存储过程可以在过程名称前添加“#”和“##”前缀的方法进行创建。“#”表示本地临时存储过程，“##”表示全局临时存储过程。SQL Server 关闭后，这些存储过程将不再存在。局部临时存储过程在创建它的会话中可用，全局临时存储过程在所有的会话中可用。

4．CLR 存储过程

在 SQL Server 2005 中，可以用 Microsoft.Net Framework 支持的公共语言运行库（Common Language Runtime，CLR）的编程语言创建存储过程。这种存储过程的用法类似于 Transact-SQL 用户自定义存储过程的用法。它们能够利用由 CLR 提供的众多编程模型的数据库对象，返回表格形式的结果、整数返回值或输出参数，并可以修改数据和某些数据库对象。

5．扩展存储过程

在 SQL Server 环境外部执行的 DLL 称为扩展存储过程。扩展存储过程名称有前缀“xp_”，可将参数传递给扩展存储过程。扩展存储过程可返回结果，也可返回状态。

9.1.2 存储过程的优势

存储过程把重复的任务操作封装起来，支持用户提供的参数，并可以返回、修改值，允许多个用户使用相同的代码。使用存储过程具有以下优势。

1．模块化程序设计

用户在创建存储过程后便可以将其保存在数据库中，以后可以反复调用，并进行后期的修改和维护，提高开发效率和开发质量。

2．提高执行速度

当需要执行大量 Transact-SQL 代码时，存储过程的执行速度要比大量 Transact-SQL 代码的执行速度快。因为存储过程会被进行分析和优化，在执行时使用的是在高速缓冲中的内容，而客户端的 Transact-SQL 语句每次要被发送、编译和优化，效率较低。

3．减少网络流量

当需要执行大量 Transact-SQL 代码时，对于存储过程，只有调用命令和执行的结果在网络中传输，用户端不需要在网络中传输大量的代码，也不需要将数据库中的数据传输到本地进行计算，所以使用存储过程可以减少网络中的数据流量。

4．提供安全机制

用户可以被授予执行存储过程的权限，即使用户没有存储过程中引用到的表或视图的权限。既可以保证用户能够通过存储过程操作数据库中的数据，又可以保证用户不能直接访问与存储过程相关的表，从而保证表中数据的安全性。

9.2 创建和执行存储过程

9.2.1 创建存储过程

可使用 CREATE PROCEDURE 语句在当前数据库中创建存储过程，其中可以将 PROCEDURE 简写成 PROC。存储过程名称需要符合标识符规范，并且对于数据库中的对象名是唯一的，存储过程名不可与已经存在的存储过程重名，也不可与已经存在的表和视图等其他数据库对象重名。如果创建局部临时过程，可以在存储过程名前面加前缀“#”；如果要创建全局临时过程，可以在存储过程名前面加前缀“##”。完整的名称（包括“#”或“##”）不能超过 128 个字符。

1．语法

```
CREATE PROC[EDURE] 存储过程名
        (参数定义部分)
AS
        (主体部分)
```

2．示例

下面介绍如何使用 SQL Server Management Studio 中的对象资源管理器创建 Transact-SQL 存储过程，并提供一个在 Northwind 数据库中创建简单存储过程的示例。

【例 9-1】在对象资源管理器中打开存储过程，选择示例数据库“Northwind”→“可编程性”→“存储过程”命令，右击“存储过程”，单击“新建存储过程(N)...”命令，如图 9-1 所示，创建存储过程模板。

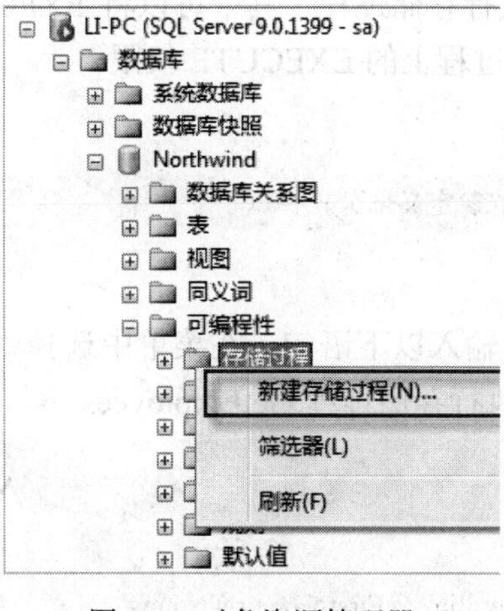

图 9-1 对象资源管理器

在菜单中选择“查询”→“指定模板参数的值(S)...”命令，或单击工具栏中图标，打开“指定模板参数的值”对话框，在“值”列中输入如图 9-2 所示的参数值，单击“确定”按钮。在查询编辑中使用以下语句替换 SELECT 语句，完成指定 LastName 和 FirstName 的雇员数据的查询。

```
SELECT FirstName, LastName, Title
FROM Employees
WHERE FirstName = @FirstName AND LastName = @LastName;
```

若需要测试语法，在菜单中选择“查询”→“分析”命令，或单击工具栏中图标✓。若需要创建存储过程，在菜单中选择“查询”→“执行”命令，或单击工具栏中 ! 执行(X) 图标。在对象资源管理器中，右击“存储过程”，单击“刷新”按钮，就可以找到存储过程 GetEmployees。

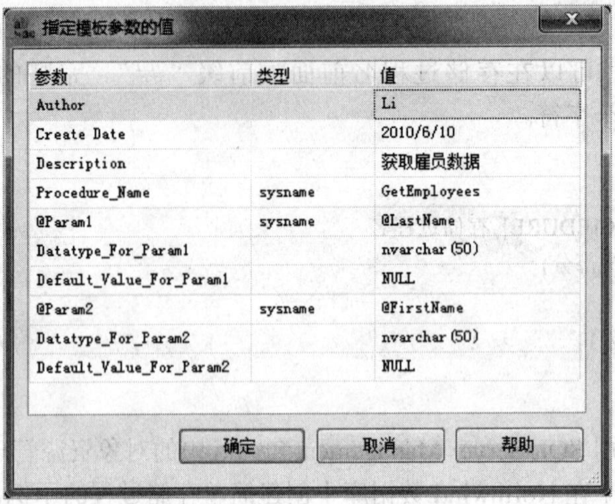

图 9-2 指定模板参数的值

9.2.2 执行存储过程

可使用 EXECUTE 语句执行存储过程，其中可以将 EXECUTE 简写成 EXEC。执行存储过程的用户必须被授予该存储过程上的 EXECUTE 权限。

1．语法

```
EXEC[UTE] 存储过程名(参定义部分)
```

2．示例

【例 9-2】在查询窗口中，输入以下语句，在菜单中选择“查询”→“执行”命令，或单击工具栏中 ! 执行(X) 图标，执行存储过程 GetEmployees。

```
USE Northwind;
GO
EXEC GetEmployees
        @LastName= N'Davolio', @FirstName=N'Nancy';
GO
```

9.3 修改和删除存储过程

9.3.1 修改存储过程

使用 ALTER PROCEDURE 语句可以修改已创建存储过程的参数和内容。当然也可以先删除再重新创建存储过程。如果先删除再重新创建存储过程，与该存储过程相关的权限都会被删除。如果使用修改存储过程，与该存储过程的相关权限都会被保留。

1．语法

```
ALTER PROC[EDURE] 存储过程名
    (参数定义部分)
```

```
AS
    (主体部分)
```

2．示例

【例 9-3】在对象资源管理器中，右击“GetEmployees”，单击“修改”，在查询窗口中，按第 23、24 行所示进行代码修改，完成指定 LastName 和 FirstName 的雇员数据的模糊查询。

```
1.  set ANSI_NULLS ON
2.  set QUOTED_IDENTIFIER ON
3.  go
4.
5.  -- ================================================
6.  -- Author:        Li
7.  -- Create date: 2010/6/10
8.  -- Description:    获取雇员数据
9.  -- ================================================
10. ALTER PROCEDURE [dbo].[GetEmployees]
11.         -- Add the parameters for the stored procedure here
12.         @LastName nvarchar(50) = NULL,
13.         @FirstName nvarchar(50) = NULL
14. AS
15. BEGIN
16.         -- SET NOCOUNT ON added to prevent extra result sets from
17.         -- interfering with SELECT statements.
18.         SET NOCOUNT ON;
19.
20.        -- Insert statements for procedure here
21.         SELECT LastName, FirstName, Title
22.         FROM Employees
23.        WHERE LastName like @LastName + '%'
24.              OR    FirstName like @FirstName + '%';
25. END
```

9.3.2 删除存储过程

使用 DROP PROCEDURE 语句可以删除已创建存储过程，默认情况下 DROP PROCEDURE 权限授予给存储过程的所有者，该权限不可转让，但是 db_owner 和 db_ddladmin 固定数据库角色成员和 sysadmin 固定服务器角色成员可以通过在 DROP PROCEDURE 内指定所有者除去任何对象。

1．语法

```
DROP PROC[EDURE] 存储过程名
```

2．示例

【例 9-4】在对象资源管理器中，右击“GetEmployees”，单击“删除”，打开“删除对象”对话框，单击“确定”按钮，完成删除存储过程。也可以在查询窗口中输入以下代码进行删除。

```
USE Northwind;
GO
DROP PROC GetEmployees
GO
```

9.4 参数化存储过程

使用参数可以在存储过程和调用存储过程的应用程序之间交换数据。输入参数可以将外部数据传递到存储过程的内部，存储过程也可以通过输出参数将数据返回到外部。参数定义在“CREATE PROCEDURE 存储过程名”和“AS”之间。

9.4.1 带输入参数的存储过程

每个存储过程参数都必须用唯一的名称进行定义。与标准的 Transact-SQL 变量相同，存储过程名称必须以单个“@”字符开头，并且必须遵从对象标识符规则。可在存储过程中使用参数名称以获得参数值并更改它。存储过程中的参数要定义数据类型，这与表中的字段的数据类型几乎一样。可以使用 SQL Server 的任何一种数据类型（包括 text 和 image 类型）定义存储过程参数，也可以使用用户自定义的数据类型定义存储过程参数。

【例 9-5】存储过程 GetEmployees 中包含两个参数 LastName 和 FirstName。

```
…
ALTER PROCEDURE [dbo].[GetEmployees]
        -- Add the parameters for the stored procedure here
        @LastName nvarchar(50) = NULL,
        @FirstName nvarchar(50) = NULL
AS
…
```

执行该存储过程，得到 LastName 为 Davolio，FirstName 为 Nancy 的雇员数据。

```
EXEC GetEmployees
        @LastName= N'Davolio', @FirstName=N'Nancy';
```

或者省略参数名，此时参数需与参数名对应。

```
EXEC HumanResources.uspGetEmployees N'Davolio', N'Nancy';
```

9.4.2 指定存储过程参数的默认值

通过为可选参数指定默认值，可创建带有可选参数的存储过程。执行该存储过程时，如果未指定其他值，则使用默认值。如果在存储过程中没有指定参数的默认值，并且调用程序也没有在执行存储过程时为该参数提供值，那么会返回系统错误，因此指定默认值是比较重要的。如果不能为参数指定合适的默认值，则可以指定 NULL 作为参数的默认值，并在未提供参数值而执行存储过程的情况下，进行合适的处理。

【例9-6】存储过程 GetEmployees 中，将参数 LastName 和 FirstName 的默认值都设置为 NULL。

在执行该存储过程时，以下代码的执行结果是一样的。

```
EXEC GetEmployees
     @LastName=NULL, @FirstName=NULL;
```

或者

```
EXEC GetEmployees;
```

9.4.3　带输出参数的存储过程

如果存储过程为参数指定 OUTPUT 关键字，存储过程退出时可以将保存在参数变量中的值返回给调用函数，并且调用程序也必须指定 OUTPUT 关键字。

【例 9-7】创建一个存储过程 my_GetCompanyName，该存储过程得到指定供应商 ID 的公司名称。

```
CREATE PROC my_GetCompanyName
     @SupplierID Integer,
     @CompanyName nvarchar(40) OUTPUT      --输出参数公司名称
AS
     SELECT @CompanyName = CompanyName FROM Suppliers
     WHERE SupplierID = @SupplierID
GO
```

执行该存储过程，得到供应商 ID 为 1 的公司名称。

```
DECLARE @CName NVarChar(40)
EXEC my_GetCompanyName 1,@CName OUTPUT
PRINT @CName
GO
```

存储过程的 OUTPUT 参数，也可以指定输入值，这样调用程序可以传递给存储过程一个值，存储过程可以接收这个值，修改这个值，然后返回给调用程序。如果执行时指定了 OUTPUT 关键字，而在存储过程中没有为参数定义 OUTPUT 关键字，那么在调用时会得到一个错误信息。在执行带有 OUTPUT 参数的存储过程时，没有指定 OUTPUT 关键字，执行后参数的值不会被修改，如例 9-7 中：

```
DECLARE @CName NVarChar(40)
Select @CName = 'no company name'
EXEC my_GetCompanyName 1,@CName –没有指定 OUTPUT 关键字
PRINT @CName
GO
```

最后@CName 中的内容仍然是'no company name'。

9.5 存储过程中的错误处理

在存储过程对错误进行处理时，可以使用全局变量@@ERROR。@@ERROR 返回最后执行的 Transact-SQL 语句的错误代码。@@ERROR 的类型为 integer，在 master.dbo.sysmessages 系统表中可以查看与@@ERROR 错误代码对应的错误的文本信息。@@ERROR 在每一个 Transact-SQL 语句执行后都会被重置，如果最后的语句执行成功，则返回 0；如果最后执行的语句产生错误，则返回错误号。在处理中可使用两种方法，语句执行后，马上检查@@ERROR，或者在语句执行完后将@@ERROR 保存的一个整型变量中，供以后错误处理中使用。

在 SQL Server 中，批处理、存储过程和触发器唯一能使用的错误信息就是@@ERROR。同时@ERROR 只由错误产生，不由警告产生，因此，批处理、存储过程和触发器对警告没有可见性。

9.5.1 错误处理

下面是更新产品单价的存储过程 my_UpdatePrice。由于单价字段设置了 Check 必须大于 0，所以当将单价设置为小于 0 的时候，会提示错误信息。

```
CREATE PROC my_UpdatePrice
    @ProductID Integer,
    @UnitPrice Money
AS
    UPDATE Products
    SET UnitPrice = @UnitPrice
    WHERE ProductID = @ProductID
```

执行“EXEC my_UpdatePrice 1,-10”语句时，显示错误信息：

```
服务器: 消息 547，级别 16，状态 1，过程 my_UpdatePrice，行 5
UPDATE 语句与 COLUMN CHECK 约束 'CK_Products_UnitPrice' 冲突。该冲突发生于数据库
'Northwind'，表 'Products', column 'UnitPrice'。
语句已终止。
```

将上面存储过程改为：

```
CREATE PROC my_UpdatePrice
    @ProductID Integer,
    @UnitPrice Money
AS
    UPDATE Products
    SET UnitPrice = @UnitPrice
    WHERE ProductID = @ProductID

    IF @@ERROR = 547
        Print '产品单价必须大于等于 0'
```

通过执行“EXEC my_UpdatePrice 1,-10”语句时，显示错误信息后，显示提示信息“产品单价必须大于等于 0”。程序可以根据错误号做出相应的错误处理。

9.5.2 用户自定义错误信息

SQL Server 在遇到问题时，根据严重级别，将把 sysmessages 系统表中的消息写入 SQL Server 错误日志和操作系统的应用程序日志，或者将消息发送到客户端。可以使用 RAISERROR 语句手工生成错误信息。

RAISERROR 语句提供集中错误信息管理。RAISERROR 可以从 sysmessages 表检索现有条目，也可以使用硬编码（用户定义）消息。消息可以包括 C 语言 printf 样式的格式字符串，该格式字符串可在运行时由 RAISERROR 指定的参数填充。这条消息在定义后就作为服务器错误信息发送回客户端。用户定义错误信息的错误号应大于 50 000。

【例 9-8】当单价小于 0 的时，显示错误信息。

```
CREATE PROC my_UpdatePrice1
    @ProductID Integer,
    @UnitPrice Money
AS
    IF @UnitPrice >= 0
        UPDATE Products
        SET UnitPrice = @UnitPrice
        WHERE ProductID = @ProductID
    ELSE
        RAISERROR   ('产品单价必须大于等于 0',16,1)
GO
```

执行“EXEC my_UpdatePrice1 1,-10”语句时，显示错误信息：

```
服务器: 消息 50000，级别 16，状态 1，过程 my_UpdatePrice1，行 10
产品单价必须大于等于 0
```

【例9-9】格式化错误信息，消息字符串可以包含替代变量和参量。这与 C 语言中的 printf 功能相似。

```
CREATE PROC my_UpdatePrice2
        @ProductID Integer,
        @UnitPrice Money
AS
    IF @UnitPrice >= 0
            UPDATE Products
            SET UnitPrice = @UnitPrice
            WHERE ProductID = @ProductID
    ELSE
        RAISERROR   ('产品(ProductID:%d)单价为必须大于等于 0',16,1,@ProductID)
GO
```

执行“EXEC my_UpdatePrice2 1,-10”语句时，显示错误信息：

```
服务器: 消息 50000，级别 16，状态 1，过程 my_UpdatePrice2，行 10
产品(ProductID:1)单价为必须大于等于 0
```

9.6 触发器概述

在数据库管理系统中，保持数据的完整性是一个很重要的事情。我们用数据类型、约束、主键或唯一索引等方法来保持数据的完整性，但是，对于复杂数据的完整性问题，如需要根据其他表的数据来决定的用户自定义完整性，则触发器可以作为解决这种完整性的一种方法。

触发器是一种特殊的存储过程，当数据表或视图的数据发生改变，一般来说，当数据表或视图发生插入、删除或修改时，触发器将被唤醒执行。通过触发器可以做许多的事情，维护通过约束不能实现的复杂的数据完整性。当数据表的数据被修改后，自动执行需要的操作。

触发器的优点在于它能自动执行，而不管什么原因引起的数据修改，都会被触发。触发器和启动它的语句作为单个事务处理，可以从触发器中回滚事务，如果发生严重错误，整个事务会自动回滚。

SQL Server 提供两种类型的触发器：AFTER 触发器和 INSTEAD OF 触发器。AFTER 触发器作用在表上，晚于约束处理；INSTEAD OF 触发器作用在表或视图上，早于约束处理。对于 AFTER 触发器，如果一个表同时具有约束和触发器，在进行数据操作时，首先进行约束检查，检查成功后再激活触发器；如果检查失败将中止数据操作，并且无法激活触发器。INSTEAD OF 触发器将替代数据操作语言，执行 INSTEAD OF 触发器中的代码。

9.7 管理触发器

9.7.1 创建触发器

使用 CREATE TRIGGER 语句在当前数据库中创建触发器，创建触发器前应考虑下列问题：

（1）CREATE TRIGGER 语句必须是批处理中的第一个语句。将该批处理中随后的其他所有语句解释为 CREATE TRIGGER 语句定义的一部分。

（2）创建触发器的权限默认分配给表的所有者，且不能将该权限转给其他用户。

（3）触发器是数据库对象，其名称必须遵循标识符的命名规则。

（4）虽然触发器可以引用当前数据库以外的对象，但只能在当前数据库中创建触发器。

（5）虽然不能在临时表或系统表上创建触发器，但是触发器可以引用临时表。

（6）在含有用 DELETE 或 UPDATE 操作定义的外键的表中，不能定义 INSTEAD OF 和 INSTEAD OF UPDATE 触发器。

（7）虽然 TRUNCATE TABLE 语句类似于没有 WHERE 子句（用于删除行）的 DELETE 语句，但它并不会引发 DELETE 触发器，因为 TRUNCATE TABLE 语句没有记录。

（8）WRITETEXT 语句不会引发 INSERT 或 UPDATE 触发器。

创建触发器时，必须指定触发器名、定义触发器的表名或视图名以及有效选项 INSERT、

UPDATE 或 DELETE。有效选项可以选择一个或多个，但至少选择一个。

创建触发器的语法：

```
CREATE TRIGGER 触发器名 ON 表或视图名
For (有效选项)
AS
    (主体部分)
```

【例 9-10】创建一个在运输公司表 Shippers 上的触发器。

```
CREATE TRIGGER Shippers_Change ON Shippers
FOR INSERT
AS
    PRINT '运输公司表插入了新记录'
```

当执行以下语句时，触发器将激活。

```
INSERT INTO Shippers values('飞鸟速递', '0519-12345678')
```

9.7.2 删除触发器

当不再需要某个触发器时，可将其删除。当触发器被删除时，它所基于的表和数据并不受影响，但删除表将自动删除其所有的触发器。删除触发器的权限默认授予在该触发器所在表的所有者。

删除触发器的语法：

```
DROP TRIGGER 触发器名
```

【例 9-11】删除存储过程 Shippers_Change。

```
USE Northwind
GO
DROP TRIGGER Shippers_Change
GO
```

9.8 触发器的工作原理

SQL Server 将数据写入数据库之前，先校验规则和默认值，对数据信息预先过滤，避免某些数据项会影响到数据库的完整性，造成数据库中数据的冗余。

约束在 INSTEAD OF 触发执行之后与 AFTER 触发器执行之前被检查。如果与约束冲突，INSTEAD OF 触发器将被回滚，并且 AFTER 触发器不会被执行。AFTER 触发器进行后过滤，它在数据通过了规则、默认值之后执行；如果触发器处理中失败，将拒绝修改数据，并返回错误信息。

9.8.1 inserted 表和 deleted 表

随着激活触发器的语句所执行的操作不同，将会创建一个或者两个临时表 inserted 表和 deleted 表。表 9-1 说明了随着触发器的类型不同，inserted 表和 deleted 表的创建情况。

表 9-1 随着触发器的类型不同，inserted 表和 deleted 表的创建情况

触发器类型	inserted 表	deleted 表
INSERT	插入的记录	不创建
UPDATE	修改后的记录	修改前的记录
DELETE	不创建	删除的记录

inserted 表和 deleted 表只能够被创建它们的触发器引用，inserted 表和 deleted 表的作用范围仅限于该触发器。

当记录插入表中时，相应的插入触发器创建 inserted 表，该表映射了与该触发器对应的表的列结构。例如，往 Shippers 表中插入了一条记录，Shippers 表的插入触发器使用 Shippers 的列结构创建 inserted 表，插入 Shippers 表中的每个记录，都会相应地插入 inserted 表中。

同样当删除记录时，被删除的记录也会被复制到由删除触发器创建的 deleted 表中。与 inserted 表相同，deleted 表的列结构与删除触发器对应的表的列结构相同。

当用 UPDATE 修改数据时，激活更新触发器。更新触发器将同时创建 inserted 表和 deleted 表，这两个表和该触发器对应的表有着同样的列结构，其中 deleted 表中的数据是被修改的记录的修改前的数据，inserted 表中的数据是修改后的记录。

通过下面的触发器可以比较清楚地了解 inserted 表和 deleted 表。

```
CREATE TRIGGER Shippers_Change ON Shippers
FOR INSERT,UPDATE,DELETE
AS
    SELECT * FROM deleted
    SELECT * FROM inserted
GO
```

当执行下列语句时，deleted 表为空（见表 9-2），inserted 表中的内容为插入的记录（见表 9-3）。

```
INSERT INTO Shippers values('飞鸟速递','0519-12345678')
```

表 9-2 执行 insert 触发器时的 deleted 表

ShipperID	CompanyName	Phone

表 9-3 执行 insert 触发器后的 inserted 表

ShipperID	CompanyName	Phone
5	飞鸟速递	0519-12345678

执行下列语句时，deleted 表中的内容为修改前的记录，运输公司的名称为“飞鸟速递”，见表 9-4；inserted 表中的内容为修改后的记录，运输公司的名称为“快马速递”，见表 9-5。

```
UPDATE Shippers SET CompanyName = '快马速递' WHERE ShipperID = 5
```

表 9-4　执行 update 触发器时的 deleted 表

ShipperID	CompanyName	Phone
5	飞鸟速递	0519-12345678

表 9-5　执行 update 触发器后的 inserted 表

ShipperID	CompanyName	Phone
5	快马速递	0519-12345678

执行下列语句，deleted 表中的内容为删除的记录（见表 9-6），inserted 表为空（见表 9-7）。

```
DELETE FROM Shippers WHERE ShipperID = 5
```

表 9-6　执行 deleted 触发器后的 deleted 表

ShipperID	CompanyName	Phone
5	飞鸟速递	0519-12345678

表 9-7　执行 deleted 触发器后的 inserted 表

ShipperID	CompanyName	Phone

9.8.2　触发器的类型

在创建触发器时，SQL Server 提供了两种选择：

- INSTEAD OF 触发器。它的执行替代了通常触发器所起的作用，并且它可以定义在视图上。视图可以是基于多个基本表创建的。
- AFTER 触发器。它是在 INSERT、UPDATE 或 DELETE 等语句执行之后执行的。指定 AFTER 关键字和指定 FOR 关键字是一样的，FOR 选择是早期版本中唯一可以使用的选项。AFTER 触发器只能够定义在表上。

表 9-8 对比了 AFTER 触发器和 INSTEAD OF 触发器的功能。

表 9-8　AFTER 触发器和 INSTEAD OF 触发器的功能对比

功　能	AFTER 触发器	INSTEAD OF 触发器
适用范围	表	表和视图
每个表或视图含触发器数量	每个触发动作（UPDATE、DELETE 和 INSERT）含多个触发器	每个触发动作（UPDATE、DELETE 和 INSERT）含多个触发器
级联引用	没有限制	在作为级联引用完整性约束目标的表上限制应用
执行时机	晚于： • 约束处理 • 声明引用操作 • inserted 和 deleted 表的创建 • 触发动作	早于：约束处理 代替：触发动作 晚于：inserted 和 deleted 表的创建
执行顺序	可指定第一个和最后一个执行	不可用
在 inserted 和 deleted 表中引用 text、ntext 和 image 列	不允许	允许

9.8.3 触发器限制

触发器在使用的过程中要受到一些限制。

（1）CREATE TRIGGER 必须是批处理中的第一条语句，而且只能够应用于一个表中。触发器只能在当前的数据库中创建，不过触发器可以引用当前数据库的外部对象。

（2）如果一个表的外键在 DELETE/UPDATE 操作上定义了级联，则不能在该表上定义 INSTEAD OF DELETE/UPDATE 触发器。例如，如果为 Northwind 数据库的 Order Details 表定义了以 OrderID 为外键（Orders 的主键）的级联更新或级联删除，就不能为 Order Details 表定义 INSTEAD OF 类型的更新或删除触发器。

（3）在触发器中可以指定任意的 SET 语句。所设置的 SET 选项在触发器执行期间有效，并在触发器执行完后恢复到以前的设置。

（4）当触发器激活时，将向调用应用程序返回结果。若要避免因触发器而向应用程序返回结果，不要包含返回结果的 SELECT 语句，也不要在触发器中进行变量赋值。如果需要在触发器中进行变量赋值，可以在触发器的开始使用 SET NOCOUNT 语句，避免返回任何结果集。

（5）DELETE 删除触发器不能被 TRUNCATE TABLE 语句激活，所以在 TRUNCATE TABLE 删除表记录时，不会激活 DELETE 触发器。

（6）在触发器中，下面的 Transact-SQL 不能被使用。

ALTER DATABASE	CREATE DATABASE	DISK INIT
DISK RESIZE	DROP DATABASE	LOAD DATABASE
LOAD LOG	RECONFIGURE	RESTORE DATABASE
RESTORE LOG		

9.8.4 触发器的嵌套调用

如果一个触发器在执行操作时引发了另一个触发器，而这个触发器又接着引发下一个触发器，这些触发器就是嵌套触发器（nested triggers）。触发器可嵌套至 32 层，并且可以设置嵌套触发器服务器配置选项，控制是否允许触发器嵌套。

如果允许使用嵌套触发器，链中的一个触发器开始一个无限循环，则超出嵌套级别时，触发器将终止。

可使用嵌套触发器执行一些有用的日常工作，如保存前一触发器所影响行的一个备份。例如，在没有外键约束的情况下，可以在 Orders 表上创建一个触发器，当删除 Orders 表中的记录时，该触发器将删除 Order Details 表中相同的 OrderID 的记录，同时在 Order Details 表上建立删除触发器，将被删除的数据备份。这样，当应用程序删除 Orders 表中的记录时，将触发 Orders 表的删除触发器，该触发器在删除 Order Details 表的数据的同时触发 Order Details 的删除触发器。

如果在一系列嵌套触发器的任意层中发生错误，则整个事务都将取消，且所有的数据修改都将回滚。可以在触发器中包含 PRINT 语句，用以确定错误发生的位置。

除非设置了 RECURSIVE_TRIGGERS 数据库选项，触发器不会以递归方式自行调用。有两种不同的递归方式：

（1）直接递归

直接递归即触发器激发并执行一个操作，而该操作又使同一个触发器再次激发。例如，应用程序更新了表 Table1，从而引发触发器 Trig1；Trig1 再次更新表 Table1，使触发器 Trig1 再次被引发。

（2）间接递归

间接递归即触发器激发并执行一个操作，而该操作又使另一个表中的某个触发器激发；第二个触发器使原始表得到更新，从而再次引发第一个触发器。例如，应用程序更新了表 Table1，并引发触发器 Trig1；Trig1 更新表 Table2，从而使触发器 Trig2 被引发；Trig2 转而更新表 Table1，从而使 Trig1 再次被引发。

当将 RECURSIVE_TRIGGERS 数据库选项设置为 OFF 时，仅防止直接递归。若要也禁用间接递归，请将 nested triggers 服务器选项设置为 0。

9.9 INSTEAD OF 触发器

INSTEAD OF 触发器可以替代触发语句的标准操作（INSERT、UPDATE 或 DELETE）。例如，可以定义 INSTEAD OF 触发器在一列或多列上的执行错误或值的检查，然后在插入记录之前执行其他操作。举例说明，当工资表中小时工资列的更新值超过指定值时，可以定义触发器或者产生错误信息并回滚该事务，或者在审核日志中插入新记录（在工资表中插入该记录之前）。

可以在表或视图上定义 INSTEAD OF 触发器，然而，INSTEAD OF 触发器对扩展视图能支持的更新类型最有用。例如，INSTEAD OF 触发器能够通过视图修改多个基表，或者修改包含以下列的基表：

- timestamp 数据类型；
- 计算列；
- 标识列。

9.9.1 INSTEAD OF INSERT 触发器

可以在视图或表上定义 INSTEAD OF INSERT 触发器来代替 INSERT 语句的标准操作。通常，在视图上定义 INSTEAD OF INSERT 触发器以在一个或多个基表中插入数据。

视图中的列可为空也可不为空，但如果视图中的列不允许为空，则 INSERT 语句必须为该列提供值。如果定义视图中的列表达式包括以下项目，则视图的该列允许为空。

- 对任何允许为空的基表列的引用；
- 算术运算符；
- 对函数的引用；
- 具有可为空的子表达式的 CASE 或 COALESCE；
- NULLIF。

引用具有 INSTEAD OF INSERT 触发器的视图的 INSERT 语句必须为每个不允许为空的视图列提供值。这包括不能指定输入值的基表列的视图列：

- 基表中的计算列；
- IDENTITY INSERT 为 OFF 的基表中的标识列；
- 具有 timestamp 数据类型的基表列。

如果 INSTEAD OF INSERT 视图触发器使用 inserted 表中的数据对基表生成 INSERT，则它应当通过排除 INSERT 语句选择列表中的列忽略这些类型的列值。INSERT 语句可为这些类型的列生成虚值。

例如，因为 INSERT 语句必须为映射到基表中的标识列或计算列的视图列指定值，所以它可提供占位符值。INSTEAD OF 触发器在生成插入基表的 INSERT 语句时会忽略提供的值。

通过下面的语句创建表、视图和触发器，来理解这一过程。

```
CREATE TABLE BaseTable
  (PrimaryKey        int IDENTITY(1,1)
   Color             varchar(10) NOT NULL,
   Material          varchar(10) NOT NULL,
   ComputedCol   AS (Color + Material)
  )
GO
```

其中，PrimaryKey 是标识列，ComputedCol 是计算列。

```
--创建包含 BaseTable 所有列的视图
CREATE VIEW InsteadView
AS SELECT PrimaryKey, Color, Material, ComputedCol
FROM BaseTable
GO

--在视图 InsteadView 创建 INSTEAD OF INSERT 触发器
CREATE TRIGGER InsteadTrigger on InsteadView
INSTEAD OF INSERT
AS
BEGIN
  INSERT INTO BaseTable
       SELECT Color, Material
       FROM inserted
END
GO
```

直接往 BaseTable 插入数据时，INSERT 语句不能为 PrimaryKey 和 ComputedCol 列提供值。例如：

```
INSERT INTO BaseTable (Color, Material) VALUES ('Red', 'Cloth')
```

然而，引用 InsteadView 的 INSERT 语句必须为 PrimaryKey 和 ComputedCol 列提供值。

```
INSERT INTO InsteadView (PrimaryKey, Color, Material, ComputedCol)
       VALUES (999, 'Blue', 'Plastic', 'XXXXXX')
```

传递到 InsteadTrigger 的 inserted 表由不可为空的 PrimaryKey 和 ComputedCol 列构成，

所以引用该视图的 INSERT 语句必须提供那些列的值。值 999 和'XXXXXX'传递到 InsteadTrigger，但是触发器中的 INSERT 语句没有选择 inserted、PrimaryKey 或 ComputedCol，因此忽略该值。实际插入 BaseTable 表时，列 PrimaryKey 自动赋值，列 ComputedCol 为'BluePlastic'。

在表上指定的 INSTEAD OF INSERT 触发器和在视图上指定的 INSTEAD OF 触发器，其 inserted 表中包含的计算列、标识列和 timestamp 列的值不同。

9.9.2 INSTEAD OF UPDATE 触发器

可在视图上定义 INSTEAD OF UPDATE 触发器以代替 UPDATE 语句的标准操作。通常，在视图上定义 INSTEAD OF UPDATE 触发器以便修改一个或多个基表中的数据。

引用带有 INSTEAD OF UPDATE 触发器的视图的 UPDATE 语句必须为 SET 子句中引用的所有不可为空的视图列提供值。该操作包括在基表中引用列的视图列（该基表不能指定输入值），如：

- 基表中的计算列；
- IDENTITY INSERT 设置为 OFF 的基表中的标识列；
- 具有 timestamp 数据类型的基表列。

通常，当引用表的 UPDATE 语句试图设置计算列、标识列或 timestamp 列的值时会产生错误信息，因为这些列的值必须由 SQL Server 决定。这些列必须包含在 UPDATE 语句中，以便满足该行的 NOT NULL 需要。然而，如果 UPDATE 语句引用带 INSTEAD OF UPDATE 触发器的视图，该视图中定义的逻辑能够回避这些列并避免错误。为此，INSTEAD OF UPDATE 触发器必须不更新基表中相应列的值。通过不将这些列包含在 UPDATE 语句的 SET 子句中即可达到此目的。在 inserted 表中处理记录时，计算列、标识列或 timestamp 列可以包含虚值以满足 NOT NULL 列的需要，但是 INSTEAD OF UPDATE 触发器忽略这些列值并且由 SQL Server 设置正确的值。

由于 INSTEAD OF UPDATE 触发器不必在未更新的 inserted 列中处理数据，因此该解决方法起作用。在传递到 INSTEAD OF UPDATE 触发器的 inserted 表中，SET 子句中指定的列遵从与 INSTEAD OF INSERT 触发器中的 inserted 列相同的规则。对于在 SET 子句中未指定的列，inserted 表包含在发出 UPDATE 语句前已存在的值。触发器可以通过使用 IF UPDATED(column)子句来测试特定的列是否已被更新。

9.9.3 INSTEAD OF DELETE 触发器

可以在视图或表中定义 INSTEAD OF DELETE 触发器，以代替 DELETE 语句的标准操作。通常，在视图上定义 INSTEAD OF DELETE 触发器以便在一个或多个基表中修改数据。

DELETE 语句不指定对现有数据类型的修改。DELETE 语句只指定要删除的行。传递给 DELETE 触发器的 inserted 表总是空的。发送给 DELETE 触发器的 deleted 表包含在发出 UPDATE 语句前就存在的行的映像。如果在视图或表上定义 INSTEAD OF DELETE 触发器，则 deleted 表的格式以为视图定义的选定列表的格式为基础。

9.10 触发器的应用

9.10.1 INSERT 型触发器的应用

在 Northwind 数据库中的数据表 Orders 内，保存着客户的订单信息。在 Order 表创建 INSERT 触发器 Orders_Insert，如果在插入数据时未指定预订日期和需求日期，触发器将系统时间设置为预订日期，并将需求日期设置为一星期后，当然也可以根据业务需要进行设计。

存储过程的代码如下：

```
CREATE TRIGGER Orders_Insert ON Orders
FOR INSERT
AS
    UPDATE ORDERS
    SET OrderDate = GetDate() , RequiredDate = GetDate()   + 7
    WHERE OrderID in (SELECT OrderID FROM inserted)
GO
```

当执行如下插入操作时，如当前时间为 2004 年 10 月 24 日，由于没有指定预订日期和需求日期，触发器将被触发设置这些日期。

```
INSERT INTO ORDERS (CustomerID,EmployeeID) values ('LILAS','1')
GO
SELECT * FROM Orders WHERE OrderID = @@identity
GO
```

9.10.2 UPDATE 型触发器的应用

当对 Orders 表进行更新操作时，如果系统的日期比需求日期晚，禁止该更新操作。在此创建 UPDATE 触发器 Orders_Update，触发器根据更新前的记录，只有需求日期在系统日期之前的记录才允许被更新。

存储过程的代码如下：

```
CREATE TRIGGER Orders_Update ON Orders
FOR Update
AS
    if (SELECT Count(*) FROM deleted WHERE RequiredDate > GetDate())
        <> (SELECT Count(*) FROM deleted)
    BEGIN
        RAISERROR('需求日期在当前日期之前的订单才可以被修改。',16,1)
        ROLLBACK TRANSACTION
    END
GO
```

当执行如下更新操作时，前提是订单号为 11082 的订单的需求日期比系统时间小，该更新操作将被取消。

```
UPDATE Orders SET RequiredDate = '2004/10/31' WHERE OrderID = 11082
GO
```

9.10.3 DELETE 型触发器的应用

在 Order Details 表上创建 DELETE 触发器 OrderDetails_Delete，对 Order Details 表进行删除操作时，如果删除后的订单的明细为空，触发器将自动删除对应的订单。

存储过程的代码如下：

```
CREATE TRIGGER OrderDetails_Delete ON [Order Details]
FOR Delete
AS
    DELETE FROM Orders
    WHERE   OrderID IN (SELECT DISTINCT OrderID FROM deleted)
    AND (SELECT COUNT(*) FROM [Order Details]
        WHERE Orders.OrderID = [Order Details].OrderID
      ) = 0
GO
```

当执行如下删除操作时，订单号为 11082 的订单将在订单明细被全部删除时同时被删除。

```
DELETE FROM [Order Details] where OrderID = 11082
GO
SELECT * FROM ORDERS where OrderID = 11082
GO
```

9.11 触发器的高级应用

在触发器的应用中，当触发器更新与其相关联的数据表时，又再次触发了该触发器，从而使触发器被无限循环地激活。对于这种情况，不同的 DBMS 提供了不同的解决方案：有些 DBMS 对一个触发器的执行过程采取的动作强加了限制；有些 DBMS 提供了内嵌功能，允许一个触发器主体对正在进行的触发器所处的嵌套级别进行控制；另一些 DBMS 提供了一种系统设置，控制是否允许串联的触发器处理；最后一些 DBMS 对可能触发的嵌套触发器级别的数目进行限制。在 SQL Server 中，这种能触发自身的触发器被称为递归触发器。对它的控制是通过限制可能触发的嵌套触发器级别的数目进行的，另外，通过是否允许触发嵌套触发器也能实现对它的控制。

触发器也可能和游标一起使用，利用游标灵活的特点，从而使触发器的功能大大增强。

下面的例子使用了递归触发器和游标。递归触发器的一种用法是用于带有自引用关系的表。例如，表 emp_mgr 定义了：

- 一个公司的雇员（emp）；
- 每个雇员的经理（mgr）；
- 组织树中向每个经理汇报的雇员总数（NoOfReports）。

递归 UPDATE 触发器在插入新雇员记录的情况下可以使 NoOfReports 列保持最新。

INSERT 触发器更新经理记录的 NoOfReports 列，而该操作递归更新管理层向上其他记录的 NoOfReports 列。

```
USE pubs
GO
-- 设置递归触发器的状态为 ON
ALTER DATABASE pubs
   SET RECURSIVE_TRIGGERS ON
GO
-- 创建 emp_mgr 表
CREATE TABLE emp_mgr (
   emp char(30) PRIMARY KEY,
   mgr char(30) NULL FOREIGN KEY REFERENCES emp_mgr(emp),
   NoOfReports int DEFAULT 0
)
GO

-- 创建 Insert 触发器 emp_mgrins
CREATE TRIGGER emp_mgrins ON emp_mgr
FOR INSERT
AS
DECLARE @e char(30), @m char(30)
/* 定义游标 */
DECLARE c1 CURSOR FOR
   SELECT emp_mgr.emp
   FROM    emp_mgr, inserted
   WHERE emp_mgr.emp = inserted.mgr
/* 打开游标 */
OPEN c1
FETCH NEXT FROM c1 INTO @e
WHILE @@fetch_status = 0
BEGIN
   UPDATE emp_mgr
   SET emp_mgr.NoOfReports = emp_mgr.NoOfReports + 1 -- add 1 for newly
   WHERE emp_mgr.emp = @e                             -- added employee.
   FETCH NEXT FROM c1 INTO @e
END
/* 关闭游标 */
CLOSE c1
/* 释放游标 */
DEALLOCATE c1
GO

-- 创建 Update 触发器
-- 注意更新时每次只能更新一条记录
```

```
CREATE TRIGGER emp_mgrupd ON emp_mgr FOR UPDATE
AS
IF UPDATE (mgr)
BEGIN
    -- 将修改后的经理的管理人数加 1
    UPDATE emp_mgr
    SET emp_mgr.NoOfReports = emp_mgr.NoOfReports + 1
    FROM inserted
    WHERE emp_mgr.emp = inserted.mgr

    -- 将修改前的经理的管理人数减 1
    UPDATE emp_mgr
    SET emp_mgr.NoOfReports = emp_mgr.NoOfReports - 1
    FROM deleted
    WHERE emp_mgr.emp = deleted.mgr
END
GO
-- 插入测试数据
INSERT emp_mgr(emp, mgr) VALUES ('Harry', NULL)
INSERT emp_mgr(emp, mgr) VALUES ('Alice', 'Harry')
INSERT emp_mgr(emp, mgr) VALUES ('Paul', 'Alice')
INSERT emp_mgr(emp, mgr) VALUES ('Joe', 'Alice')
INSERT emp_mgr(emp, mgr) VALUES ('Dave', 'Joe')
GO
SELECT * FROM emp_mgr
GO
-- 将 Dave 的经理从 Joe 修改成 Harry
UPDATE emp_mgr SET mgr = 'Harry'
WHERE emp = 'Dave'
GO
SELECT * FROM emp_mgr
GO
```

表 9-9 是更新前的结果。

表 9-9　更新前的结果

emp	mgr	NoOfReports
Alice	Harry	2
Dave	Joe	0
Harry	NULL	1
Joe	Alice	1
Paul	Alice	0

表 9-10 是更新后的结果。

表 9-10 更新后的结果

emp	mgr	NoOfReports
Alice	Harry	2
Dave	Harry	0
Harry	NULL	2
Joe	Alice	0
Paul	Alice	0

9.12 本章小结

本章阐明了存储过程和触发器的应用。现在读者应该掌握了如下内容：

- 存储过程的概念及使用方法；
- 存储过程中错误的处理；
- 触发器的概念及使用方法；
- INSTEAD OF 触发器的概念及使用方法。

本章所述的内容，要求读者对 SQL Server 和 Transact-SQL 有一定的认识。

第10章 视图、游标和自定义函数

10.1 视图简介

作为SQL Server中常用的数据库对象之一，视图定义了查询数据库中数据的一种方式。通过视图，可以将复杂的数据查询简单化，也可以为不同的用户定制各自所需的数据。

10.1.1 视图的概念

在SQL Server数据库中，表定义了数据的基本结构和编排方式，称为基表，可以通过查询基表来查看数据库中的数据。然而，SQL Server还提供了其他方法来查看存储的数据，即通过定义数据视图来实现。视图是一个虚拟的表，该表中的记录由一个查询语句执行后所得到的查询结果所构成。与表一样，视图也由字段和记录组成，只是这些字段和记录来源于其他被引用的表或视图，所以视图并不是真实存在的，而是一张虚拟的表；视图中的数据同样也并不是存在于视图当中，而是存在于被引用的数据表当中。当被引用的数据表中的记录内容改变时，视图中的记录内容也会随之改变。

【例10-1】创建一个名为view_stu的视图，查询所有年龄大于22岁（含22岁）的学生的学号、姓名、年龄和家庭住址信息。

```
CREATE VIEW view_stu
(sid,sname,sage,saddr)
AS
SELECT stu_id,stu_name,stu_age,stu_addr
FROM student
WHERE stu_age>=22
查询：
SELECT * FROM view_stu
```

由例10-1可以看出，视图实际是一串SQL SELECT语句，对于数据库用户来说，视图似乎是一个真实的表，它具有行和列，而且可以查询出数据。但是，视图和表是有本质区别的。视图在数据库中存储的是视图的定义，而不是查询的数据。通过这个视图的定义，对视图查询最终转化为对基本表的查询。在例10-1中，student是视图的基本表，是视图的数据的来源。

视图一旦被定义后，可以像查询真实表一样用SELECT语句查询。而且，对于某些视图而言，也可以使用 INSERT、DELETE 和 UPDATE 语句修改通过视图可见的数据。

当 SQL Server 处理视图的操作时，它会在数据库中找到视图的定义。然后，SQL Server 把对视图的查询转化为视图基本表的等价查询，并且执行这个等价的查询。

10.1.2 视图的优缺点

1. 视图的优点

（1）为用户简化查询。通过将复杂的查询（如多表的连接查询）定义为视图，从而简化操作，即视图能够给用户一个“个人化”的数据库结构视图。

（2）为用户定制数据。视图允许用户根据其需要，用不同的技巧和功能，以不同的方式来查阅相同的数据。例如，可以建立一个只含某个经理领导下的雇员的数据的视图。

（3）简化用户权限的管理。可以用 GRANT 和 REVOKE 命令为各种用户授予在视图上的操作权限，而没有授予用户在表上的操作权限。这样，通过视图，用户只能查询或修改其各自所能见到的数据，数据库中的其他数据对用户来说是不可见的或不可修改的。

（4）导出数据。可以建立一个基于多个表的视图，然后用 SQL Server Bulk Copy Program（批复制程序，BCP）复制视图引用的行到一个平面文件中。这个文件可以加载到 Excel 或类似的程序中供分析用。

2. 视图的缺点

（1）降低系统性能。SQL Server 必须把对视图的查询转化成对基本表的查询，如果这个视图是由一个复杂的多表查询所定义的，那么，即使是视图的一个简单查询，SQL Server 也把它变成一个复杂的结合体，需要花费一定的时间。

（2）修改限制。当用户试图修改视图的某些数据时，SQL Server 必须把它转化为对基本表的某些数据的修改。对于简单视图来说，这是很方便的；但是，对于比较复杂的视图，可能是不可修改的。

所以，在定义数据库对象时，不能不加选择地来定义视图，应该权衡视图的优点和缺点，合理地定义视图。

10.2 创建和管理视图

在 SQL Server 数据库中，创建和管理视图的方法有很多种，以下分别进行介绍。

10.2.1 创建视图

创建视图通常有两种方法，一种是通过管理器创建视图，另一种是使用 CREATE VIEW 命令。

1. 通过管理器创建视图

使用管理器创建视图的步骤如下：

（1）从 SQL Server 程序组中启动管理器。

（2）在“对象资源管理器”中选择对应的数据库服务器，将其展开。

（3）打开数据库目录树，选定要创建视图的数据库。

（4）选择“视图”菜单中的“新建视图”菜单项，如图 10-1 所示。

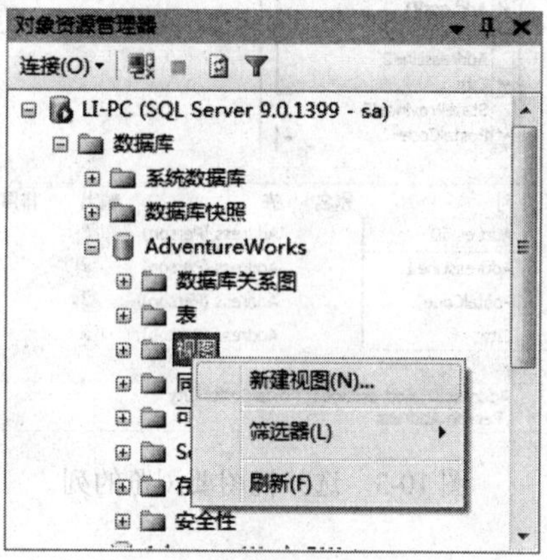

图 10-1　创建视图“选择向导”对话框

（5）单击“新建视图”菜单项，弹出“添加表”对话框，选择需要的数据来源（表或视图），如图 10-2 所示。

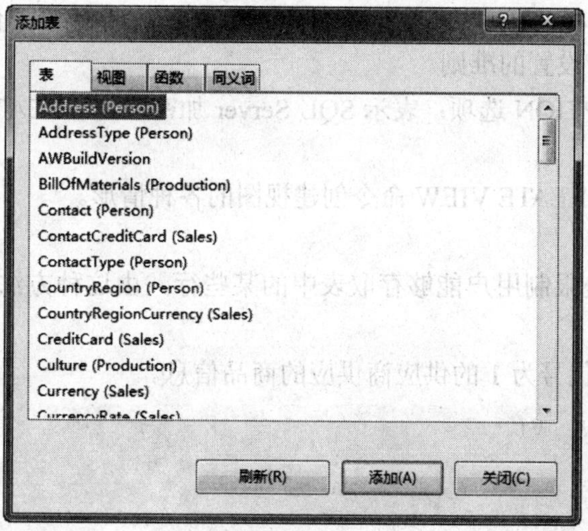

图 10-2　添加视图数据源

（6）选择视图要浏览的列，如图 10-3 所示。

（7）单击“保存”菜单项，输入保存的视图名称后，即可完成视图的创建。

2. 使用 CREATE VIEW 命令创建视图

可使用 CREATE VIEW 命令创建视图，其语法如下：

```
CREATE VIEW [database_name.] [owner_name.]view_name [(column[,n])]
    [WITH {ENCRYPTION| SCHEMABINDING | VIEW_METADATA } ]
AS
    select_statement
    [WITH CHECK OPTION]
```

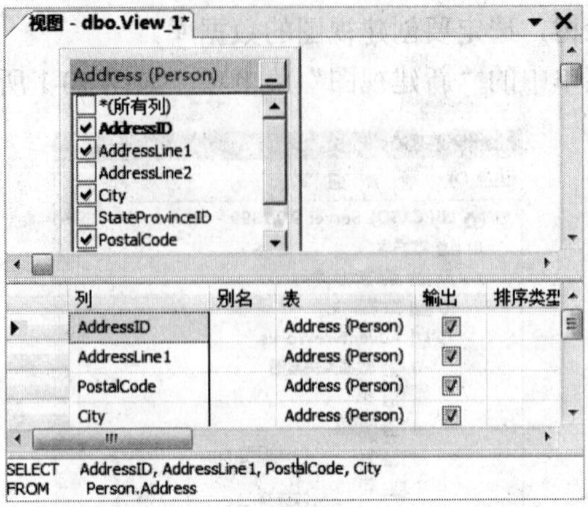

图 10-3　选择视图要浏览的列

参数说明：

- view_name：新创建的视图指定的名字。
- column：在视图中包含的列名。
- table_name：视图基于的表的名字。
- WITH CHECK OPTION 选项：强制视图上执行的所有数据修改语句都必须符合由 select_statement 设置的准则。
- WITH ENCRYPTION 选项：表示 SQL Server 加密包含 CREATE VIEW 语句文本的系统表列。

下面详细介绍用 CREATE VIEW 命令创建视图的各种情形。

（1）水平视图

视图的常见用法是限制用户能够存取表中的某些行，由这种方法产生的视图称为水平视图，即表中行的子集。

【例 10-2】创建由代号为 1 的供应商供应的商品信息。

```
CREATE  VIEW  V1
AS
SELECT  *
FROM  Products
WHERE (SupplierID = 1)
```

（2）投影视图

视图的另一种常见的用法是限制用户只能存取表的部分列，这种方法产生的视图称为投影视图，即表中列的子集。

【例 10-3】在某些具体应用中，用户只关心商品的编号和名称，不关心商品的其他信息，可以创建如下视图。

```
CREATE  VIEW  V2(P_id,P_name)
AS
SELECT ProductID, ProductName
FROM  Products
```

（3）使用计算列的视图

在视图中可包含计算列的用法。

【例 10-4】创建一个名为 V3 的使用计算列的视图。

```
CREATE   VIEW   V3
SELECT OrderID, ProductID, UnitPrice, Quantity,   Quantity * UnitPrice   AS   sub_total
FROM   [Order Details]
```

（4）使用函数的视图

在创建视图时可以使用系统提供的各类函数。

【例 10-5】使用 YEAR()函数和 GETDATE()计算出学生的年龄，作为视图 V_stu 的一列。

```
CREATE VIEW V4(S_id,S_name,S_age)
AS
SELECT stu_sid, stu_name, YEAR(GETDATE()) - YEAR(stu_birthdate) AS age
FROM student
```

【例 10-6】使用集和函数 AVG，求出每种商品的平均价格，并使用 GROUP BY 从句使得结果集分组显示。

```
CREATE VIEW   V5
AS
SELECT   ProductID,   ProductName,   AVG(UnitPrice)   AS   avg_price
FROM dbo.Products
GROUP BY   ProductID,   ProductName
```

（5）使用 WITH CHECK OPTION 选项

定义视图时，可设置检查选项 WITH CHECK OPTION，使得当用视图修改数据时，检查这些数据是否符合由 select_statement 设置的准则。

【例 10-7】WITH CHECK OPTION 选项的使用。

```
CREATE   VIEW   V6
AS
SELECT   ProductID,   ProductName,   SupplierID
FROM   Products
WHERE (SupplierID = 6)
WITH CHECK OPTION
```

【例 10-8】如要修改视图中的数据，将会失败，因为修改后的数据不符合视图的定义条件（供应商编号为 6）。

```
UPDATE V6
SET SupplierID=99
```

（6）使用 WITH ENCRYPTION 选项

创建视图后，关于视图的定义存储在系统表 syscomments 中，可以使用系统存储过程 sp_helptext 来查看 syscomments 中的视图定义信息。如果用户不想让别的用户从表显示视图定义，可以设置 WITH ENCRYPTION 选项来对视图定义进行加密。

【例 10-9】创建一个加密视图 V7。

```
CREATE VIEW V7 WITH ENCRYPTION
AS
SELECT ProductID, ProductName, SupplierID
FROM Products
```

此后，使用 sp_helptext 也无法查看视图的定义信息。

```
sp_helptext V7
GO
```

执行结果：

```
------------------------------------------
```

对象备注已加密。

（7）创建复杂视图

前面列举的实例中，视图均定义为一个表上行和列的组合，称为简单视图。视图也可以定义为多个表上行和列的组合，称为复杂视图。

【例 10-10】视图定义在学生表和班级表上，查询所有学生的个人信息及所属班级信息。

```
CREATE VIEW V8(Sid,Sname,Saddr,Classid,Classname)
AS
SELECT student.Stu_id, student.Stu_name, student. Stu_addr,class.class_id, class.class_name
FROM Student, Class
WHERE Student.stu_classid = Class. class_id
```

以上视图的定义也可以用以下语句实现。

```
CREATE VIEW V8(Sid,Sname,Saddr,Classid,Classname)
AS
SELECT student.Stu_id, student.Stu_name, student. Stu_addr,class.class_id, class.class_name
FROM Student INNER JOIN Class
ON Student.stu_classid = Class. class_id
```

定义视图时，还可以使用多个 SELECT 语句，多个 SELECT 语句之间通过 UNION ALL 关键字连接。

【例 10-11】使视图 V9 将学生的 ID 号、姓名及地址信息和教师的 ID 号、姓名及住址信息合并到一个结果集中。

```
CREATE VIEW V9(People_id, People_name, People_addr)
AS
SELECT student.Stu_id, student.Stu_name, student.Stu_addr FROM Student
UNION ALL
SELECT Teacher.Tea_id, Teacher.Tea_name, Teacher.Tea_addr FROM Teacher
```

（8）创建视图的视图

视图可以定义在基础表上，也可以引用其他视图，甚至可以引用视图与表的组合。

【例 10-12】创建引用视图 V9 的信息的视图，查询所有姓张的学生和教师的信息。

```
CREATE VIEW V10
AS
SELECT People_id, People_name
FROM V9
WHERE People_name LIKE  '张%'
```

3. 定义视图的限制

在定义视图时，CREATE VIEW 语句有以下约束条件。

- 不能包含 COMPUTE 或 COMPUTE BY 子句；
- 不能包含 ORDER BY 子句，除非在 SELECT 语句的选择列表中也有一个 TOP 子句；
- 不能包含 INTO 关键字；
- 不能引用临时表或表变量；
- 视图引用的列不能超过 1024 个；
- CREATE VIEW 语句不能在一个批中与其他 Transact-SQL 语句一起使用。

10.2.2 管理视图

视图建立以后，可以查看视图的定义信息，也可以对视图进行编辑、修改和删除。

1. 查看视图定义信息

通常有两种方法可以查看视图的信息：一种是使用管理器（与创建视图时类似，不再介绍），另一种是使用系统存储过程。

2. 使用系统存储过程

通过系统存储过程 sp_helptext 来获得整个视图定义的语句。如果在创建视图时，未使用 WITH ENCRYPTION 选项，那么可以通过查询系统表，获得该视图的完整定义。

sp_helptext 的语法：

```
sp_helptext  视图名
```

【例 10-13】显示 Products_view 的信息。

```
sp_helptext Products_view
```

结果显示如下：

```
Text
--------------------------------------------------------------
CREATE VIEW dbo.Products_VIEW
AS
SELECT *
FROM dbo.Products
WHERE (SupplierID = 1)
```

10.2.3 编辑视图

编辑已经存在的视图有两种方法，使用管理器和 ALTER VIEW 命令。以下介绍使用 ALTER VIEW 命令编辑视图的方法。

ALTER VIEW 的完整语法：

```
ALTER VIEW owner_name. view_name[(column[,n])]
        [WITH ENCRYPTION ]
        AS
        select_statement
        [WITH CHECK OPTION]
```

可以看出，ALTER VIEW 同 CREATE VIEW 非常类似。下面举例说明。

【例 10-14】在前面的例子中已经创建了视图 V6，现在修改该视图的定义，使得视图减少浏览列 SupplierID。

```
ALTER VIEW V6
AS
SELECT   ProductID,   ProductName
FROM   Products
WHERE (SupplierID = 6)
WITH CHECK OPTION
```

10.2.4 删除视图

视图的要求随着时间的改变将不断改变。如果不再需要一个视图，可以通过 DROP VIEW 删除该视图。删除视图不会影响被删除的视图所基于的基础表或基础视图，只是将视图的定义从数据库中删除。

【例 10-15】删除视图 V6。

```
DROP   VIEW   V6
```

需要说明的是，如果视图已被另外的视图所引用，则尽量不要删除该视图，否则，另外的视图将无法被正常检索。

10.3 通过视图管理数据

视图实际上是一个虚拟表。利用视图可以完成某些和基础表相同的数据操作。通过视图可以对基础表数据进行检索、插入、更新和删除。以下将详细介绍如何利用视图来操作基础表的数据。

为了讲述方便，下面在 Northwind 数据库中创建了一个基础表 student。

```
CREATE TABLE   student   (
        stu_id    char   (7)   PRIMARY KEY      NOT NULL ,
        stu_name     varchar   (20)     NOT NULL ,
        stu_birthdate     datetime    NOT NULL ,
        stu_addr     varchar   (50)     NULL ,
        stu_classid     char   (10)       NOT NULL ,
        stu_tel     varchar   (10)       NULL
)
```

然后基于 student 表创建了一个视图。

```
CREATE  VIEW  V_stu
AS
SELECT  stu_id,  stu_name,  stu_classid
FROM  student
WHERE (stu_classid = '03 计 1')
```

10.3.1 通过视图检索数据

利用视图检索数据和查询基础表语法一样，都是通过 SELECT 语句来实现的。

【例 10-16】查询视图 V_stu 中的学生信息。

```
SELECT  *  FROM  V_stu
```

10.3.2 通过视图插入数据

可以通过视图向基础表中插入数据，其语法格式如下：

```
INSERT INTO 视图名 VALUES(列值 1, 列值 2, 列值 3,…,列值 n)
```

利用视图插入数据时要注意以下几点：

（1）插入视图中的列值个数、数据类型应该和视图定义中的列数、基础表对应列的数据类型保持一致。

（2）如果视图的定义中只选取了基础表的部分列，若基础表的其余列至少有一列不允许为空，且该列未设默认值时，则视图无法对视图中未出现的列插入数值，这样就导致插入失败。

（3）如果视图的定义中只选取了基础表的部分列，若基础表的其余列都允许为空，或有列不允许为空但设置了默认值，则可以成功地向基础表插入数据。

（4）若视图包含了基础表的全部列，则可以利用视图插入数据。

（5）如果在视图定义中使用了 WITH CHECK OPTION 子句，则在视图上执行的数据插入语句必须符合定义视图的 SELECT 语句中所设定的条件。

【例 10-17】以下语句无法成功地向基础表中插入数据，因为基础表中 stu_birthdate 不允许为空，且未设定默认值，插入数据时无法插入该列的数值。

```
INSERT  INTO  V_stu
VALUES('0301001', '张三', '03 计 1')
```

例 10-17 中若 stu_birthdate 允许为空，或不允许为空但设定了默认值，则可以成功地向 student 表插入数据。

若视图 V_stu 定义语句中使用了 WITH CHECK OPTION 选项，且包含了 stu_birthdate 列，即视图定义变为如下语句。

```
ALTER  VIEW  V_stu
AS
SELECT  stu_id,  stu_name, stu_birthdate, stu_classid
FROM  student
```

```
WHERE (stu_classid = '03 计 1')
WITH CHECK OPTION
```

【例 10-18】以下语句也无法成功地向基础表中插入数据，因为插入的数据不满足视图定义时的 stu_classid 条件。

```
INSERT  INTO  V_stu
VALUES('0901001', '张三', '1978-1-1', '09 计 2')
```

10.3.3 通过视图删除数据

尽管视图不一定包含基础表的所有列，但可以通过视图删除基础表的数据行。用视图删除基础表的数据行语法如下：

```
DELETE  FROM 视图名
WHERE  逻辑表达式
```

通过视图删除基础表数据时要注意以下两点：

（1）若通过视图要删除的数据行不包含在视图的定义中，无论视图定义中是否设置了 WITH CHECK OPTION 选项，该数据行不能成功删除。

（2）若删除语句的条件中指定的列是视图未包含的列，则无法通过视图删除基础表数据行。

对于前面创建的视图 V_stu，举例如下。

【例 10-19】从视图 V_stu 中删除电话号码前缀为“025”的学生。

```
DELETE  FROM  V_stu
WHERE  stu_tel  like  '025%'
```

执行结果：

```
--------------------------------
```

（所影响的行数为 0 行）

【例 10-20】从视图 V_stu 中删除电话号码前缀为“021”的学生。

```
DELETE  FROM  V_stu
WHERE  stu_tel  like  '021%'
```

执行结果：

```
--------------------------------
服务器: 消息 207，级别 16，状态 3，行 1
列名 'stu_tel ' 无效。
```

10.3.4 通过视图更改数据

可以通过视图用 UPDATE 语句更改基础表的一个或多个列或行，其语法如下：

```
UPDATE 视图名
  SET 列 1=列值 1,
      列 2=列值 2,
```

```
    ……
    列 n=列值 n
    WHERE 逻辑表达式
```

用视图更改基础表的数据时要注意以下几点：

（1）若视图的定义中使用了 WITH CHECK OPTION 选项，且要更改的数据不符合视图定义中的限制条件时，则无法更改对应基础表的数据。

【例 10-21】将视图 V_stu 中的学生班级代号改成“09 计 2”。

```
UPDATE  V_stu
SET     stu_classid = '09 计 2'
```

执行结果：

```
--------------------------------
服务器: 消息 550，级别 16，状态 1，行 1
```

试图进行的插入或更新已失败，原因是目标视图或者目标视图所跨越的某一视图指定了 WITH CHECK OPTION 选项，而该操作的一个或多个结果行又不符合 CHECK OPTION 约束的条件，语句已终止。

（2）若视图包含了多个基础表，且要更改的列属于同一个基础表，则可以通过视图更改对应基础表的列数据。

（3）若视图包含了多个基础表，且要更改的列分别属于多个基础表，则不能通过视图更改对应基础表的列数据。

（4）若视图包含了多个基础表，且要更改的列为多个基础表的公共列，则不能通过视图更改对应基础表的列数据。

10.4 游标简介

10.4.1 游标的定义及种类

1. 游标的定义

游标（cursor）是一种数据访问机制，它允许用户访问单独的数据行，而非对整个行集进行操作（通过使用 SELECT、UPDATE 或者 DELETE 语句进行）。用户可以通过单独处理每一行逐条收集信息并对数据逐行进行操作（包括查询和更新），这样可以降低系统的开销。从另一种角度来看，游标是用户使用 Transact-SQL 代码可以获得数据集中最紧密的数据的一种方法。

2. 游标的种类

在 SQL Server 中，根据处理特性，游标分为三种类型：静态游标、动态游标和关键字集游标。

（1）静态游标

打开静态游标时，SQL Server 将游标结果集的所有数据行一次性地复制到系统数据库

Tempdb 的临时表中，当基础表中的数据发生变化时，游标的结果集并不相应发生变化。因此静态游标完全不受其他用户活动的影响，显然静态游标的结果集是只读的。静态游标移动时消耗资源较少，但占用较多的临时表空间。

（2）动态游标

动态游标与静态游标不同。当滚动游标时，动态游标反映结果集中所做的所有更改。结果集中的行数据值、顺序和成员在每次提取时都会被改变。所有用户做的全部 UPDATE、INSERT 和 DELETE 语句均通过游标可见。动态游标移动时消耗较多的资源，但占用最少的临时表空间。

（3）关键字集游标

打开关键字集游标时，将游标结果集中所有行的关键字存储到系统数据库 Tempdb 的临时表中。移动游标时，通过关键字来读取整行数据。关键字集游标能反映对基础表的全部变更。关键字集游标在游标移动时消耗的资源及占用的临时空间介于静态游标和动态游标之间。

根据游标结果集是否允许改动，游标可以分为只读游标和可写游标。只读游标禁止修改游标结果集中的数据行，而可写游标允许修改结果集中的数据行。

根据游标在结果集中的移动方式，游标可以分为滚动游标和前向游标。在游标的结果集中，若游标可以前后移动，则称为滚动游标；若游标只能前向移动（由上一行移向下一行），则这样的游标称为前向游标。

10.4.2 游标的声明

在使用游标之前，游标必须首先声明。声明游标必须使用 DECLARE 语句，有两种语法，第一种语法是 ANSI 制定的 SQL-92 标准的语法，另一种是 Transact-SQL 扩展的游标定义语法。

1. SQL-92 标准的游标定义

语法格式：

```
DECLARE cursor_name [ INSENSITIVE ] [ SCROLL ] CURSOR
    FOR select_statement
    [ FOR { READ ONLY | UPDATE [ OF column_name [ ,...n ] ] } ]
```

参数说明：

- cursor_name：游标的名字，为一个合法的 SQL Server 标识符，并遵循 SQL Server 命名规则。
- INSENSITIVE：表示一个静态游标。
- select_statement：定义游标结果集的查询语句，它可以是一个完整语法和语义的 Transact-SQL 的 SELECT 语句，但是这个 SELECT 语句必须有 FROM 子句，且不能包含 COMPUTE、FOR BROWSE、INTO 子句。
- FOR READ ONLY：指出该游标结果集只能读，不能修改。
- FOR UPDATE：指出该游标结果集可以被修改。
- OF column_name_list：列出可以被修改的列的清单。

2. Transact-SQL 扩展的游标定义

语法格式：

```
DECLARE cursor_name CURSOR
        [ LOCAL | GLOBAL ]
        [ FORWARD_ONLY | SCROLL ]
        [ STATIC | KEYSET | DYNAMIC | FAST_FORWARD ]
        [ READ_ONLY | SCROLL_LOCKS | OPTIMISTIC ]
        [ TYPE_WARNING ]
        FOR select_statement
        [ FOR UPDATE [ OF column_name [ ,...n ] ] ]
```

参数说明：

- LOCAL：指定该游标的作用域对在其中创建它的批处理、存储过程或触发器是局部的。该游标名称仅在这个作用域内有效。
- GLOBAL：指定该游标的作用域对连接是全局的。在由连接执行的任何存储过程或批处理中，都可以引用该游标名称。
- FORWARD_ONLY 和 SCROLL：FORWARD_ONLY 指定游标为前向游标，只能从第一行滚动到最后一行；而 SCROLL 关键字表示声明滚动游标。
- STATIC、DYNAMIC 和 KEYSET：分别定义一个静态游标、动态游标和关键字集游标。
- FAST_FORWARD：表示对只读的前向游标进行优化。
- READ_ONLY：表示声明只读游标。
- SCROLL_LOCKS：指定确保通过游标完成的定位更新或定位删除可以成功。当将行读入游标以确保它们可用于以后的修改时，SQL Server 会锁定这些行。
- OPTIMISTIC：指定如果行自从被读入游标以来已得到更新，则通过游标进行的定位更新或定位删除将不成功。当将行读入游标时 SQL Server 不锁定行。相反，SQL Server 使用 timestamp 列值的比较，或者如果表没有 timestamp 列则使用校验值，以确定将行读入游标后是否已修改该行。如果已修改该行，尝试进行的定位更新或定位删除将失败。如果还指定了 FAST_FORWARD，则不能指定 OPTIMISTIC。
- TYPE_WARNING：指定如果游标从所请求的类型隐性转换为另一种类型，则给客户端发送警告消息。

【例 10-22】使用 Transact-SQL 语法定义一个局部滚动静态游标。

```
DECLARE   Cursor_1   CURSOR
FOR
SELECT   *
FROM   student
```

10.4.3 游标的使用

1. 打开游标

声明游标后，SQL Server 将保留游标的句柄以备使用。为使用游标并从中获取数据，必须先打开游标。打开游标语法如下：

```
OPEN  游标名
```

使用打开游标命令时，要注意以下几点：

（1）当游标打开成功时，游标位置指向结果集的第一行之前。

（2）只能打开已经声明但尚未打开的游标。

（3）游标打开后，用户可以通过全局变量@@CURSOR_ROWS 来确定游标结果集的行数，该全局变量有四种取值：取值 n 表示游标构造完毕，包含 n 行数据；取值 0 表示游标未打开；取值-1 表示动态游标的返回值；取值-m 表示游标异步构造，并显示目前已读取的行数。

2．存取游标

游标被打开后，可以通过 FETCH 语句从游标中获取数据。若游标定义时未设置成滚动游标（SCROLL），则只能按顺序从游标的结果集中获取数据。从游标中获取数据的语法如下：

```
FETCH
    [ [ NEXT | PRIOR | FIRST | LAST | ABSOLUTE { n | @nvar }| RELATIVE { n | @nvar }]
    FROM]
    { { [ GLOBAL ] cursor_name } | @cursor_variable_name }
    [ INTO @variable_name [ ,...n ] ]
```

参数说明：

- NEXT：返回紧跟当前行之后的结果行，并且当前行递增为结果行。
- PRIOR：返回紧临当前行前面的结果行，并且当前行递减为结果行。
- FIRST：返回游标中的第一行并将其作为当前行。
- LAST：返回游标中的最后一行并将其作为当前行。
- ABSOLUTE n：如果 n 为正数，返回从游标头开始的第 n 行并将返回的行变成新的当前行；如果 n 为负数，返回游标尾之前的第 n 行并将返回的行变成新的当前行。
- RELATIVE {n | @nvar}：如果 n 或@nvar 为正数，返回当前行之后的第 n 行并将返回的行变成新的当前行；如果 n 或 @nvar 为负数，返回当前行之前的第 n 行并将返回的行变成新的当前行；如果 n 或 @nvar 为 0，返回当前行。
- INTO @variable_name[,...n]：允许将提取操作的列数据放到局部变量中。列表中的各个变量从左到右与游标结果集中的相应列相关联。

每次执行 FETCH 语句时，全局变量@@FETCH_STATUS 都被修改，该变量有以下三种取值：0 表示存取成功；-1 表示 fetch 语句有错误，没有取出数据；-2 表示 fetch 语句有错误，取出的行不再是结果集的成员。因此在对数据行操作前，可通过检查全局变量@@FETCH_STATUS 的值，检查通过游标取出的数据行的合法性。

【例 10-23】如果要操作游标结果集中的所有行，可采取以下循环。

```
FETCH   [NEXT]   cursor_name
INTO @variable_name1, @variable_name2,...
WHILE   @@FETCH_STATUS = 0
BEGIN
  ……
```

```
FETCH [NEXT] cursor_name
INTO @variable_name1, @variable_name2,…
```

3．定位游标

游标可以定位基础表中的数据行。游标定位使用 WHERE CURRENT OF 语句，其语法格式如下：

```
WHERE CURRENT OF 游标名
```

使用 WHERE CURRENT OF 语句定位时，基础表的数据行就是游标结果集的当前数据行。当用游标存取数据时，并不需要使用 WHERE CURRENT OF 语句定位，只有用游标修改和删除基础表中的数据行时，才需要使用 WHERE CURRENT OF 语句定位。

4．关闭游标

关闭（Close）游标是停止处理定义游标的那个查询。关闭游标将释放 SQL Server 在游标打开时获得的资源或锁。关闭游标并不改变它的定义，可以再次用 open 语句打开它，SQL Server 会用该游标的定义重新创建这个游标的一个结果集。

关闭游标的语法：

```
CLOSE cursor_name
```

5．释放游标

释放（Deallocate）游标将释放所有分配给此游标的资源，包括该游标的名字。

释放游标的语法：

```
DEALLOCATE CURSOR cursor_name
```

cursor_name 为已打开或已关闭的游标名字。如果释放一个已打开未关闭的游标，SQL Server 会自动先关闭这个游标，然后再释放它。释放游标将完全释放与该游标有关的一切资源。与关闭游标不同，释放游标后就不可能再打开它。

10.5 游标应用

本节介绍几个游标应用的例子。第一个是用于查询数据并计算数据个数的实例；第二个是使用游标更改数据的实例；第三个是使用游标删除数据的实例。

10.5.1 使用游标查询数据

【例 10-24】使用游标查询数据。

```
--步骤 1：声明变量
DECLARE @pro_id int,
@pro_name varchar(40),
@pro_num int
--步骤 2：声明游标
DECLARE Cur_pro CURSOR FOR SELECT ProductID,ProductName FROM Products
--步骤 3：打开游标
```

```
OPEN Cur_pro
--步骤 4：执行第一步存取
FETCH CUR_pro INTO @pro_id,@pro_name
--步骤 5：初始化计数变量
SELECT @pro_num = 0
--步骤 6：存取和处理游标集中的每一行
WHILE @@FETCH_STATUS = 0 --存取成功，则循环
BEGIN
SELECT @pro_num = @pro_num + 1
FETCH CUR_pro INTO @pro_id,@pro_name
END
--步骤 7：关闭游标
CLOSE Cur_pro
--步骤 8：释放游标
DEALLOCATE Cur_pro

GO
SELECT   @pro_num   AS   '产品总数'
```

执行结果如下：

```
产品总数
----------------
77
```

10.5.2 使用游标更改数据

游标除了用来读取数据外，还可用来更改数据，这就需要在声明游标时使用 UPDATE 关键字。

【例 10-25】使用游标更改数据。

```
--定义变量
DECLARE   @stuid   char(7),
          @stuname   varchar(20),
          @classid     char(10)
--声明游标
DECLARE   Cur_stu1   CURSOR FOR
SELECT   Stu_id, Stu_name, Stu_classid
FROM   Student
FOR   UPDATE   OF   Stu_classid
--打开游标
OPEN   Cur_stu1
--执行第一步存取
FETCH     Cur_stu1   INTO @stuid, @stuname, @classid
--更改基础表数据
WHILE @@FETCH_STATUS = 0 --存取成功，则循环
BEGIN
```

```
    IF @classid = '09 计 1'
        UPDATE   Student   SET   Stu_classid = '09 计一'
        WHERE CURRENT OF Cur_stu1
    FETCH Cur_stu1   INTO   @stuid, @stuname, @classid
END
--关闭游标
CLOSE   Cur_stu1
--释放游标
DEALLOCATE   Cur_stu1
GO
```

10.5.3 使用游标删除数据

游标不仅可以用来读取数据和修改数据，还可以用来删除基础表中的数据。使用游标删除基础表数据时，必须在游标声明中使用 UPDATE 关键字，且 UPDATE 关键字必须包含基础表的所有列。

【例 10-26】使用游标删除数据。

```
--定义变量
DECLARE   @stuid   char(7),
          @stuname   varchar(20),
          @classid     char(10),
          @birthdate    datetime ,
          @stu_addr    varchar(50),
          @stu_tel   varchar(10)
--声明游标
DECLARE   Cur_stu2   CURSOR FOR
SELECT   Stu_id, Stu_name, Stu_classid, stu_birthdate, stu_addr, stu_tel
FROM   Student
FOR   UPDATE   OF   Stu_id, Stu_name,Stu_classid, stu_birthdate, stu_addr, stu_tel
--打开游标
OPEN   Cur_stu2
--执行第一步存取
FETCH      Cur_stu2   INTO @stuid, @stuname, @classid, @birthdate, @stu_addr, @stu_tel
--更改基础表数据
WHILE @@FETCH_STATUS = 0 --存取成功，则循环
BEGIN
    IF @classid = '09 计一'
        DELETE   Student
        WHERE CURRENT OF Cur_stu2
  FETCH   Cur_stu2   INTO @stuid, @stuname, @classid, @birthdate, @stu_addr, @stu_tel
END
--关闭游标
CLOSE   Cur_stu2
--释放游标
DEALLOCATE   Cur_stu2
GO
```

10.6 创建和使用自定义函数

在 SQL Server 2005 中，系统除了提供定义为 Transact-SQL 语言一部分的内置函数，还允许用户创建自己的用户定义函数。用户自定义函数有以下 3 种类型：

- 返回单值的标量函数；
- 类似于视图的可更新内嵌表值函数；
- 使用代码创建结果集的多语句表值函数。

10.6.1 标量函数

标量函数是返回单个值的函数。标量函数可以接受多个参数进行计算，并且返回单个值。标量函数一经定义后，就可以在 SQL Server 的表达式（如表的计算列）中使用该函数。

1．创建标量函数

创建标量函数的语法：

```
CREATE   FUNCTION   FunctionName(InputParameters)
     RETURNS   Datatype
AS
  BEGIN
     Sqlstatement
     RETURN   Expression
  END
```

参数说明：

- FunctionName：要创建的函数名称，是一个合法的 SQL Server 标识符，并遵循 SQL Server 命名规则。
- InputParameters：输入参数及参数数据类型，参数可以设定默认值，但调用该函数时仍然需要为参数提供参数值，或将关键字 default 传递给函数。
- Datatype：函数返回值的数据类型。
- Expression：函数的返回值表达式。

【例 10-27】创建一个用户定义标量函数 fsum，其功能为求两个整数的和。

```
CREATE FUNCTION   dbo.fsum (@num1   INT, @num2 INT = 6)     --参数@num2 默认值为 6
RETURNS   INT                  --函数返回值为整数类型
AS
BEGIN
   RETURN @num1 + @num2        --返回值表达式
END
GO
SELECT   dbo.fsum (2,8)
SELECT   dbo.fsum (7, default)
```

执行结果如下：

```
--------------------------
10
13
```

【例 10-28】下面的用户定义标量函数可以根据学生的学号查询学生的出生日期，由此计算出并返回学生的年龄值。

```
--参数@sid 为学生学号，@year 为当前年份
CREATE FUNCTION   dbo.fage(@sid char(10),@year INT = 2004)
RETURNS   INT                  --函数返回值为整数类型
AS
BEGIN
    DECLARE @birdate DATETIME
    SELECT @birdate = stu_birthdate FROM Student WHERE stu_id = @sid
    RETURN @year - YEAR(@birdate)       --返回值表达式
END
GO
SELECT   dbo.fage('0901001',2004)
SELECT   dbo.fage('0901002', default)
```

执行结果如下：

```
--------------------------
26
24
```

对于例 10-28，为何不使用系统函数获取当前日期呢？

需要说明的是，标量函数必须是确定性的，这意味着，如果使用同样的输入参数反复调用它，它每次都应当返回同样的结果值。因此，不能在标量函数中使用返回可变数据的函数和全局变量，如@@connections、getgate()、newid()等。

2．调用标量函数

在表达式中任何可以使用单个值（数据类型相同）的地方都可以使用标量函数。调用用户定义标量函数时，必须始终使用两个部分构成的名字（owner.functionname）。

10.6.2 内嵌表值函数

第二种用户定义函数是内嵌表值函数。内嵌表值函数和视图类似，都包含有一条存储的 SELECT 语句。内嵌表值函数可以使用参数，也可以不使用参数。

1．创建内嵌表值函数

创建用户定义内嵌表值函数的语法格式：

```
CREATE   FUNCTION   FunctionName(InputParameters)
    RETURNS   Table
AS
    RETURN   (select statement)
```

【例 10-29】下面创建的用户定义内嵌表值函数与 10.2 节“创建和管理视图”中创建的视图 V8 具有完全相同的功能。

```
CREATE   FUNCTION   fstu1()
RETURNS Table
AS
RETURN (
SELECT student.Stu_id, student.Stu_name, student. Stu_addr,class.class_id, class.class_name
FROM   Student   INNER JOIN Class
ON   Student.stu_classid = Class. class_id )
```

2．调用内嵌表值函数

用户定义内嵌表值函数创建以后，可以在 SELECT 语句的 FROM 子句中调用它。

【例 10-30】在 SELECT 语句的 FROM 子句中调用内嵌表值函数。

```
SELECT   Stu_id, Stu_name FROM fstu1()
```

执行结果如下：

```
Stu_id        Stu_name
----------------------------
0901001        张三
0901002        李四
```

和存储过程类似，第一次调用内嵌表值函数时，系统性能会有明显的下降，因为系统需要编译函数的代码，并将编译的结果存放于内存中。一旦编译完成后，此后对函数的调用执行速度都将很快。

3．使用参数

与视图相比，内嵌表值函数的一个优点是可以在预编译的 SELECT 语句中使用参数，而视图则不能使用参数，它只能在调用视图的 SELECT 语句中使用 WHERE 子句来实现。以下举例说明视图和函数在运行时限制结果集的不同方法。

【例 10-31】下面的视图可以返回所有学生的学号、姓名和班级信息。

```
CREATE   VIEW   V_stu
AS
SELECT Stu_id, Stu_name, Stu_classid   FROM   Student
```

要查询某个班级的学生信息，需要在下面调用视图的 SELECT 语句的 WHERE 子句的条件中实现：

```
SELECT   *   FROM   V_stu
WHERE Stu_classid = '09 计一'
```

执行结果如下：

```
Stu_id        Stu_name     Stu_classid
------------------------------------------
0901001        张三        09 计一
```

与视图相比，在函数中可以通过为预编译的 SQL SELECT 语句传递补贴的参数对返回的结果集进行限制，举例说明如下。

【例 10-32】创建一个自定义函数。

```
CREATE  FUNCTION  dbo.fstu2(@classid char(10) = null)
RETURNS Table
AS
RETURN (
SELECT Stu_id, Stu_name, Stu_classid  FROM  Student
WHERE stu_classid = @classid  OR @classid  IS  NULL)
```

如果使用 default 关键字来调用该函数，就会返回对应班级的学生信息：

```
SELECT  *  FROM  dbo.fstu2(DEFAULT)
```

执行结果如下：

```
Stu_id      Stu_name    Stu_classid
-----------------------------------------
0901001     张三        09 计一
0901002     李四        09 计二
```

如果通过输入参数传递了班级代码，函数内预编译的 SELECT 语句就会返回对应班级的学生信息。

```
SELECT  *  FROM  dbo.fstu2('09 计一')
```

执行结果如下：

```
Stu_id      Stu_name    Stu_classid
-----------------------------------------
0901001     张三        09 计一
```

10.6.3 多语句表值函数

多语句表值用户定义函数既可以像标量函数那样包含复杂的代码，也可以像内嵌表值函数那样返回一个结果集。多语句表值函数会创建一个表变量，并使用代码对它进行填充，然后返回这个表变量，以便在 SELECT 语句中使用它。

1. 创建多语句表值函数

创建多语句表值函数的语法格式：

```
CREATE  FUNCTION  FunctionName(InputParameters)
    RETURNS  @TableName  Table(Columns)
AS
BEGIN
  Insert  sqlstatement
  RETURN
END
```

参数说明：

- @TableName：函数的局部返回变量名（表变量），其作用域位于函数内。
- Columns：指明表变量中的列名及列数据类型。
- Insert sqlstatement：向表变量中填充数据的 INSERT 语句。

为举例方便，设某学籍管理系统中有学生表（student）、班级表（class）和系部表（dept）。

【例 10-33】创建一个多语句表值用户定义函数，其作用为将属于特定系部的学生信息放入表变量中作为函数的输出。

```
CREATE  FUNCTION  fstu3(@deptid char(10))
RETURNS  @stu  Table
     (stu_id      char(7),
     stu_name  varchar(10),
     dept_id     char(10))
AS
BEGIN
     INSERT  @stu
     SELECT Student.stu_id, Student.stu_name,Dept.id  FROM Student,Class,Dept
     WHERE Student.stu_classid = Class.id AND Class.deptid = Dept.id AND Dept.id = @deptid
     RETURN
END
```

2. 调用函数

要执行多语句表值函数，可以在 SELECT 语句的 FROM 子句中使用它。

【例 10-34】检索“计算机系”全体学生信息。

```
SELECT  *  FROM  dbo.fstu3('计算机系')
```

执行结果如下：

```
stu_id   stu_name    dept_id
----------------------------------------
0301001   张三    计算机系
0301002   李四    计算机系
```

10.7 本章小结

本章介绍了以下几个方面的内容：

视图是定义在一个或多个基表或视图上的一系列 SQL SELECT 语句。通过视图可以简化用户复杂的查询，为用户定制所需的数据，还可以简化用户权限的管理。

视图可以定义、更改和删除，实现方法有两种，一种是通过 SQL Server 管理器，另一种是通过 DDL 语句（CREATE VIEW、ALTER VIEW、DROP VIEW）实现。

通过视图可以查询基础表数据、更改基础表数据、删除基础表数据和向基础表插入数据。

游标（cursor）是一种数据访问机制，它允许用户访问单独的数据行，而非对整个行集进行操作。

可以应用游标查询、更改和删除基础表中的数据。使用游标时，游标必须先声明和打开，然后存取和处理游标结果集中的数据，最后关闭和释放游标。关闭游标和释放游标是两个不同的概念。

在 SQL Server 中，除可以使用 Transact-SQL 语言的内置函数外，还可以创建和使用用户自定义函数。用户自定义函数有 3 种类型：返回单值的标量函数、类似于视图的可更新内嵌表值函数和使用代码创建结果集的多语句表值函数。

第 11 章

用户和安全性管理

数据的安全性是指保护数据以防止因不合法的使用而造成数据的泄密和破坏。这就要采取一定的安全保护措施。在数据库管理系统中，用检查口令等手段来检查用户身份，合法的用户才能进入数据库系统。当用户对数据库执行操作时，系统自动检查用户是否有权限执行这些操作。本章描述了 SQL Server 2005 内置的安全工具的使用，并包含安全认证模式、创建安全账号、管理安全账号、删除登录名和用户、角色和权限管理等内容。

11.1 SQL Server 的登录认证

SQL Server 2005 对用户的访问进行两个阶段的验证：身份验证（Authentication）阶段和权限验证（Permission Validation）阶段。

11.1.1 身份验证（Authentication）阶段

用户在 SQL Server 上获得对任何数据库的访问权限之前，必须登录到 SQL Server 实例上。身份验证阶段 SQL Server 或者 Windows 对用户进行身份验证，如果身份验证成功，用户就可以连接到 SQL Server 实例；否则，服务器将拒绝用户登录，从而保证了系统的安全。

SQL Server 2005 在身份验证阶段可采用两种安全模式：Windows 身份验证模式和混合身份验证模式，具体见 11.2 节。

无论采用哪种身份验证，在 SQL Server 中必须创建对应的登录（Login）账号，Windows 身份验证的登录名需要与系统中的 Windows 用户账号联系，SQL Server 身份验证的登录名需要提供账号名和口令。

11.1.2 权限验证（Permission Validation）阶段

用户通过身份验证阶段的验证，以某个登录名身份连接上数据库实例后，如果需要访问某个数据库中的数据对象（如表），就还需要通过权限验证。首先在要访问的数据库中需要有与登录名相对应的用户（User）账号，其次该用户账号还需要拥有对要访问的数据对象的访问权限。

因此 SQL Server 中有两种账号，一种是登录名（Login Name），另一种是使用数据库的用户账号（User Name）。登录名只是让用户登录到 SQL Server 中，登录名本身并不能让用户访问服务器中的数据库。要访问特定的数据库，还必须具有用户账号。

用户账号是在特定的数据库内创建的，并关联一个登录名（当一个用户账号创建时，必须关联一个登录名）。用户定义的信息存放在服务器上的每个数据库的 sysusers 表中，用户没有密码同它相关联。通过授权给用户来指定用户可以访问的数据库对象的权限。

可以这样想象，假设 SQL Server 是一个包含许多房间的大楼，每一个房间代表一个数据库，房间里的资料可以表示数据库对象，则登录名就相当于进入大门，而每个房间的钥匙就是用户名。房间中的资料根据用户名的不同而有不同的权限。

11.2 管理 SQL Server 登录

11.2.1 身份验证模式介绍

在 SQL Server 的身份验证阶段，有两种安全模式可供选择：Windows 身份验证模式和混合身份验证模式。

1. Windows 身份验证模式

在 Windows 身份验证模式下，SQL Server 检测当前使用 Windows 的用户账号，并在系统注册表中查找该用户，以确定该用户账号是否有权限登录。在这种方式下，用户不必提交登录名和密码让 SQL Server 验证。

Windows 身份验证模式有以下主要优点：

（1）数据管理员的工作可以集中在管理数据库上面，而不是管理用户账号。对用户账号的管理可以交给 Windows 去完成。

（2）Windows 有着更强的用户账号管理工具，可以设置账号锁定、密码期限等。如果不是通过定制来扩展 SQL Server，SQL Server 是不具备这些功能的。

（3）Windows 的组策略支持多个用户同时授权访问 SQL Server。

2. 混合身份验证模式

混合身份验证模式允许以 SQL Server 验证模式或者 Windows 验证模式来进行验证。

SQL Server 验证模式处理登录的过程：用户在输入登录名和密码后，SQL Server 在系统注册表中检测输入的登录名和密码，如果输入的登录名存在，而且密码也正确，就可以登录到 SQL Server 上。

混合验证模式具有如下优点：

（1）创建了 Windows 之外的另一个安全层次。

（2）支持更大范围的用户，例如不是 Windows 的用户、而是 Novell 网络用户等。

（3）一个应用程序可以使用单个的 SQL Server 登录名和密码。

11.2.2 设置身份验证模式

通过设置数据库服务器的属性可以设置服务器允许的身份验证模式。

（1）在管理器的服务器上右击鼠标，在弹出的菜单中选择“属性”命令，打开“服务器属性”对话框。

（2）单击“安全性”标签，打开“安全性”选项卡，如图 11-1 所示。在此选项卡中可以选择验证模式。

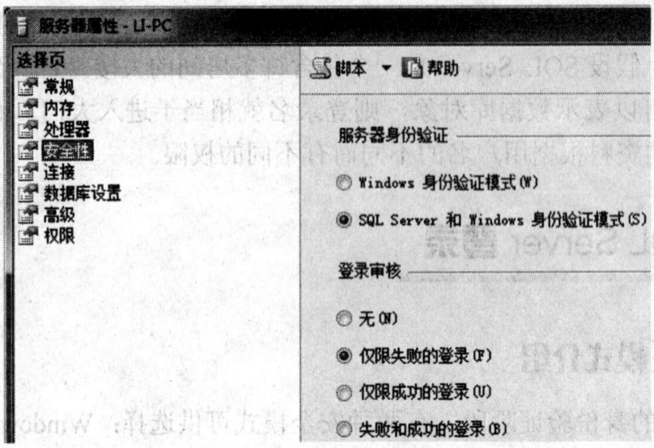

图 11-1　“安全性”选项卡

11.2.3　管理登录名

无论采用哪种身份验证，用户最终必须通过登录名（Login Name）实现与数据库实例的连接，Windows 身份验证的登录名需要与系统中的 Windows 用户账号联系，SQL Server 身份验证的登录名则需要提供账号名和密码。

1．查看登录名

查看登录名的步骤如下：

（1）在“对象资源管理器”中选择数据库。

（2）展开“安全性”和“登录名”。

（3）如果要查看某个账号的具体内容，可以右击要查看的登录名后单击属性，如图 11-2 所示。

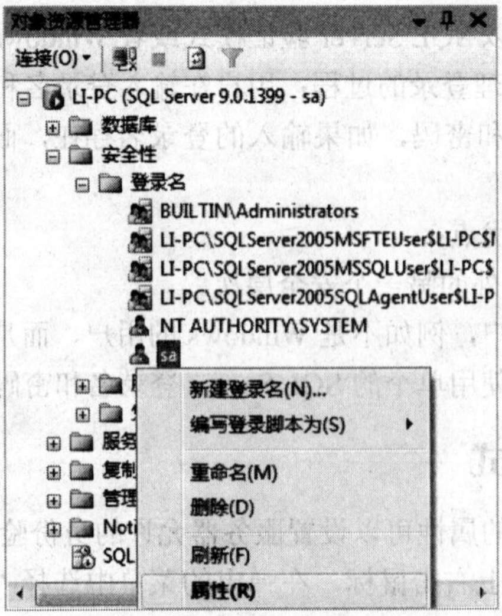

图 11-2　查看登录名

在图 11-2 中可以看到两个系统创建的默认登录名，其含义如下：

- BUILTIN\Administrators：默认的 Windows 身份验证的登录名，凡是属于 Windows 中 Administrators（系统管理员）组的账号都允许登录 SQL Server。
- sa：默认的 SQL Server 身份验证的登录名，又称为超级管理员账号，允许 SQL Server 的系统管理员登录。该账号的密码在安装 SQL Server 2005 时指定。

这两个默认登录名都拥有对 SQL Server 服务器的系统管理权限。

2. 新建登录名

要登录到 SQL Server，必须有一个登录名。如果不希望用户使用默认的登录名，就必须为其创建一个新的登录名。创建一个登录名的操作步骤如下。

（1）打开“登录名-新建”对话框

在“登录名”选项上面右击鼠标，选择“新建登录名（N）”命令，打开“登录名-新建”对话框，如图 11-3 所示。

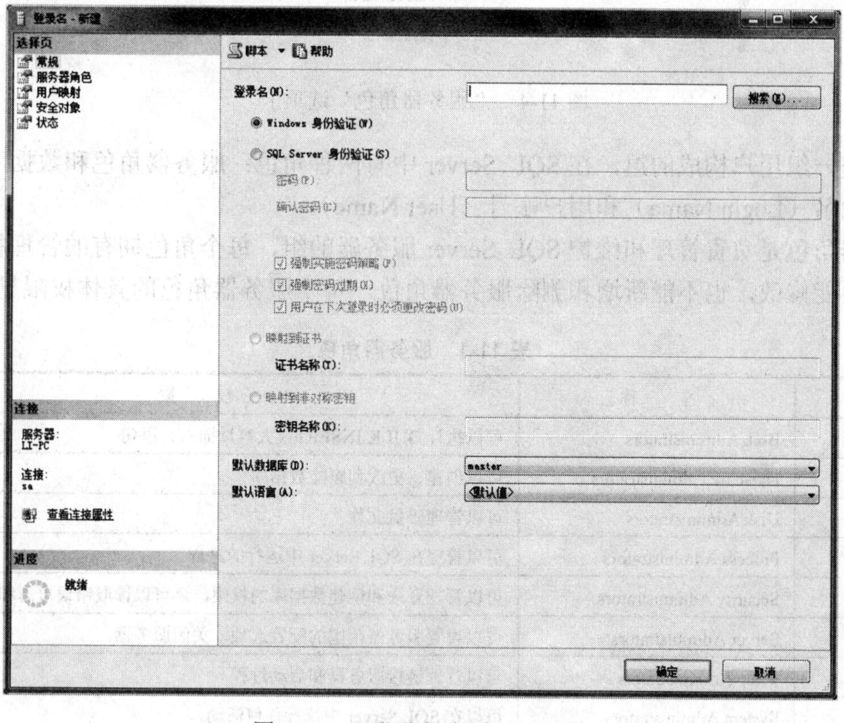

图 11-3 “登录名-新建”对话框

（2）选择身份验证模式和登录名

如果要新建一个 Windows 身份验证的登录名，则在身份验证中选择“Windows 身份验证”，然后单击名称文本框右侧的“搜索”按钮，选择一个 Windows 用户或组。

如果要新建一个 SQL Server 身份验证的登录名，则在身份验证中选择“SQL Server 身份验证”，然后分别输入登录名的名称和密码。

（3）指定默认数据库

可以在“默认数据库”列表中选择一个数据库，以让该登录名默认登录到该数据库中。例如，可以新建一个 SQL Server 登录名 LibAdmin，并设置其默认数据库为 Library，这样一旦用户使用 LibAdmin 登录服务器，系统会自动执行 USE Library 的操作。

（4）设定登录名的权限

登录名不具有访问数据的权限，但可以通过将其加入某些“服务器角色”中以使之拥有某些 SQL Server 服务器的管理权限。单击“服务器角色”标签，打开“服务器角色”选项卡，如图 11-4 所示。在此选项卡中可以设置登录名所属的服务器角色。

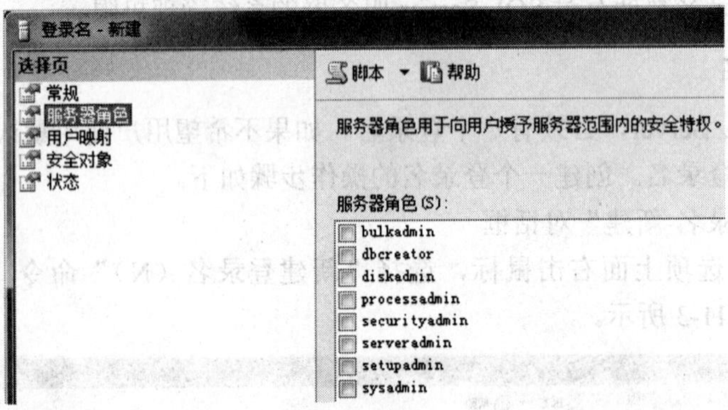

图 11-4 “服务器角色”选项卡

角色是一组用户构成的组，在 SQL Server 中有两种角色：服务器角色和数据库角色，分别对应登录名（Login Name）和用户账号（User Name）。

服务器角色是负责管理和维护 SQL Server 服务器的组，每个角色拥有的管理权限是固定的，用户不能修改，也不能新增和删除服务器角色。每个服务器角色的具体权限见表 11-1。

表 11-1 服务器角色

角　色	全　称	权　限
bulkadmin	Bulk Administrators	可以执行 BULK INSERT（大容量插入）语句
dbcreater	Database Administrators	可以创建、更改和删除数据库
diskadmin	Disk Administrators	可以管理磁盘文件
processadmin	Process Administrators	可以管理在 SQL Server 中运行的进程
securityadmin	Security Administrators	可以管理登录和创建数据库的权限，还可以读取错误日志和更改密码
serveradmin	Server Administrators	可以设置服务器范围的配置选项，关闭服务器
setupadmin	Setup Administrators	可以管理链接服务器和启动过程
sysadmin	System Administrators	可以在 SQL Server 中执行任何活动

3. 修改和删除登录名

（1）修改登录名

在“登录名”中选择要修改的账号，单击右键选择“属性”后打开“登录属性”对话框（见图 11-5），就可以修改登录名的内容。具体操作和新建登录名时类似。

（2）删除登录名

在“登录名”中选择要删除的登录名，单击右键选择“删除”后确认，就可以删除该登录名。

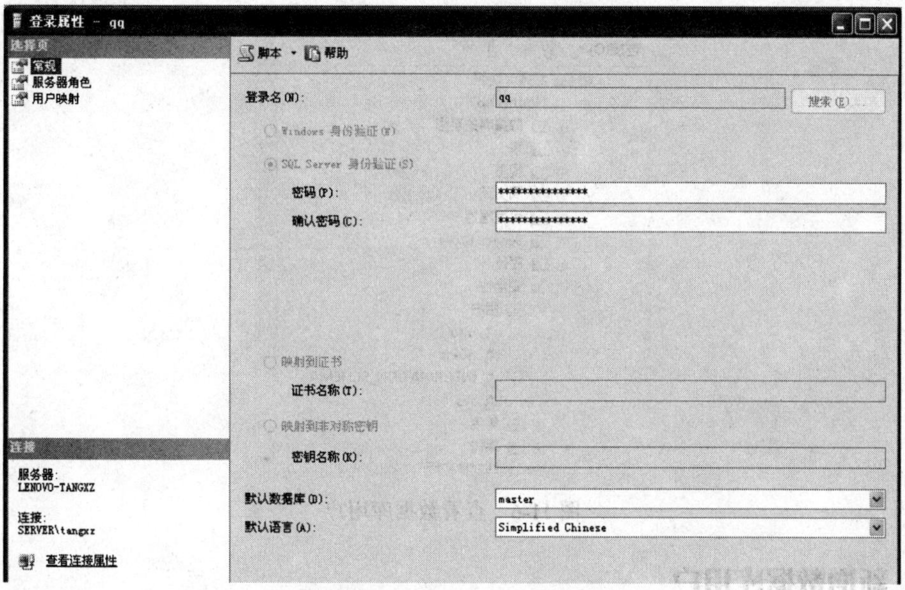

图 11-5　“登录属性”对话框

注意　删除 Windows 身份验证的登录名并不会删除对应的 Windows 用户账号。

11.3　数据库用户

如前所述，登录名只负责在用户连接数据库实例时的验证，登录名本身不能让用户访问服务器中的数据库，要访问数据，用户还必须在数据库中拥有和其登录服务器所用的登录名相关联的用户账号，也称为数据库用户。

11.3.1　查看数据库用户

要查看数据库 Northwind 中的用户，可以按照以下步骤操作：

（1）在“对象资源管理器中”中选择服务器，然后展开“数据库”。

（2）选择数据库“Northwind”，然后展开“用户”。

（3）浏览所有的数据库用户账号，如图 11-6 所示。如果要查看某个账号的具体内容，可以右击要查看的用户账号后单击“属性”菜单项。

SQL Server 为每个数据库自动创建 dbo 账号，该账号和所有属于 sysadmin 服务器角色的登录名（如 sa）相关联，并且 dbo 对所属的数据库拥有完全的权限。除 dbo 外，系统还为默认数据库创建 guest 账号，任何一个登录名当在数据库中没有用户账号与之关联时均可通过数据库中的 guest 账号访问数据库。用户新建的数据库中则没有 guest 账户，是否需要建立由该数据库的访问需求决定。但有一点需要注意，master 和 tempdb 数据库中的 guest 账号不能删除，因为任何一个登录名都需要访问这两个数据库。

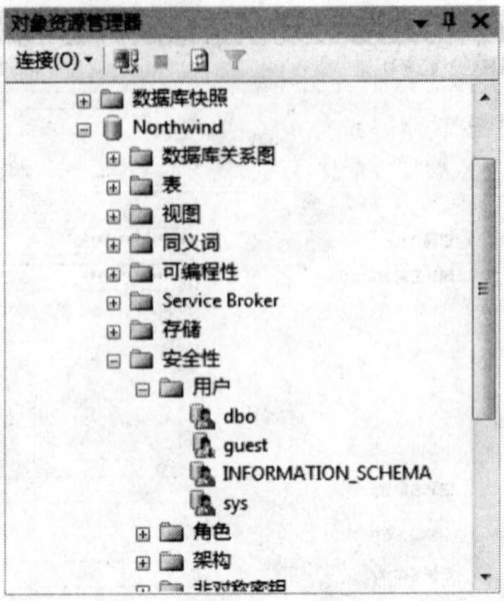

图 11-6　查看数据库用户

11.3.2　新增数据库用户

要查新增数据库 Northwind 中的用户，可以按照以下步骤操作。

（1）打开“新建用户”对话框

在“对象资源管理器”中展开数据库 Northwind 文件夹，右击“用户”选项，选择“新建用户”命令，如图 11-7 所示，打开“新建用户”对话框。

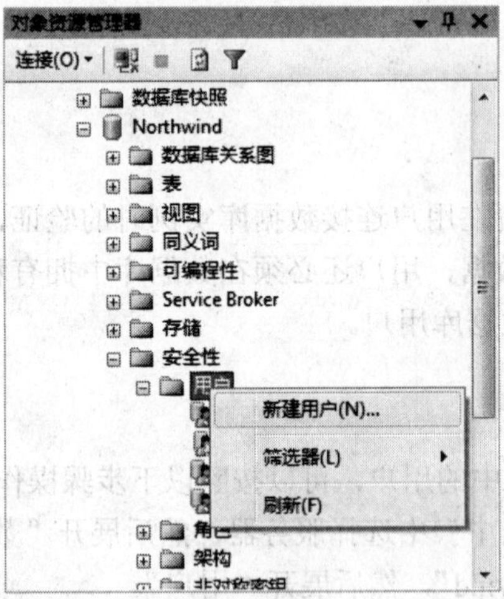

图 11-7　选择“新建用户”

（2）输入用户名，并选择相关联的登录名

单击“登录名”文本框右端的按钮，选择要关联的登录名。

> **注意**　一个登录名在一个数据库中只能与一个用户名相关联。

在新建用户时可以同时选择该用户所属的数据库角色，关于数据库角色的说明见 11.5 节。

11.3.3　修改和删除数据库用户

通过管理器可以很方便地修改和删除一个数据库用户。

1．修改数据库用户

在“用户”中选择要修改的账号，单击右键选择“属性”后打开“数据库用户”对话框，就可以修改用户账号的属性。除了新建账号时的内容外，在“数据库用户”对话框中还可以设置用户的权限，详细内容见 11.4 节。

2．删除数据库用户

在“用户”中选择要删除的账号，单击右键选择“删除”后确认，就可以删除该数据库用户。

> **注意**　删除数据库用户名并不会删除相关联的登录名。

11.4　权限管理

11.4.1　权限设置对话框

一旦创建了数据库用户，随之而来的便是管理这些用户权限。可以通过将用户加入一个数据库角色或者为其赋予更细的权限来管理用户。设置权限操作步骤如下：

（1）在新建数据库用户或修改数据库用户属性时，打开“数据库用户”对话框。

（2）在“数据库用户”对话框中，选择“安全对象”选项，单击“添加”按钮，打开“添加对象”对话框，如图 11-8 所示。例如，选择“特定类型的所有对象”，单击“确定”按钮，则打开“选择对象类型”对话框。

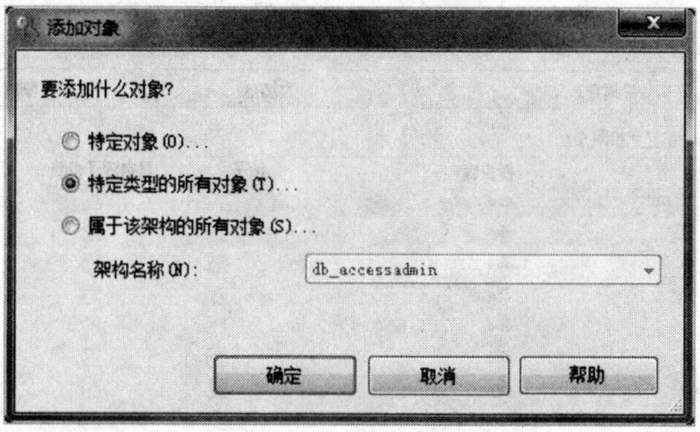

图 11-8　“添加对象”对话框

- 特定对象。打开“特定对象”对话框，可以进一步定义对象搜索。
- 特定类型的所有对象。打开“特定类型的所有对象”，可以指定应包含在基础列表中的对象的类型。

- 属于该架构的所有对象。添加由“架构名称”框中指定架构拥有的所有对象。只出现在“数据库用户 - 新建”等数据库作用域对话框中。

（3）在“选择对象类型”对话框中，如图 11-9 所示，选择“表”后单击“确定”按钮，选择所有的表为安全对象。

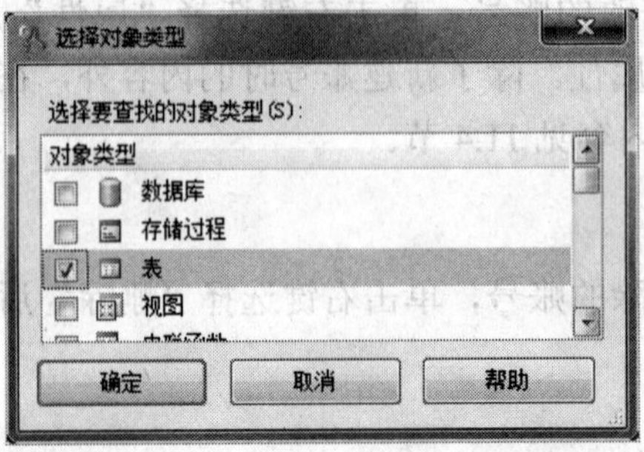

图 11-9 “选择对象类型”对话框

（4）如果要设置对某一数据库对象的操作权限，可以通过对应的复选框设置。如图 11-10 所示，可以将各类权限设置为“授予”、“具有授予权限”或“拒绝”，或者不进行任何设置。选中“拒绝”将覆盖其他所有设置。如果未进行任何设置，将从其他组成员身份中继承权限（如果有的话）。

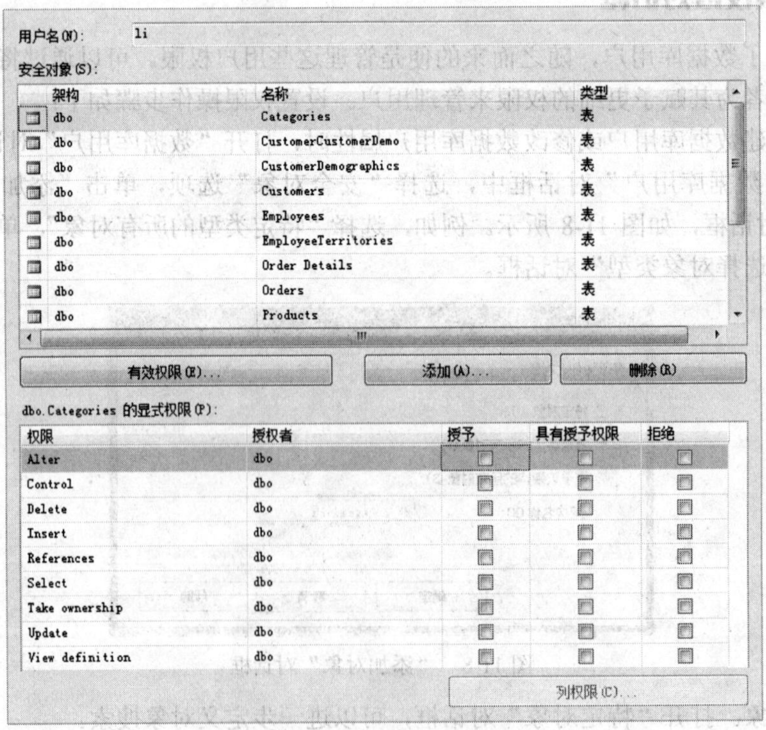

图 11-10 权限设置

11.4.2 权限设置

1. 权限类型

（1）对象权限

对象权限是指处理数据或执行过程时需要称为对象权限的权限类别。

- SELECT、INSERT、UPDATE 和 DELETE 语句权限可以应用到整个表或视图中。
- SELECT 和 UPDATE 语句权限可以有选择性地应用到表或视图中的单个列上。
- SELECT 权限可以应用到用户定义函数。
- INSERT 和 DELETE 语句权限会影响整行，因此只可以应用到表或视图中，而不能应用到单个列上。
- EXECUTE 语句权限可以影响存储过程和函数。

（2）语句权限

语句权限是指创建数据库或数据库中的项（如表或存储过程）所涉及的活动要求的另一类称为语句权限的权限。例如，如果用户必须能够在数据库中创建表，则应该向该用户授予 CREATE TABLE 语句权限。语句权限（如 CREATE DATABASE）适用于语句自身，而不适用于数据库中定义的特定对象。语句权限有以下内容：

```
BACKUP  DATABASE
BACKUP  LOG
CREATE  DATABASE
CREATE  DEFAULT
CREATE  FUNCTION
CREATE  PROCEDURE
CREATE  RULE
CREATE  TABLE
CREATE  VIEW
```

（3）暗示性权限

暗示性权限控制那些只能由预定义系统角色的成员或数据对象所有者执行的活动。例如，sysadmin 固定服务器角色成员自动继承在 SQL Server 安装中进行操作或查询的全部权限。数据库对象所有者（dbo）还有暗示性权限，可以对所拥有的对象执行一切活动。例如，拥有表的用户可以查看、添加或删除数据、更改表定义或控制允许其他用户对表进行操作的权限。

2. 权限设置

数据库对象的操作权限有三种设置状态，对应图 11-10 中的复选框状态如下：

- 授予：表示具有该权限。
- 具有授予权限：表示具有该权限，并可以将该权限授予其他用户。
- 拒绝：表示不具有该权限。

11.5 角色管理

角色是一个强大的工具，可以将用户集中到一个单元中，然后对该单元设置权限。对一个角色授予、拒绝或废除的权限也适用于该角色的任何成员。可以建立一个角色来代表单位中一类工作人员所执行的工作，然后给这个角色授予适当的权限。当工作人员开始工作时，只需将他们添加为该角色成员，当他们离开工作时，将他们从该角色中删除；而不必在每个人接受或离开工作时，反复授予、拒绝和废除其权限。权限在用户成为角色成员时自动生效。

和登录名类似，用户账号也可以分成组，称为数据库角色（Database Roles）。数据库角色应用于单个数据库，它包括该数据库中的一些数据库用户。在 SQL Server 中，数据库角色可分为以下两种。

- 数据库角色：由数据库成员所组成的组，此成员可以是用户或者其他的数据库角色。
- 应用程序角色：用来控制应用程序存取数据库的，本身并不包含任何成员。

11.5.1 数据库角色

1．固定角色

在数据库创建时，系统默认创建 10 个固定的数据库角色。先展开 Northwind 数据库，再展开“数据库角色”选项，即可看到默认的固定角色，如图 11-11 所示。

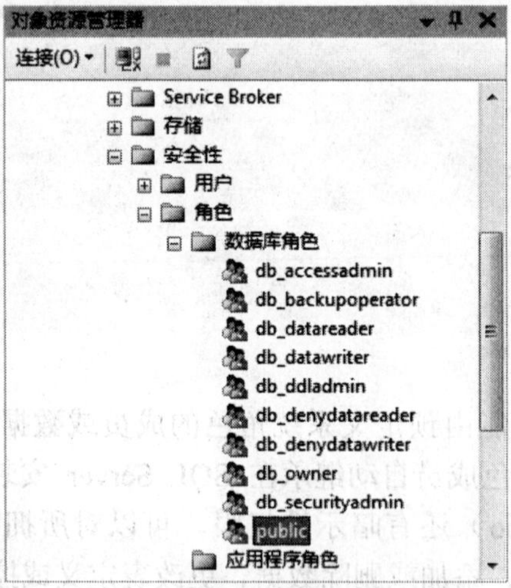

图 11-11　默认的 10 个数据库角色

public 角色是最基本的数据库角色，任何新建数据库用户默认都会属于该角色。10 个默认固定角色的含义见表 11-2。

表 11-2　默认固定角色的含义

角　色	含　义
db_accessadmin	可以管理对数据库的访问
db_backupoperator	可以备份数据库
db_datareader	可以读所有用户表中的所有数据

续表

角 色	含 义
db_datawriter	可以在所有用户表中添加、删除和更新数据
db_ddladmin	可以执行任何 DDL（数据定义语言）命令
db_denydatareader	不能读所有用户表中的所有数据
db_denydatawriter	不能在所有用户表中添加、删除和更新数据
db_owner	可以执行所有的配置和维护行为
db_securityadmin	可以修改数据库角色成员并管理权限
public	一个特别的数据角色。所有的数据库用户都属于 public 角色。不能将用户从 public 角色中移除

2. 使用角色

可以查看角色的属性，也可以将一个用户添加到角色中。下面以 db_owner 数据库角色为例，来查看它的属性，并将用户 li 加入该角色中。操作步骤如下：

（1）选择数据库 Northwind，展开"数据库角色"选项。

（2）右击 db_owner 角色，然后选择"属性"命令，打开"此角色的成员"对话框，如图 11-12 所示。单击"添加"按钮，打开"选择数据库用户或角色"对话框。

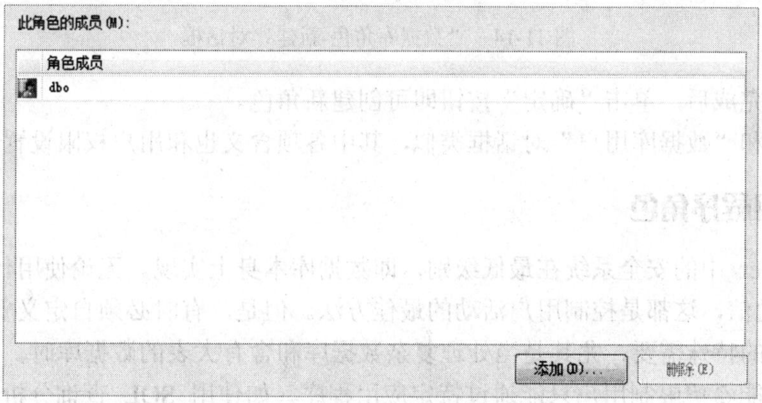

图 11-12 "此角色的成员"对话框

（3）在"选择数据库用户或角色"对话框中，如图 11-13 所示输入用户名"li"，可以通过"检查名称"按钮检查用户名的有效性，然后单击"确定"按钮。

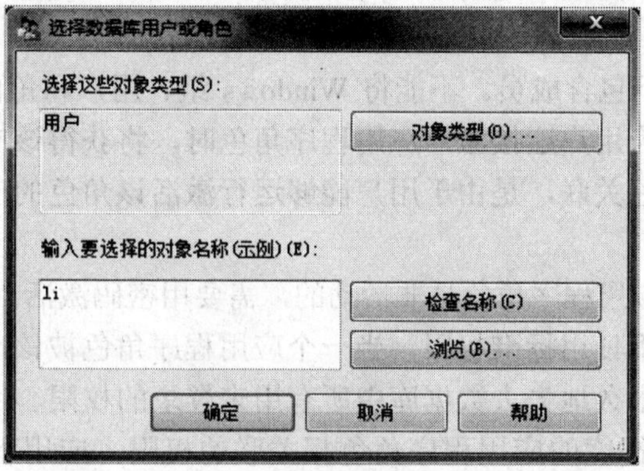

图 11-13 "选择数据库用户或角色"对话框

3. 新建角色

也可以创建一个新角色。建立一个数据库角色的操作步骤如下：

（1）在“对象资源管理器”中右击“数据库角色”选项，选择“新建数据库角色”，弹出“数据库角色-新建”对话框，如图 11-14 所示。

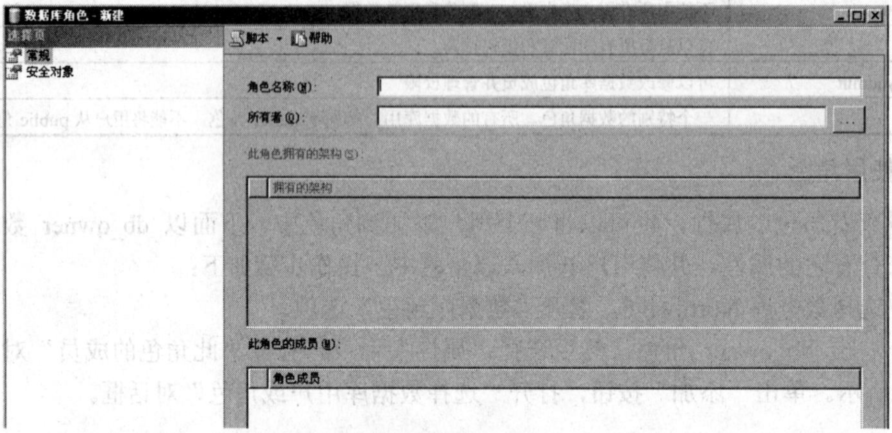

图 11-14 “数据库角色-新建”对话框

（2）设置完成后，单击“确定”按钮即可创建新角色。

该对话框和“数据库用户”对话框类似，其中各项含义也和用户权限设置时相同。

11.5.2 应用程序角色

SQL Server 中的安全系统在最低级别，即数据库本身上实现。无论使用什么应用程序与 SQL Server 通信，这都是控制用户活动的最佳方法。但是，有时必须自定义安全控制以适应个别应用程序的特殊需要，尤其是当处理复杂数据库和含有大表的数据库时。

此外，可能希望限制用户只能通过特定应用程序（如使用 SQL 查询分析器或 Microsoft Excel）来访问数据或防止用户直接访问数据。限制用户的这种访问方式将禁止用户使用应用程序（如 SQL 查询分析器）连接到 SQL Server 实例并执行编写质量差的查询，以免对整个服务器的性能造成负面影响。

SQL Server 使用应用程序角色来满足这些要求，应用程序角色和数据库角色的区别有如下 3 点：

（1）应用程序角色不包含成员。不能将 Windows 组、用户和角色添加到应用程序角色；当通过特定的应用程序为用户连接激活应用程序角色时，将获得该应用程序角色的权限。用户之所以与应用程序角色关联，是由于用户能够运行激活该角色的应用程序，而不是因为其是角色成员。

（2）默认情况下，应用程序角色是非活动的，需要用密码激活。

（3）应用程序角色不使用标准权限。当一个应用程序角色被该应用程序激活以用于连接时，连接会在连接期间永久地失去数据库中所有用来登录的权限、用户账户、其他组或数据库角色。连接获得与数据库的应用程序角色相关联的权限，应用程序角色存在于该数据库中。因为应用程序角色只能应用于它们所存在的数据库中，所以连接只能通过授予其他数据库中 guest 用户账户的权限，获得对另一个数据库的访问。因此，如果数据库中没有 guest 用户账户，则连接无法获得对该数据库的访问。如果 guest 用户账户确实存在于数据库中，但是访问对象的权限没有显式地授予 guest，则无论是谁创建了对象，连接都不能访问该对象。用户从应用程序角色中获得的权限一直有效，直到连接从 SQL Server 退出为止。

若要确保可以执行应用程序的所有函数，连接必须在连接期间失去应用于登录和用户账户或所有数据库中的其他组或数据库角色的默认权限，并获得与应用程序角色相关联的权限。例如，如果应用程序必须访问通常拒绝用户访问的表，则应废除对该用户拒绝的访问权限，以使用户能够成功使用该应用程序。应用程序角色通过临时挂起用户的默认权限并只对其指派应用程序角色的权限而克服任何与用户的默认权限发生的冲突。

下面是一个使用应用程序角色的例子：

假设用户 Tom 运行统计应用程序。该应用程序要求在数据库 library 中的表 copy 和 title 上有 SELECT、UPDATE 和 INSERT 权限，但 Tom 在使用 SQL 查询分析器或任何其他工具访问 copy 或 title 表时不应有 SELECT、INSERT 或 UPDATE 权限。若要确保如此，可以创建一个拒绝 copy 和 title 表上的 SELECT、INSERT 或 UPDATE 权限的数据库角色，然后将 Tom 添加为该数据库角色的成员，接着在 library 数据库中创建拥有 copy 和 title 表上的 SELECT、INSERT 和 UPDATE 权限的应用程序角色。当应用程序运行时，该应用程序通过使用 sp_setapprole 存储过程提供密码激活应用程序，并获得访问 copy 和 title 表的权限。如果 Tom 试图使用除该应用程序外的任何其他工具登录到 SQL Server 实例，则将无法访问 copy 和 title 表。

创建应用程序角色的操作步骤和数据库角色类似，右击“应用程序角色”，选择“新建应用程序角色(N)...”，弹出如图 11-15 所示对话框，设置角色名称和密码。

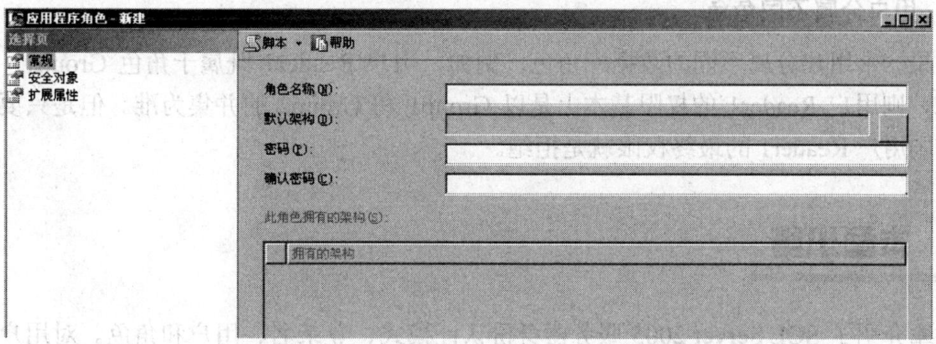

图 11-15 “应用程序角色-新建”对话框

11.5.3 用户和角色的权限问题

用户是否具有对数据库对象操作的权利，要看其权限设置而定，但是，它还要受其所属角色的权限的限制。

1. 用户权限继承角色的权限

数据库角色中可以包含许多用户，用户对数据库对象的存取权限也继承自该角色。例如，若用户 Reader1 属于角色 Group1，角色 Group1 已经取得对表 title 的 SELECT 权限，则用户 Reader1 也取得了对表 title 的 SELECT 权限。如果 Group1 对 title 没有 INSERT 权限，而 Reader1 取得了该权限，这样 Reader1 最终也取得对表 title 的 INSERT 权限。允许的权限继承关系见表 11-3。

表 11-3　允许的权限继承关系

title 表	SELECT	INSERT
public 的权限	Not Set	Not Set
Group1 的权限	√	NotSet
Reader1 的权限	Not Set	√
Reader1 的最终权限	√	√

2. 拒绝权限是优先的

当在权限继承关系时对某一数据库对象出现了拒绝权限，在该权限是优先的，即无论其他的权限设置如何，最终权限必定是拒绝。例如，只要 Reader1 和 Group1 中有一个对 title 的某操作是拒绝，则其的最终权限就是拒绝的。拒绝的权限继承关系见表 11-4。

表 11-4　拒绝的权限继承关系

title 表	SELECT	INSERT
public 的权限	Not Set	Not Set
Group1 的权限	√	×
Reader1 的权限	×	√
Reader1 的最终权限	×	×

3. 用户分属不同角色

如果一个用户分属不同的数据库角色，例如，用户 Reader1 既属于角色 Group1，又属于 Group2，则用户 Reader1 的权限基本上是以 Group1 和 Group2 的并集为准。但是只要有一个拒绝，则用户 Reader1 的最终权限就是拒绝。

11.6 本章小结

本章介绍了 SQL Server 2005 服务器身份认证模式、登录名、用户和角色。对用户和角色的权限设置做了详细的介绍。

SQL Server 2005 支持两种验证模式：Windows 身份验证模式、SQL Server 和 Windows 混合身份认证验证模式。Windows 身份验证模式是使用 Windows 的验证机制；混合验证模式则是使用 Windows 和 SQL Server 验证两种方法的结合。

登录名（Login Name）被放置在 master 数据库中，用来对用户进行验证。用户账号（User Name）被存储在具体数据库的 sysusers 表中，用来将登录名连接到特定的数据库中。每一个登录名在一个数据库中只能关联到一个用户上。

用户账号名信息被存储在每个数据库中的系统表中。用户名的信息包括所有组的信息。登录名的信息被存放在 master 数据库的 syslogin 表中。

可以对表和视图授予查询、插入、修改和删除的权限，但是对存储过程只能授予执行的权限。

角色是用户组成的集合，角色合用的权限决定了用户的最终权限，而拒绝的权限是优先的。这有助于数据库的安全性。

通过本章的学习，读者应该掌握如何设置 SQL Server 2005 的验证模式，如何创建、管理账户以及管理角色和权限。

第 12 章

ADO.Net 程序设计

数据库系统是计算机编程中应用最广泛和多样的领域，为了增强系统的数据访问能力，微软公司从 Visual Basic 3.0 版就开始内置了从关系型数据库读取数据的能力，并不断提高自己的数据访问技术。过去广泛使用的技术是 Microsoft ActiveX Data Object（ADO，ActiveX 数据对象），它曾是实现客户－服务器体系数据库系统的最佳方式，但对 Internet 上的高度分布式环境来说，这种技术就显得有些力不从心了。

集成在微软新一代应用系统开发平台 Visual Stdio.Net 中的 ADO.Net 是 ADO 的新版本，其功能得到了进一步的提高和完善，加大了对 Internet 和 XML 的支持，并对访问 Microsoft SQL Server 进行了优化。通过它，开发人员可以轻松地在 Visual Baisc.Net 中创建基于 SQL Server 的分布式、数据共享的应用程序。

本章首先回顾 ADO 技术，然后着重介绍使用 ADO.Net 设计数据库应用程序的基本概念，并结合一些实例演示这些概念的实现。

12.1 数据访问技术介绍

早期的数据库访问技术可以大致分为三个层次。

12.1.1 底层 API

数据库访问的底层技术是一些直接能访问 DBMS 的 API 函数库，虽然其效率很高，但是其使用非常烦琐，所以一般不直接用在应用程序的编写中。

1．本地数据库引擎

Jet 是早期微软提出的专门针对本地数据访问需求的数据访问 API，适用于对 Access、Excel 等各种本地数据源的访问。

2．ODBC（开放数据互连接口）

ODBC 是在数据库和应用程序之间提供的一个抽象层，即通过驱动程序和游标库来与数据库通信。由于微软很早就提出了 ODBC 标准，所以目前几乎所有的关系型数据库都支持该接口，使得 ODBC 成为最通用的数据库访问 API。

3．OLE DB

OLE DB 是微软推出的最新技术，它是一系列的 COM（组件对象模型）接口，这些接口允许开发人员创建数据提供程序（Data Provider），数据提供程序能灵活地表达出以各种格式存储的数据。和 ODBC 相比，虽然两者的概念相似，但 OLE DB 提供了更好的访问数据的灵活性。OLE DB 支持目前大多数主流的 DBMS，如 Microsoft SQL Server、Oracle 等。

12.1.2 数据对象接口

由于直接使用以上底层技术提供的 API 访问数据库非常麻烦，所以微软用面向对象的思想把这些 API 封装在数据对象中，让程序员可以通过使用这一系列对象方便地访问数据库。

1．DAO

DAO（Data Access Object，数据访问对象）作为第一个数据访问接口最早使用在 VB 3.0 中。DAO 最初只支持访问 Jet 数据源，后来逐步扩展到访问 ODBC 数据源。

2．RDO

RDO（Remote Data Object，远程数据对象）是 VB 提供的访问数据库的第二种接口。利用 RDO 和 MSRDC，应用程序不需使用本地的查询处理程序即可访问 ODBC 数据源。这意味着，在访问远程数据库引擎时，可以获得更好的性能与更大的灵活性。

3．ADO

ADO（ActiveX Data Object，ActiveX 数据对象）是微软公司提出的第三种数据库访问接口，它封装了 OLE DB。

12.1.3 数据控件

数据控件是一些用可视化的控件，进一步封装了的数据对象，让开发人员可以更方便地使用这些技术。早期的数据库访问技术是随着关系型数据库共同发展起来的。如图 12-1 所示，它们的一个显著特征就是这些中间件的 API 和对象模型，都和关系型数据库的处理方式保持一致，都具有表、查询和数据集等概念。

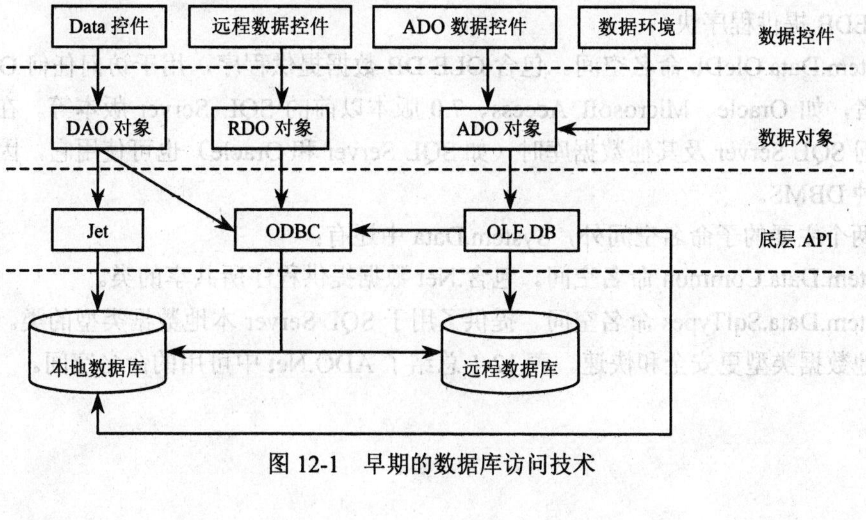

图 12-1 早期的数据库访问技术

12.1.4 ADO 对象模型

ADO 对象的特征在于它的简单和非层次结构。ADO 对象模型包含 Connection、Command、Parameter、Recordset、Field、Property、Error 7 个对象，另外还包含 Fields、Properties、Parameters、Errors 集合。

ADO 非常可靠，它已成为 Visual Studio 应用程序访问数据的默认标准方法。虽然 ADO 比过去的其他数据访问方法要优越，但是它仍然存在一些不足：

（1）Recordset 不支持表间关系。

（2）Recordset 主要在连接模式下运行（虽然它修改后也可以用于断开连接模式）。这就会导致多个数据库锁定和活动连接，从而影响应用程序的性能和可伸缩性。

（3）穿过防火墙进行通信比较困难，这是由于多数防火墙都配置用于防止系统级请求。

12.2 用于数据访问的命名空间

Microsoft.Net Framework 是一个面向对象的系统。在使用此框架的特定部分时，必须包括对适当的命名空间的引用。

在 Microsoft Visual Basic 中使用 ADO.Net 时，必须引用 System.Data 命名空间，所有 ADO.Net 的类都定义在该命名空间及其子命名空间中，也就是说 System.Data=ADO.Net。因此，在任何想使用数据访问的程序中，都应该在顶部添加 Imports 语句：

```
Imports System.Data
```

添加 ADO.Net 的主命名空间后，还要根据所选用的数据源引用 System.Data.OleDb 或 System.Data.SqlClient 命名空间。System.Data 提供了通用的代码，而 System.Data.OleDb 和 System.Data.SqlClient 是.Net Framework 的两个不同的数据提供程序的命名空间。

- System.Data.SqlClient 命名空间。包含 SQL Server 数据提供程序，用于访问 SQL Server 7.0 数据库及更高版本。由于它直接使用 SQL Server 而不用经过 OLEDB 层，所以它比 OLEDB 提供程序快。
- System.Data.OleDb 命名空间。包含 OLE DB 数据提供程序，用于访问任何 OLE DB 提供者，如 Oracle、Microsoft Access、7.0 版本以前的 SQL Server 版本等。在需要同时访问 SQL Server 及其他数据库时（如 SQL Server 和 Oracle）也可使用它，因为它支持多种 DBMS。

除这两个主要的子命名空间外，System.Data 中还有：

- System.Data.Common 命名空间。包含.Net 数据提供程序所共享的类。
- System.Data.SqlTypes 命名空间。提供了用于 SQL Server 本地数据类型的类。这些类比其他数据类型更安全和快速。表 12-1 总结了 ADO.Net 中可用的命名空间。

表 12-1 ADO.Net 的命名空间

System.Data	ADO.Net 的数据使用程序类和其他基本对象和类型
System.Data.OleDb	托管的 OleDb 数据使用程序类
System.Data.SqlClient	托管的 SqlClient 数据使用程序类
System.Data.Common	.Net 数据提供程序所共享的类
System.Data.SqlTypes	SQL 数据类型

图 12-2 则列出了这几个命名空间中主要的类。

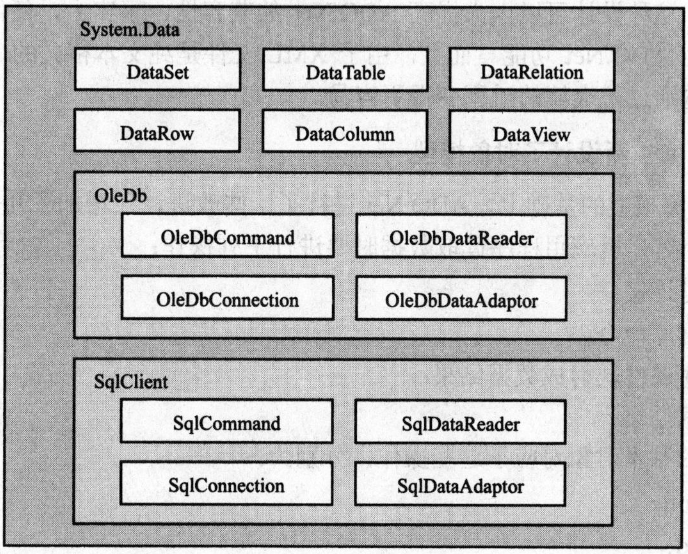

图 12-2 ADO.Net 中的类

从图 12-2 可知，SqlClient 提供程序提供了 Command、Connection、DataReader 和 DataAdapter 四个类。OleDb 提供程序与 SqlClient 类似。例如，Command 对象在 OLE DB 中叫做 OleDbCommand，而在 SQL Server 中则叫做 SqlCommand。

12.3 ADO.Net 模型

ADO.Net 是一种新的数据访问策略，它不只是 ADO 的改进版本，实际上 ADO.Net 是一种全新的数据访问技术。

12.3.1 ADO.Net 简介

ADO.Net 在许多方面都采用了新的思维方式。

1. ADO.Net 采用了“断开连接”模式

这种思想就是，在高度互联的世界中，应用程序中的数据可以有多个来源（如北京的电子邮件服务器、上海的数据库服务器或苏州的文件服务器）以及多种格式。用户希望能快速地取回数据，这样就可以在本地使用这些数据，而不需要保持到数据存储的连接。稍后就可以将任何修改传递到其数据存储（方法也是建立快速连接来进行修改操作）。这种断开连接模式是 ADO.Net 和 ADO 之间一个主要的差别。

2. ADO.Net 提供了对 XML 的内在支持

为了方便在组件间进行数据交换，ADO.Net 使用了一个基于 XML 的数据格式来表示存放在本地的数据，以取代 ADO 中 Recordset 所使用的二进制数据格式。当需要将数据从一个组件传递到另一个组件时，AOD.Net 会将内存中的数据（用 DataSet 对象保存的一个小型的数据库）表示为一个 XML 文档，然后将这个 XML 文档发送给另一个组件。由于 XML 标准已被广泛采用，这种设计可以大大提高 ADO.Net 的兼容性，事实上，任何能够读取 XML 的组件都可以利用 ADO.Net 功能。而且，由于 XML 文件是纯文本格式的，所以这样的设计还可以使数据传输通过防火墙的过程变得更容易。

3. ADO.Net 重新设计了对象模型

在 ADO 对象模型的基础上，ADO.Net 进行了一些改进，还增加了几个数据访问组件。

一般而言，客户机应用程序读取数据时要进行下列操作：

- 建立数据连接；
- 执行数据库命令；
- 将数据库属性映射成数据结果；
- 存储数据结果。

ADO.Net 的基本对象对应于这些操作，分别为：

- Connection；
- Command；
- DataAdapter；
- DataSet 和 DataReader。

后面将详细介绍这些对象的使用。

12.3.2 托管提供程序

在数据库应用程序的.Net 环境中，有数据提供程序（Data Provider）和数据使用程序（Data Consumer）两类对象。数据提供程序负责连接到数据库执行命令并返回结果。一般使用 DataReader 返回命令结果，或用 DataAdapter 返回命令结果并填充 DataSet。在 ADO.Net 中，数据提供程序被称为托管提供程序（Managed Provider），这只是因为它们是由.Net Framework 托管的。数据使用程序就是那些使用数据提供程序用于操纵或检索数据服务的应用程序。

总之，数据提供程序由下列对象组成：Connection、Command、DataAdapter 和 DataReader。

12.3.3 ADO.Net 模型体系

图 12-3 是一个 ADO.Net 模型的体系结构。图 12-3 中表示层中的客户机可以通过两条不同的路径从数据存储访问数据：DataSet 或 DataReader。使用 DataSet 时，打开数据库连接并且 DataAdapter 通过 Connection 发送 Command 从数据库检索结果；然后，DataAdapter 用检索到的数据填充 DataSet 并将其返回给客户。如果使用 DataReader 打开数据库连接，

DataReader 通过 Connection 发送 Command 检索结果中的只向前的数据流。请注意图 12-3 中 DataReader 和 Command 对象间的双箭头只是表明 DataReader 执行 Command 检索数据。在 DataSet 和 DataReader 这两条路径中，数据提供程序负责与数据库的通信和检索。现在简单介绍一下 4 个数据提供程序对象。

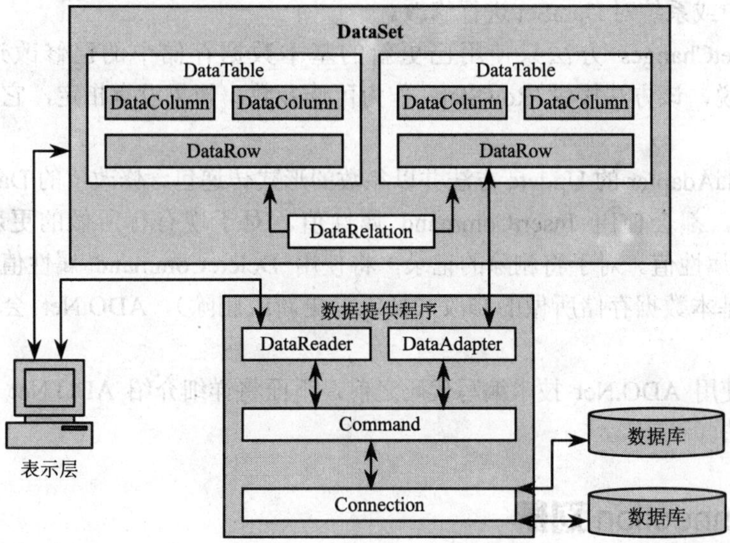

图 12-3 ADO.Net 模型体系结构

（1）Connection

Connection 对象建立到特定数据库的连接。使用 Connection 对象上的 Open 方法打开连接或在使用 DataAdapter 时隐式使用 Connection 对象。

（2）Command

Command 对象通过 Connection 对象传递命令并在数据库上执行命令，然后就将检索结果返回到 DataReader 或 DataSet 中，如下列各段所述。这里传递给数据库的命令包括 SQL 语句、存储过程等。

（3）DataReader

DataReader 对象从数据库读取只读、只向前的数据流，并与 Command 和 Connection 对象联合使用。由于 DataReader 是只读的和只向前的，所以可以提供对数据的快速访问。如前所讲述的一样，它比使用 DataSet 的速度快。不过，请注意在使用它时要保持到数据库的连接处于活动状态。这就意味着必须在结束时关闭 DataReader 对象，才能释放连接。

（4）DataAdapter

DataAdapter 是 ADO.Net 中新增的一个数据提供程序对象，它用于用数据源填充 DataSet 并解析更新。它配合 Connection 和 Command 对象从数据存储检索数据。DataAdapter 也提供了将内存 DataSet 中的本地修改的数据存回其基本数据存储的能力。

下面详细讨论如何结合 DataAdapter 和 DataSet 使用数据并将修改的数据存回数据存储。从前面已知道 DataSet 运行在断开连接模式下，也就是说一旦填充后，就不再保持到底层数据库的连接。在 ADO Recordset 中这样操作非常困难，一般情况下，在使用 Recordset 的整个过程中都要保持到数据库的连接。

使用 DataSet 和 DataAdapter 底层数据库中的数据的基本流程如下：

（1）指定 DataAdapter 的 SelectCommand、InsertCommand、UpdateCommand 和 DeleteCommand。

（2）使用 DataAdapter 从数据库检索数据并填充 DataSet。

（3）允许用户或系统对 DataSet 进行修改。

（4）调用 GetChanges 方法只使用已更新的基本数据存储中的已修改过的值来填充 DataSet，换句话说，该方法接受 RowState 作为可选参数，如果没有指定，它就会返回所有已修改过的行。

（5）调用 DataAdapter 的 Update 方法并以参数的形式传递包含修改值的 DataSet。对于已完成的插入操作，都会使用 InsertCommand 属性值。对于现有行所做的更新，都会使用 UpdateCommand 属性值。对于将删除的记录，将使用 DeleteCommand 属性值。比较妙的就是：根据需要对基本数据存储所做的修改（插入、更新或删除），ADO.Net 会自动调用适当的命令。

在详细介绍使用 ADO.Net 技术编写代码之前，下面将详细介绍 ADO.Net 中的几个基本对象的概念和用法。

12.4 SqlConnection 对象

System.Data.SqlClient 命名空间中的 SqlConnection 类是专用于连接 SQL Server 数据库的，该对象在数据提供程序中的位置参考图 12-3。

SqlConnection 对象是访问数据库的基础，每次访问 SQL Server 数据库都要使用到它。首先介绍一些与 SqlConnection 类相关的属性。

12.4.1 SqlConnection 的属性

SqlConnection 类中有许多属性，在这些属性中，最重要的就是 ConnectionString 属性，其他属性在本质上都是通过该属性设置的。

ConnectionString 属性将想建立的连接的详细信息传递给 SqlConnection 类，SqlConnection 通过这个字符串中的属性（Attribute）来连接数据库。所以在连接字符串中至少需要包含服务器名、数据库名和身份验证这几个信息。

ConnectionString 常用的属性见表 12-2。

表 12-2 ConnectionString 常用属性

属　性	说　明
Server	要连接的 SQL Server 实例的名称或网络地址
Database	数据库的名称
Integrated Security	连接数据库时用信任连接
User ID	SQL Server 登录账户
Password	账户登录的密码

连接字符串可以在创建 SqlConnection 对象时作为参数传递，也可以在通过 ConnectionString 属性来设置。下面举例说明。

【例 12-1】本例是一个非常基本的连接字符串，可以用于建立到位于运行代码的同一台机器上的 SQL Server 的连接。

```
Dim conn1 As New SqlConnection("Server=(local); Database=Library;" _
                               & "Integrated Security=SSPI;")
```

【例 12-2】本例展示一个可用于连接到“使用 SQL Server 身份验证”的远程服务器 MyServer 的连接字符串。同时指定 Workstation ID 属性并将 Connection Timeout 指定为 60 秒。

```
Dim conn2 As SqlConnection
conn2.ConnectionString = "Server=MyServer; Database=Library;" _
                         & "UserID=sa; Password=abcd;" _
                         & "WorkstationID=Client007; Connection Timeout=60"
```

12.4.2 SqlConnection 的方法

【例 12-3】使用这 3 个 SqlConnection 类的方法。首先打开到 SQL Server 实例的连接，一旦连接上数据库，就修改数据库，最后再关闭连接。

```
Dim cnSqlServer As New SqlConnection("Database=library;User Id=sa;Password=;")
cnSqlServer.Open()
cnSqlServer.ChangeDatabase("Pubs")
cnSqlServer.Close()
```

12.5 SqlCommand 对象

SqlCommand 允许使用其属性和方法来执行要执行的任何 T-SQL 命令，以验证这些命令的执行情况，另外还可以结合 SqlConnection 类执行事务处理。

SqlCommand 对象可以与 DataReader 对象或 SqlDataAdapter 一起使用。首先，介绍与 SqlCommand 对象相关的属性和方法。

12.5.1 SqlCommand 的属性

CommandText 是 SqlCommand 类中最常用的属性，可以由任何有效的 T-SQL 命令或 T-SQL 命令组组成。例如，包括 SELECT、INSERT、UPDATE 和 DELETE 语句以及存储过程，还可以指定由逗号分隔的表名或存储过程名。在调用方法执行 CommandText 中的命令前，还要正确设置 CommandType 和 Connection 属性。

下面举几个例子来说明这几种情况。

【例12-4】使用 Text 的命令类型并指定 T-SQL 命令作为 SqlCommand 对象的文本。

```
Dim cmd As New SqlCommand
cmd.Connection = conn
cmd.CommandType = CommandType.Text
cmd.CommandText = "SELECT * FROM title"
```

【例12-5】使用 TableDirect 命令类型指示 SqlCommand 对象直接从在 CommandText 属性中指定的表名称检索所有的行和列。

```
Dim cmd As New SqlCommand
cmd.Connection = conn
cmd.CommandType = CommandType.TableDirect
cmd.CommandText = "title"
```

【例12-6】使用 StoredProcedure 命令类型就可指示 SqlCommand 对象执行在 CommandText 属性中指定的存储过程。

```
Dim cmd As New SqlCommand
cmd.Connection = conn
cmd.CommandType = CommandType.StoredProcedure
cmd.CommandText = "GetAllTitle"
```

要执行 SqlCommand 中存放的命令，就需要调用方法。

12.5.2 SqlCommand 的方法

SqlCommand 提供四种不同的方法在 SQL Server 上执行 T-SQL 语句。所有这些方法在内部的工作方式都非常相似。每种方法都会将在 SqlCommand 对象中形成的命令详细信息传递给指定的连接对象，然后通过 SqlConnection 对象在 SQL Server 上执行 T-SQL，最后根据语句执行结果生成一组数据。这些数据在不同的方法中有不同的表现形式。

无论用哪种方法执行命令，必须先打开 Connection 属性所指定的连接对象。

1. ExecuteNonQuery

ExecuteNonQuery 方法将对连接执行 T-SQL 语句并返回受影响的行数。因此，它适合执行不返回结果集的 T-SQL 命令。这些命令有数据定义语言（DDL）命令，如 CREATE TABLE、CREATE VIEW、DROP TABLE，以及数据操纵语言（DML）命令，如 INSERT、UPDATE 和 DELETE。这也可以用于执行不返回结果集的存储过程。

【例12-7】下面的代码建立到 SQL Server 的连接。使用 ExecuteNonQuery 运行 3 个 T-SQL 命令。第一个命令创建一个新的临时表，第二个命令将一行插入该临时表中并且将所返回的行中受影响的参数写到控制台，第三个 ExecuteNonQuery 命令则取消该临时表。

```
Dim conn As New SqlConnection
conn.ConnectionString = "Database=Library;User ID=sa;Password=;"

Dim cmd As New SqlCommand
cmd.Connection = conn
cmd.CommandType = CommandType.Text

conn.Open()

cmd.CommandText = "CREATE TABLE TempTable(IDCol Int)"
cmd.ExecuteNonQuery()
```

```
cmd.CommandText = "INSERT TempTable(IDCol) VALUES(1)"
Dim RowsAffected As Integer
RowsAffected = cmd.ExecuteNonQuery
Console.WriteLine(RowsAffected)

cmd.CommandText = "DROP TABLE TempTable"
cmd.ExecuteNonQuery()

conn.Close()
```

如果使用 ExecuteNonQuery 方法执行返回结果集的 T-SQL 命令，那么它就会被忽略并且客户应用程序不能访问它。

2．ExecuteReader

ExecuteReader 方法用于返回包含由 SQL Server 执行的命令返回的行的 DataReader 对象。DataReader 对象是一种从 SQL Server 中检索单一结果集的高速、只读的方法。

【例 12-8】下面的代码执行指定的 T-SQL 命令并遍历结果集，将包含在结果集中的两列数据输出到控制台窗口。

```
Dim conn As New SqlConnection
conn.ConnectionString = "Database=Library;User ID=sa;Password=;"
Dim cmd As New SqlCommand
cmd.Connection = conn
cmd.CommandType = CommandType.Text
cmd.CommandText = "SELECT * FROM title"
Dim dr As SqlDataReader
conn.Open()
dr = cmd.ExecuteReader
Do While dr.Read
    Console.Write(dr("title_no") & ControlChars.Tab)
    Console.WriteLine(dr("title"))
Loop
dr.Close()
conn.Close()
```

本例主要为了说明 SqlCommand 类 ExecuteReader 方法的使用，DataReader 对象的使用将在 12.6 节详细介绍。

3．ExecuteScalar

ExecuteScalar 方法用于运行返回单一行中的单一列的查询，例如 COUNT(*)之类的聚合函数。

【例12-9】下列代码使用 ExecuteScalar 方法在表上执行 COUNT(*)，返回 COUNT(*)的结果并输出到控制台窗口。

```
Dim conn As New SqlConnection
conn.ConnectionString = "Database=Library;User ID=sa;Password=;"
Dim cmd As New SqlCommand
cmd.Connection = conn
cmd.CommandType = CommandType.Text
cmd.CommandText = "SELECT COUNT(*) FROM title"
Dim titleCount As Integer
conn.Open()
titleCount = cmd.ExecuteScalar
Console.WriteLine(titleCount)
conn.Close()
```

如果通过 ExecuteScalar 执行的 T-SQL 语句返回结果集包含多行多列，则除第一行第一列以外的均会被忽略。

4. ExecuteXmlReader

ExecuteXmlReader 可以用于执行输出 XML 的 T-SQL 命令，如使用 FOR XML 选项的 SELECT 语句。ExecuteXmlReader 方法创建 XmlReader 对象，可使用该对象导航 XML 树。有关 ExecuteXmlReader 方法及其使用实例的更多信息不在本书的讨论范围，读者可以参考其他介绍 XML 的文档。

12.6 SqlParameter 对象

通过使用 SqlCommand 对象可以很方便地调用 SQL Server 2005 中的存储过程，只需要将 CommandText 设置为存储过程名，将 CommandType 设置为 CommandType.StoredProcedure。但是，许多功能强大的存储过程往往都需要使用参数。在 ADO.Net 中，通过 SqlCommand 的 Parameters 属性和 SqlParameter 对象传递 SqlCommand 所需的参数。

12.6.1 SqlParameter 对象介绍

在 SqlClient 名称空间中，使用 SqlParameter 对象在 T-SQL 和.Net 语言之间传递和检索参数，每个存储过程参数都需要用一个 SqlParameter 对象来描述，通过该对象，可以为 SqlCommand 中的 T-SQL 命令和存储过程提供输入、输出、输入/输出和返回值等各种参数。

在实际使用中，除 Value 属性外的大多数属性都是在创建 SqlParameter 对象时通过构造函数初始化的。

注意 这些对象的信息应该和其在存储过程中对应的参数一致。

12.6.2 SqlCommand 的 Parameters 属性

SqlCommand 的 Parameters 属性是一个 SqlParameter 对象的集合，SqlCommand 对象所需要的所有 SqlParameter 对象都必须被添加到该集合中。

要将 SqlParameter 和 SqlCommand 对象关联只需要新建 SqlParameter 对象，并将该对象添加到 SqlCommand 的 SqlParameter 集合。在创建 SqlParameter 对象时通常需要指定其 Direction、ParameteName、Size 和 DBType 等属性。

【例 12-10】以下代码创建一个 varchar 类型长度为 10，名称为@Title 的输入参数对象 prmTitle，并将其添加到 SqlCommand 对象 cmd 中。

```
Dim prmTitle As New SqlClient.SqlParameter
prmTitle = New SqlClient.SqlParameter
prmTitle.ParameterName = "@Title"
prmTitle.Direction = ParameterDirection.Input
prmTitle.DbType = DbType.String
prmTitle.Size = 10

cmd.Parameters.Add(prmTitle)
```

以上 2～6 行语句也可以用 SqlParameter 的构造函数代替，例如：

```
prmTitle = New SqlClient.SqlParameter _
            ("@Titel", SqlDbType.VarChar, 10, ParameterDirection.Input)
```

在通过 SqlCommand 调用存储过程前，还需要设置 Parameters 中所有 SqlParameter 对象的 Value 属性，以指定参数值。这里可以用 SqlParameter 变量 prmTitle 来访问 SqlParameter 对象，例如：

```
prmTitle.Value="Visual"
```

也可以通过 Parameters 集合的 Item 属性访问，此时即可以用索引值，还可以用参数名来指定集合中的元素，例如：

```
cmd.Parameters.Item(0).Value = "Poems"
```

或

```
cmd.Parameters.Item("@Title").Value = "Poems"
```

12.6.3 返回参数

SqlParameter 对象有一种特殊的方向选项 ReturnValue，使用这种参数，对象可以在执行存储过程后读取其返回值，即 RETURN 语句的返回值。

【例12-11】下面演示了如何在使用 SqlCommand 调用存储过程时传递参数和获得返回值。

创建存储过程 CheckBookByTitle，根据书名（输入参数@Title）查询图书：如果该书存在，返回 0，并通过输出参数@Author 返回作者姓名；如果图书不存在，则返回-1。

```
CREATE PROC CheckBookByTitle
( @Title varchar(63),
  @Author varchar(31) OUTPUT)
AS
SELECT @Author=Author
FROM Title
WHERE title=@Title
IF @@ROWCOUNT>0
  RETURN 0
ELSE
  RETURN -1
```

然后在应用程序中调用该存储过程，查询图书的作者，程序界面如图 12-4 所示。

图 12-4　存储过程示例

其中按钮“查询”的代码如下：

```
prm = New SqlParameter
prm.ParameterName = "@Author"
prm.SqlDbType = SqlDbType.VarChar
prm.Size = 31
prm.Direction = ParameterDirection.Output
cmd.Parameters.Add(prm)

prm = New SqlParameter
prm.ParameterName = "RETURN_VALUE"
prm.SqlDbType = SqlDbType.Int
prm.Direction = ParameterDirection.ReturnValue
cmd.Parameters.Add(prm)

'设置参数值,调用存储过程
cmd.Parameters("@Title").Value = txtTitle.Text
conn.Open()
cmd.ExecuteNonQuery()
conn.Close()
'查看结果
If cmd.Parameters("RETURN_VALUE").Value = 0 Then
    lblResult.Text = "该书的作者为" & cmd.Parameters("@Author").Value
Else
    lblResult.Text = "对不起，未找到此书"
End If
```

SqlParameter 对象除了可以提供存储过程所需的参数外，还可以为带参数的 T-SQL 命令提供参数。在 T-SQL 命令中，所有的参数均以@开头，下面举例说明。

【例 12-12】以下程序段执行带参数@Author 的 SELECT 命令，查询某位作者所写书的数量，程序界面如图 12-5 所示。

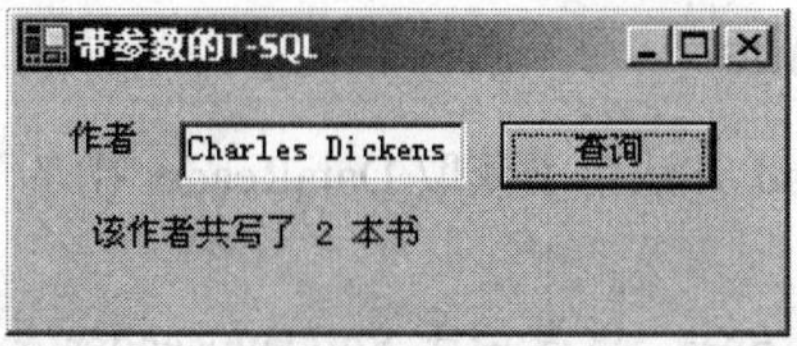

图 12-5　参数对象示例

“查询”按钮的代码如下：

```
Dim conn As New SqlConnection
conn.ConnectionString = "Database=Library;User ID=sa;Password=;"
Dim cmd As New SqlCommand
cmd.Connection = conn
cmd.CommandType = CommandType.Text
cmd.CommandText = "SELECT COUNT(*) FROM Title WHERE Author=@Author"

'创建参数对象
Dim prm As SqlParameter
prm = New SqlParameter
prm.ParameterName = "@Author"
prm.SqlDbType = SqlDbType.VarChar
prm.Direction = ParameterDirection.Input
cmd.Parameters.Add(prm)

'设置参数值，执行带参数的T-SQL命令
cmd.Parameters("@Author").Value = txtAuthor.Text
Dim result As Integer
conn.Open()
result = cmd.ExecuteScalar
conn.Close()
'查看结果
lblResult.Text = "该作者共写了 " & result & " 本书"
```

12.7 SqlDataReader 对象

DataReader 提供只向前的只读数据流，并且，DataReader 是工作在连接模式下的，也就是应用程序在读取 DataReader 中的数据时，数据库的连接必须处于打开状态。

由于 SqlDataReader 提供了从 SQL Server 数据库中检索数据的速度最快的方法，所以在应用程序需要查询数据库中数据时，它是首选的对象。但是需要注意，SqlDataReader 也有一

些功能的欠缺，例如不能修改从 SqlDataReader 返回的数据和需要保持数据库的连接。

SqlDataReader 不与 SQL Server 连接直接交互，调用 SqlCommand.ExecuteReader 方法就会将查询结果传递给 DataReader 对象，然后就可以通过 DataReader 对象依次访问每行中的值。

12.7.1 使用 SqlDataReader

SqlDataReader 对象的 Read 方法用于获取 DataReader 中的下一行。

> **注意** 没有 Back 或 First 方法，这是由于 SqlDataReader 是只向前的。

如果没有下一行，Read 方法就会返回 False。

在使用 DataReader 检索数据之前，首先需要声明 Connection 和 Command 对象。Connection 对象将指定连接到数据库，Command 对象将通过连接与数据库进行通信，以便采取正在请求的操作，然后，调用 Command 对象的 ExecuteReader 方法填充 DataReader。

12.7.2 使用 SELECT 语句检索数据

要使用 SELECT 语句的结果打开 SqlDataReader 数据流，首先必须声明连接字符串并使之与新的 SqlConnection 对象相关联：

```
Dim conn As New SqlConnection
conn.ConnectionString = "Database=Library;User ID=sa;Password=;"
```

接下来创建 SqlCommand 对象，并设置 CommandText 属性为所需执行的 SELECT 语句，同时还需正确设置其 Connection 和 CommandType 属性。

```
Dim cmd As New SqlCommand
cmd.Connection = conn
cmd.CommandType = CommandType.Text
cmd.CommandText = "SELECT * FROM Title"
```

下一步，定义 SqlDataReader 变量，打开到数据的连接，然后调用 SqlCommand 对象的 ExecuteReader 方法并用新定义的 SqlDataReader 变量引用返回的 DataReader 对象。

```
Dim dr As SqlDataReader
conn.Open()
dr = cmd.ExecuteReader
```

调用 SqlCommand 对象的 ExecuteReader 方法后，就有一个到数据库的活动连接，在 DataReader 关闭前没有其他代码可以使用该连接。

接着就可以以流的形式每次访问一个记录，如下所示：

```
Do While dr.Read()
    Console.WriteLine(dr("title"))
Loop
```

> **注意** DataReader 的 Read 方法将检索下一个记录。首次打开 DataReader 时，其位置就在第一个记录之前，因此必须在实际地从数据库获取任何数据前进行读操作。While 循环内部的代码行只在读取到一条记录时才执行。在这种情况下，该行将 title 列的值写入控制台窗口。

有几种方法可以引用 DataReader 中的列。第一种方法的语法如下：

```
Console.WriteLine(dr("title"))
```

该示例默认地使用 DataReader 的 Item 属性。不过，也可以按下列方式指定 Item 属性，这是推荐的做法。

```
Console.WriteLine(dr.Item("title"))
```

> **注意** 不管使用哪种语法，Item()方法都将返回被转换成其本地数据类型的值。

也可以用列的数字顺序位置代替列的名字。不仅如此，如果知道要处理哪种数据类型，还可以显式地调用对应方法，例如：

```
Console.WriteLine(dr.GetString(2))
```

在这种情况下，程序调用 GetString 方法并将题 title 列的顺序位置传入 DataReader，它与 SELECT 语句中返回列的顺序一致。

最后，需要做一些收尾工作，关闭一些对象。

```
dr.Close()
conn.Close()
```

> **注意** 在结束时确定已关闭 DataReader，这一点很关键，因为它将保持到数据库的连接直到关闭它。同时，在还需要通过 DataReader 读取数据之前，千万不能把相关的 Connection 对象关闭。

12.7.3 GetDataTypeName

需要确定特定列的 SQL Server 数据库类型时，使用该方法。

```
Dim conn As New SqlConnection
conn.ConnectionString = "Database=Library;User ID=sa;Password=;"
Dim cmd As New SqlCommand
cmd.Connection = conn
cmd.CommandType = CommandType.Text
cmd.CommandText = "SELECT * FROM Title"
Dim dr As SqlDataReader
conn.Open()
dr = cmd.ExecuteReader
If dr.Read Then
```

```
        Dim i As Integer
        For i = 0 To dr.FieldCount - 1
            Console.WriteLine(dr.GetName(i) & ":" & dr.GetDataTypeName(i))
        Next
    End If
    dr.Close()
    conn.Close()
```

执行这段代码会在控制台窗口中输出如下结果：

```
title_no:int
title:varchar
author:varchar
synopsis:text
```

12.7.4 GetValues/GetSqlValues

使用 GetValues 或 GetSqlValues 方法可以用 SqlDataReader 当前行所有列的值填充一个数组。如果想使用与列的本地 SQL Server 数据类型相一致的 Type 对象填充数组，就可以使用 GetSqlValues 方法。另一种方法就是使用 GetValues，用.Net 数据类型的 Type 对象填充数组。

下列代码再次使用简单 SELECT 对 Library 数据库中的 title 表进行操作。

```
Dim conn As New SqlConnection
conn.ConnectionString = "Database=Library;User ID=sa;Password=;"
Dim cmd As New SqlCommand
cmd.Connection = conn
cmd.CommandType = CommandType.Text
cmd.CommandText = "SELECT * FROM Title"
Dim dr As SqlDataReader
conn.Open()
dr = cmd.ExecuteReader
```

下面，要输出行的列值。先填充数组，然后遍历该数组将每个值都输出到控制台窗口。

```
Dim myColumns(dr.FieldCount - 1) As Object
While dr.Read
    dr.GetValues(myColumns)
    Dim i As Integer
    For i = 0 To dr.FieldCount - 1
        Console.Write(myColumns(i) & ControlChars.Tab)
    Next
    Console.WriteLine()
End While
dr.Close()
conn.Close()
```

12.7.5 检索多个结果集

知道如何从单一 SQL 语句填充 DataReader 后，就可以看看如何在批处理中运行 SQL 语句对多个结果集进行检索。

```
Dim conn As New SqlConnection
conn.ConnectionString = "Database=Library;User ID=sa;Password=;"
Dim cmd As New SqlCommand
cmd.Connection = conn
cmd.CommandType = CommandType.Text
cmd.CommandText = "SELECT * FROM Title ; SELECT * FROM member"
```

注意 SQL 语句如何包含两个 SELECT 语句，它们之间用分号分隔（这是将多个语句发送到 SQL Server 的正确语法）。该代码运行的方式完全一样，就像使用存储过程返回多个结果集一样。

下一段代码与前面介绍过的其他示例相似。首先，打开数据库连接和填充 DataReader。

```
Dim dr As SqlDataReader
conn.Open()
dr = cmd.ExecuteReader
```

下面就是最大的差别。由于已将两个命令发送到数据库，因此 DataReader 将浏览两组结果。

```
While dr.Read
    Console.WriteLine(dr("title"))
End While
```

先采用以前相同的方法遍历第一组结果；然后，要访问第二个结果集中的结果，就执 DataReader 对象的 NextResult 方法。

```
dr.NextResult()
```

在移到下一个结果集后，采用与遍历第一个结果集相同的方式浏览它。

```
While dr.Read
    Console.WriteLine(dr("lastname"))
End While
```

12.7.6 使用 DataReader 填充控件

前面的例子除了将从 DataReader 返回的值显示到控制台外，没有做其他的事。在实际工作中，经常使用 DataReader 将数据显示到 Web 页面上，或填充窗体上的显示控件。这里将介绍如何遍历 DataReader 并使用其内容填充 ComboBox 的例子。

【例 12-13】选择 Library 数据库的 member 表中的所有读者，然后在组合框中向用户显示 firstname 和 lastname 字段。

```
Dim conn As New SqlConnection
conn.ConnectionString = "Database=Library;User ID=sa;Password=;"
Dim cmd As New SqlCommand
cmd.Connection = conn
cmd.CommandType = CommandType.Text
cmd.CommandText = "SSELECT * FROM member"

Dim dr As SqlDataReader
conn.Open()
dr = cmd.ExecuteReader

While dr.Read
    cboMember.Items.Add(dr("firstname") & " " & dr("firstname"))
End While

dr.Close()
conn.Close()
```

请注意如何遍历 DataReader 和使用它将读者名称按检索到的顺序填充到 ComboBox 中。运行该代码后屏幕如图 12-6 所示。

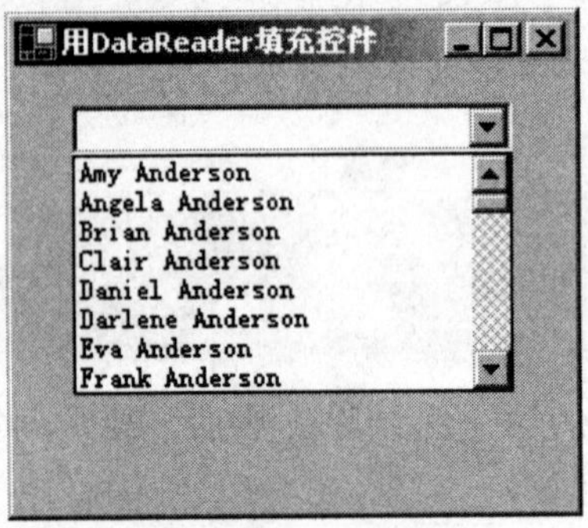

图 12-6　填充控件

12.8　SqlDataAdapter 对象

如果使用 SqlDataAdapter 处理.Net 中的数据，就会将数据保留为断开连接记录集。DataSet 对象位于客户端程序内存中，用于缓冲远程记录集数据。

在创建 SqlDataAdapter 的实例时，就可以通过其 SelectCommand 属性设置连接的详细信息和命令文本。连接可以指定为 ConnectionString 或指定为 Connection 对象本身。

一旦建立连接并设置好 T-SQL 命令，就使用 DataAdapter 的 Fill 方法填充 DataSet。填充 DataSet 时发生的任何错误（如连接损失）都会导致 FillError 事件传递给 DataAdapter。

DataAdapter 主要用于从 SQL Server 数据库的表中检索数据。SqlDataAdapter 通常与单一的 DataSet 相关，它用于直接从 T-SQL 命令返回数据。一旦用数据填充 DataSet，就可以检索表和已返回的信息行。

在数据库应用程序中，许多情况下数据都必须经过修改。ADO.Net 不像 ADO 那样有简单 Update 命令用于更新数据源，但它提供了一些新方法，可以为每种数据修改定义相应的命令对象，通过这些命令对象可以使用专门编写用于处理这些情况的 T-SQL 或存储过程，所以它的功能更为强大。

需要为可能出现的数据修改类型定义相应 T-SQL 命令，其中包括 INSERT、UPDATE 和 DELETE。这就与 T-SQL INSERT、UPDATE 或 DELETE 命令一样简单，也可以使用自定义的存储过程。这里的示例中将使用简单 T-SQL 命令，对数据源进行 INSERT、UPDATE 和 DELETE 操作。

【例 12-14】先用 T-SQL 的 SELECT 命令填充 DataSet，然后添加、更新并最后删除 DataSet 中的行，并也在数据源中实现这些数据的修改。

① 定义连接到 SQL Server 的 Connection 对象并创建用于对数据源进行 SELECT、INSERT、UPDATE 和 DELETE 操作的 SqlCommand 对象。

```
Dim conn As New SqlConnection("Database=Library;User ID=sa;Password=;")
Dim dt As New SqlDataAdapter
Dim cmdSelect As New SqlCommand
Dim cmdInsert As New SqlCommand
Dim cmdUpdate As New SqlCommand
Dim cmdDelete As New SqlCommand
```

② 定义 SELECT 命令，用于检索数据库并填充 DataSet。

```
cmdSelect.CommandText = "SELECT * FROM title"
cmdSelect.Connection = conn
dt.SelectCommand = cmdSelect
```

③ 定义用于在数据源中插入（INSERT）记录的命令。必须为每个要插入记录的列创建参数，并将这些参数映射到数据适配器中的列，这些数据适配器将用于填充参数。

```
cmdInsert.CommandText = "INSERT title(title_no,title,author) VALUES(@P1,@P2,@P3)"
cmdInsert.Parameters.Add("@P1", SqlDbType.Int, 4, "title_no")
cmdInsert.Parameters.Add("@P2", SqlDbType.VarChar, 63, "title")
cmdInsert.Parameters.Add("@P3", SqlDbType.VarChar, 31, "author")
cmdInsert.Connection = conn
dt.InsertCommand = cmdInsert
```

④ 对于 UPDATE 命令，也有相似的要求。

```
cmdUpdate.CommandText = "UPDATE title SET title=@P2,author=@P3 WHERE title_no=@P1"
cmdUpdate.Parameters.Add("@P1", SqlDbType.Int, 4, "title_no")
cmdUpdate.Parameters.Add("@P2", SqlDbType.VarChar, 63, "title")
cmdUpdate.Parameters.Add("@P3", SqlDbType.VarChar, 31, "author")
cmdUpdate.Connection = conn
dt.UpdateCommand = cmdUpdate
```

⑤ 对于 DELETE 命令也是如此。此时只需要根据主键 title_no 的值进行删除操作，所以只映射与该列对应的单一参数。

```
cmdDelete.CommandText = "DELETE title WHERE title_no=@P1"
cmdDelete.Parameters.Add("@P1", SqlDbType.Int, 4, "title_no")
cmdDelete.Connection = conn
dt.DeleteCommand = cmdDelete
```

⑥ 下一段代码实现 SelectCommand 返回的结果集与名为 title 的表之间的映射，结果集有默认的表名称 Table。由于映射的 title 表在 DataSet 中并不存在，在 Fill 操作的过程中就会创建它。

```
Dim ds As New DataSet
dt.TableMappings.Add("Table", "title")
dt.Fill(ds)
```

⑦ 访问 DataSet 的 Rows.Add 方法是将行添加到 DataSet 内部的 DataTable，同时设置该行中每个数据列的值。这里通过数据列的序号访问它们。

```
Dim dr As DataRow
dr = ds.Tables("title").NewRow
dr.Item("title_no") = 51
dr.Item("title") = ".NET Program"
dr.Item("Author") = "Tom"
dt.Update(ds)
```

调用 dt.Update 就会将修改传递给数据源。在调用它之前，只能在 DataSet 对象中进行本地修改。调用 Update 方法时，就会调用多个与 SqlDataAdapter 相关联的 INSERT、UPDATE 和 DELETE 命令对数据源进行修改，因此它与 DataSet 是一致的。

⑧ 使用插入操作，更新刚创建的行并将这些修改传递到数据源。

```
dr.Item("title") = "Visual Basic"
dr.Item("Author") = "Joe"
dt.Update(ds)
```

⑨ 删除新近创建的行，确保这些行也会从数据源删除。

```
dr.Delete()
dt.Update(ds)
```

注意 这里没有调用 DataSet 对象上的 AcceptChanges 方法。这样做会将行状态设置为 UnChanged，并阻止 DataAdapter 将修改后的值更新到数据源中。

12.9 DataSet 对象

事实上，断开连接的 Recordset 是 ADO.Net 设计方案的核心。DataSet 与数据库定义非常相似，因为一旦定义了 DataSet，就可以访问现已存在的表、其中的列等，并可以实现表之间的关系。

12.9.1　AcceptChanges

AcceptChanges 接受对 DataSet 中任何行的修改，但是不会对数据源进行修改。由于 AcceptChanges 将 RowState 设置为 UnChanged，任何对 DataAdapter.Update 方法的调用都不会对数据源进行修改。另外，一旦重新填充 DataSet，这些修改就会丢失。如果要将修改反映到数据源上，那么就不必直接调用 AcceptChanges。使用 Update 方法在更新数据源后，它就会自动接受修改。

12.9.2　GetChanges

GetChanges 方法用上次调用 AcceptChanges 后已改变的 DataTables 的行来填充新的 DataSet。通过调用 AcceptChanges 决定接受修改前，它可以使对修改过的行更容易检查和进行有效性验证。

【例 12-15】使用 GetChanges 修改数据。

① 用简单的 SELECT 查询填充 DataSet。

```
Dim conn As New SqlConnection("Database=Library;User ID=sa;Password=;")
Dim ds As New DataSet
Dim da As New SqlDataAdapter("SELECT * FROM title", conn)
da.Fill(ds)
```

② 修改该表的前 3 行，使它们有不同的值。

```
ds.Tables("table").Rows(0).Item("title") = "Mohicans"
ds.Tables("table").Rows(0).Item("author") = "James"
ds.Tables("table").Rows(1).Item("title") = "Watch-Tower"
ds.Tables("table").Rows(1).Item("author") = "Wiggin"
ds.Tables("table").Rows(2).Item("title") = "Conduct & Perseverance"
ds.Tables("table").Rows(2).Item("author") = "Smiles"
```

③ 新建 DataSet 并调用 GetChanges 方法来填充新的 DataSet。

```
Dim dsChanged As DataSet
dsChanged = ds.GetChanges
```

④ 将新 DataSet 中的所有行输出到控制台窗口。由于新的 Dataset 只包含在最初的 DataSet 中已修改过的行，所以结果只会输出 3 行：

```
Dim dr As DataRow
For Each dr In dsChanged.Tables("table").Rows
    Dim i As Integer
    For i = 0 To dsChanged.Tables("table").Rows.Count - 1
        Console.WriteLine(dr.Item(i) & ControlChars.Tab)
    Next
    Console.WriteLine()
Next
```

12.9.3 RejectChanges

RejectChanges 与 AcceptChanges 非常相似，因为它不修改数据源。如果要从 DataSet 删除所有修改时就要调用它。它将数据返回到其原有状态。

如果将下列代码添加到例 12-15 的 GetChanges 示例结尾处，就可以看到 RejectChanges 的影响。如上面的示例所示，调用 GetChanges 后，就会用 3 个已修改过的行填充新 DataSet。不过，如果现在就在调用 GetChanges 前调用 RejectChanges。

```
ds.RejectChanges()
Dim dsChanged As DataSet
dsChanged = ds.GetChanges
Dim dr As DataRow
For Each dr In dsChanged.Tables("table").Rows
    Dim i As Integer
    For i = 0 To dsChanged.Tables("table").Rows.Count - 1
        Console.WriteLine(dr.Item(i) & ControlChars.Tab)
    Next
    Console.WriteLine()
Next
```

这些代码将产生异常，因为新的 DataSet 保持空状态。这就是调用 RejectChanges 撤销所有修改的结果。

12.9.4 Reset

Reset 用于清空 DataSet 中的所有数据。这是清除 DataSet 比较方便的方法。

【例 12-16】使用从 SQL Server 检索的结果集中生成的 DataTable 填充 DataSet。首次调用 Tables.Count 返回值 1，其中包括存在于 DataSet 中的一个 DataTable。而在调用 Reset 方法删除所有 DataTable 后则返回 0。

```
Dim conn As New SqlConnection("Database=Library;User ID=sa;Password=;")
Dim ds As New DataSet
Dim da As New SqlDataAdapter("SELECT * FROM Title", conn)
da.Fill(ds)
Console.WriteLine("# Tables:" & ds.Tables.Count.ToString)
ds.Reset()
Console.WriteLine("# Tables:" & ds.Tables.Count.ToString)
```

12.10 DataTable 对象

DataTable 返回 SqlDataAdapter 查询后返回的记录集。如果有多个记录集，换句话说有多个 SELECT 查询传入 SelectCommand 属性中，那么就会得到一个返回的 DataTable 集合。本节将集中讨论只返回单一表的情况。

下面分析 DataTable 对象的属性和方法，然后介绍一些较复杂的示例。

12.10.1 DefaultView 属性

DefaultView 返回 DataView 对象，该对象包含存在于 DataTable 中的 DataRows。然后，通过该 DataView 就可以类型化返回确定返回的全部 DataRows。

【例 12-17】获得 DefaultView 属性返回的 DataView 对象，并使用它的 RowFilter 属性指定只显示书名由 A 字母开头的图书。

```
Dim conn As New SqlConnection("Database=Library;User ID=sa;Password=;")
Dim ds As New DataSet
Dim da As New SqlDataAdapter("SELECT * FROM Title", conn)
da.Fill(ds)

Dim dv As DataView
dv = ds.Tables(0).DefaultView
dv.RowFilter = "title LIKE 'A%'"
```

如果遍历 DataView 就只能看到符合条件的行：

```
Dim drv As DataRowView
For Each drv In dv
    Dim i As Integer
    For i = 0 To dv.Table.Columns.Count - 1
        Console.Write(drv.Item(i) & ControlChars.Tab)
    Next
    Console.WriteLine()
Next
```

12.10.2 DataTable 的方法

有几种方法可以创建 DataSet 中的 DataTable。

（1）可以调用 DataSet.Tables 属性的 Add 方法。

```
Dim ds As New DataSet
ds.Tables.Add("MyTable")
```

（2）也可以先定义 DataTable 对象，再将它添加到 DataSet 对象中。

```
Dim ds As New DataSet
Dim dt As New DataTable("MyTable1")
ds.Tables.Add(dt)
```

（3）用 SQL SELECT 语句的查询结果填充 DataSet，也能创建 DataTable 对象。

```
Dim conn As New SqlConnection("Database=Library;User ID=sa;Password=;")
Dim ds As New DataSet
Dim dt As DataTable
Dim da As New SqlDataAdapter("SELECT * FROM Title", conn)
da.TableMappings.Add("Table", "Title")
da.Fill(ds)
dt = ds.Tables("title")
```

可以使用 SqlDataAdapter 对象的 TableMappings.Add 方法指定表名称，这样通过 SQL 命令进行填充后建立的 DataTable 对象就有自定义的名称了。

12.10.3 NewRow/ImportRow

可以使用 NewRow 和 ImportRow 向现有 DataTable 中添加行。它们之间的区别就在于指定添加行的状态和属性设置不同。

NewRow 会添加行并将行状态设置为 Added。该行也会继承所在 DataTable 的属性设置。另外，ImportRow 会把行状态设置为已导入的现有行的设置值，另外也会将属性设置为导入的行的现有属性设置。

【例 12-18】展示这两种方法之间的区别。它们都用于将新行从现有行添加到 DataSet。

```
Dim conn As New SqlConnection("Database=Library;User ID=sa;Password=;")
Dim ds As New DataSet
Dim da As New SqlDataAdapter("SELECT * FROM Title", conn)
da.TableMappings.Add("Table", "Title")
da.Fill(ds)
Dim dt As DataTable = ds.Tables("title").Clone
Dim dr As DataRow
```

使用 ImportRow 方法插入第一条记录，然后用 NewRow 方法插入第二条记录。

```
dt.ImportRow(ds.Tables("title").Rows(0))
dr = dt.NewRow
dr.ItemArray = ds.Tables("title").Rows(1).ItemArray
dt.Rows.Add(dr)
```

输出每个新插入的行的当前 RowState。可以看到，NewRow 方法添加的行显示当前行状态为 Added，而 ImportRow 命令插入的行状态为 Unchanged。

```
Console.WriteLine("第一行的状态：" & dt.Rows(0).RowState.ToString)
Console.WriteLine("第二行的状态：" & dt.Rows(1).RowState.ToString)
```

12.10.4 Select

可以使用 Select 方法返回满足某一条件的 DataRow 数组。这一条件即可以是和列值有关的行选择条件，也可以是某种特定行状态。

【例 12-19】使用 Select 方法返回 DataRows 数组，数组中每一行的 title 列均以 A 字母开头。

```
Dim conn As New SqlConnection("Database=Library;User ID=sa;Password=;")
Dim ds As New DataSet
Dim da As New SqlDataAdapter("SELECT * FROM Title", conn)
da.TableMappings.Add("Table", "Title")
da.Fill(ds)
Dim dr As DataRow
Dim drArray() As DataRow
drArray = ds.Tables("title").Select("title LIKE 'A%'")
```

```
    For Each dr In drArray
        Dim i As Integer
        For i = 0 To dr.Table.Columns.Count - 1
            Console.Write(dr.Item(i) & ControlChars.Tab)
        Next
        Console.WriteLine()
    Next
```

如果要选择所有新增加的行，则可以用语句：

```
    drArray = ds.Tables("title").Select("","",DataViewRowState.Add)
```

12.11 DataRow 对象

在 ADO 以前的版本中，从查询返回的记录保留在 Recordset 中。该 Recordset 在运行时仍然连接到数据源并能进行更新。DataRow 对象与 Recordset 相似，因为它保留与查询相关的数据，不过该数据以断开连接记录集的形式保存在内存中，因此对数据的任何修改都需要进行进一步的操作。DataRow 对象在 DataSet 中的位置如图 12-3 所示。

DataRow 可以用来检查行是否有错误以及如果发现错误决定采取什么措施。检查 HasErrors 属性后，就可以用 CancelEdit 撤销修改或使用 EndEdit 提交修改。下面将详细讨论它们以及 DataRow 对象的其他属性。

12.11.1 ItemArray 属性

ItemArray 属性可以将值指定给特定 DataRow 中的列。数组中的值会根据 DataRow 中的相应序号位置映射到 DataColumn。

【例 12-20】在使用 ItemArray 属性将数组中的值赋给 DataRow 中相应的列之前，会将值指定给新添加的行所在的列。

```
    Dim ds As New DataSet
    Dim dr As DataRow
    Dim drValues(1) As Object

    ds.Tables.Add("MyTable")
    ds.Tables("MyTable").Columns.Add("ID", Type.GetType("System.Int32"))
    ds.Tables("MyTable").Columns.Add("Text", Type.GetType("System.String"))

    drValues(0) = 1
    drValues(1) = "ABC"
    dr = ds.Tables("MyTable").NewRow
    dr.ItemArray = drValues
    ds.Tables("MyTable").Rows.Add(dr)

    drValues(0) = 2
    drValues(1) = "DEF"
```

```
dr = ds.Tables("MyTable").NewRow
dr.ItemArray = drValues
ds.Tables("MyTable").Rows.Add(dr)
```

反过来，ItemArray 属性也可以用于将特定 DataRow 的所有 DataColumns 的值传递给数组。将下列代码添加到上例就可以通过 ItemArray 属性在输出到控制台前将每行中的列指定给 drValues 数组。

```
For Each dr In ds.Tables("MyTable").Rows
    drValues = dr.ItemArray
    Console.Write(drValues(0))
    Console.WriteLine(drValues(1))
Next
```

12.11.2 RowState 属性

在修改表中的数据时，无论是删除、添加还是修改行，每行都会有名为 RowState 的属性，它就会对比初始值确定行状态。从该值可能看出行中发生的情况。

以添加行为例，要进行两步操作。第一步，用 DataTable 的 NewRow 方法创建一个 DataRow 对象，但此时并未将它添加到 DataRow 集合中。如果这时检查其 RowState 属性，就会得到 Detached。第二步，调用 DataTable.Rows 集合的 Add 方法，将 DataRow 项添加到该集合，这时再访问 RowState 属性，就会得到 Added。

集合中的任何行最初的 RowState 都是 Unchanged。一旦修改任何数据，该状态就会变为 Modified。删除行的 RowState 是 Deleted。

12.11.3 RowVersion

正在编辑行中的列时，更新前和更新后的列值都可以通过指定 RowVersion 来获得。使用 DataRow 的 Item 属性检索列值时可以指定 RowVersion。

【例 12-21】下面的代码表明将行添加到 DataTable，然后将该行中的列更新为新值。

```
Dim ds As New DataSet
Dim dt As DataTable
Dim dr As DataRow

dt = ds.Tables.Add("MyTable")
dt.Columns.Add("ID", Type.GetType("System.Int32"))
dt.Columns.Add("Text", Type.GetType("System.String"))
dr = dt.NewRow
dr("ID") = 1
dr("Text") = "Hello"
dt.Rows.Add(dr)
dr.AcceptChanges()
dr(0) = 3
```

使用 RowVersion 访问列，就可以获得当前值和更新前该行的值。

```
Console.WriteLine(dr(0, DataRowVersion.Original))
Console.WriteLine(dr(0, DataRowVersion.Current))
```

在例 12-21 中，如果 DataRow 中不存在某一 RowVersion 的值，则会出现异常。.Net 提供了 HasVersion 方法确定 DataRow 是否存在某一 RowVersion 的值。

DataTable 的另一个组成部分是 DataColumn，接下来将对此进行讨论。

12.12 DataColumn 对象

DataColumn 对象用于定义 DataTable 对象的结构。添加到 DataTable 的每个 DataRow 都必须提供 DataTable 中各列的值。

注意 不能通过 DataTable 对象的 DataColumns 集合访问数据行中的列值。DataColumns 只与结构有关，可以通过 DataRow 的 Item 属性对单个列值进行访问。

12.12.1 AutoIncrement

AutoIncrement 属性允许在插入新行后使该列的值自动递增。AutoIncrementSeed 和 AutoIncrementStep 属性结合 AutoIncrement 用于设置如何实现递增。

【例 12-22】定义 DataTable 具有自动递增的列 ID，并将 AutoIncrementSeed 和 AutoIncrementStep 都指定为 2，以使 ID 列的取值为偶数。

```
Dim ds As New DataSet
Dim dt As DataTable
Dim dr As DataRow
Dim dc As DataColumn

dt = ds.Tables.Add("MyTable")

dc = dt.Columns.Add("ID", Type.GetType("System.Int32"))
dc.AutoIncrement = True
dc.AutoIncrementSeed = 2
dc.AutoIncrementStep = 2

dt.Columns.Add("Text", Type.GetType("System.String"))
dr = dt.NewRow
dr("Text") = "Hello"
dt.Rows.Add(dr)
dr = dt.NewRow
dr("Text") = "World"
dt.Rows.Add(dr)
dr = dt.NewRow
dr("Text") = "EveryOne"
```

12.12.2 DataType

DataType 属性指定 DataColumn 的数据类型，它可以设置为表 12-3 所列的值之一。

表 12-3 DataType 属性的取值

数 据 类 型	说 明
Boolean	可设置为 True 或 False
Byte	0～255 间的无符号整数
Char	一个 Unicode 字符
DateTime	时间和日期的结合
Decimal	-2^{96}～2^{96} 间的十进制数
Double	64 位双精度数
Int16	−32 768～32 768 间的整数值
Int32	−2 147 483 647～2 147 483 647 间的整数值
Int64	−9 223 372 036 854 775 808～9 223 372 036 854 775 808 间的整数值
SByte	−128～127 间的有符号整数
Single	单精度 32 位数
String	字符串
TimeSpan	两个 DateTimes 之间的时间间隔值
UInt16	0～65 535 间的无符号整数
UInt32	0～4 294 967 295 间的无符号整数
UInt64	0～184 467 440 737 095 551 615 间的无符号整数

12.12.3 Expression

Expression 允许将计算列或聚合列添加到 DataTable 中。

【例 12-23】下列代码表示用于创建 DataTable 中的 FullName 列的 Expression。该列中并不存储数据，而是通过已有的 FirstName 和 LastName 列的值计算所得。

```
Dim conn As New SqlConnection("Database=Library;User ID=sa;Password=;")
Dim ds As New DataSet
Dim da As New SqlDataAdapter("SELECT * FROM member WHERE member_no<100", conn)
'da.TableMappings.Add("Table", "Member")
da.Fill(ds, "Member")

Dim dc As New DataColumn
dc.DataType = Type.GetType("System.String")
dc.ColumnName = "FullName"
dc.Expression = "firstname+ ' '+lastname"
ds.Tables("Member").Columns.Add(dc)

Dim dr As DataRow
For Each dr In ds.Tables("Member").Rows
    Console.Write(dr("member_no"))
    Console.Write(ControlChars.Tab)
    Console.WriteLine(dr("FullName"))
Next
```

12.12.4 ReadOnly

ReadOnly 属性指定 DataColumn 是只读的。

【例 12-24】演示 ReadOnly 的使用。

① 创建包含 DataTable 的 DataSet 并将一个只读的 DataColumn 添加到该 DataTable 中。

```
Dim ds As New DataSet
Dim dt As DataTable
Dim dc As DataColumn

dt = ds.Tables.Add("MyTable")
dc = dt.Columns.Add("ID", Type.GetType("System.Int32"))
dc.ReadOnly = True
```

② 新建一个 DataRow 并将其添加到 DataTable 中。

```
Dim dr As DataRow
dr = dt.NewRow
dr("ID") = 1
dt.Rows.Add(dr)
```

③ 当试图更新该 DataColumn 的值时，由于 ReadOnly 属性的值为 True，所以会引发异常。

```
dt.Rows(0).Item("ID2") = 2
```

12.12.5 Unique

Unique 为 True 的 DataColumn 要求该列的值在 DataTable 中必须是唯一的，否则就会抛出异常。

【例 12-25】利用 Unique 特性抛出异常。

① 在 DataSet 中创建 DataTable，并将其中的 ID 列定义为 Unique。

```
Dim ds As New DataSet
Dim dt As DataTable
Dim dc As DataColumn

dt = ds.Tables.Add("MyTable")
dc = dt.Columns.Add("ID", Type.GetType("System.Int32"))
dc.Unique = True
```

② 添加两个 ID 值不相同的 DataRow。

```
Dim dr As DataRow
dr = dt.NewRow
dr("ID") = 1
dt.Rows.Add(dr)
dr = dt.NewRow
dr("ID") = 2
dt.Rows.Add(dr)
```

③ 添加第三个 DataRow，这是由于其 ID 值有重复，就会产生异常。

```
dr = dt.NewRow
dr("ID") = 1
dt.Rows.Add(dr)
```

下面介绍 DataSet 中的 DataRelation 对象，它提供了异种创建表之间关系的手段。

12.13 DataRelation 对象

综上所述，可以将 DataSet 当做数据库的内存副本。不过，它们之间有一个比较大的差别。DataTable 对象反映基本数据库表的结构，但是使用 Fill 方法对它们进行填充时，却不能根据数据库中参照完整性的约束条件隐含地建立 DataTable 之间的关系。ADO.Net 提供了 DataRelation 对象用于创建 DataSet 中各个 DataTable 之间的关系，从而在使用 DataSet 时可以保证数据完整性，并允许实现子表上的级联更新，从而使 DataSet 具备了关系型数据库最主要的功能，真正成为内存中的数据库。

12.13.1 DataRelation 的属性

调用 DataSet 的 Relations.Add 方法，就可以创建 DataRelation。使用该方法可以指定关系的名称以及通过指定 DataColumn 对象来指定 DataRelation 的父列和子列。例如：

```
Dim conn As New SqlConnection("Database=Library;User ID=sa;Password=;")
Dim ds As New DataSet
Dim da1 As New SqlDataAdapter("SELECT * FROM title", conn)
Dim da2 As New SqlDataAdapter("SELECT * FROM item", conn)
da1.Fill(ds, "title")
da2.Fill(ds, "item")

Dim dcParent As DataColumn = ds.Tables("title").Columns("title_no")
Dim dcChild As DataColumn = ds.Tables("item").Columns("title_no")
ds.Relations.Add("FK_Title", dcParent, dcChild)
```

12.13.2 使用 DataRelation

DataRelation 对象不能直接实现 DataTable 之间的连接（Join），但可以通过 DataRow 的 GetChildRows 和 GetParentRows 方法返回相关的行。这一点和 SQL Server 中有些不同。通常只能使用连接返回单一结果集中的相关行。例如：

```
Dim childRows() As DataRow
childRows = ds.Tables("title").Rows(0).GetChildRows("FK_Title")
```

该例中，调用 GetChildRows 就会返回 DataRows 集合。该集合由外键码关系中的子表中所有行组成，这些行与父表的第一行 Rows(0)相关。

12.13.3　约束条件

对于 DataRelation，只要将 DataSet 对象的 EnforceConstraints 属性设置为 True，约束条件就会起作用，保持子表和父表之间的参照完整性。如果将其设置为 False，则这些约束就会被忽略。

这种约束条件包括父表上的 UniqueConstraint 约束和子表上的 ForeignKey 约束两种。

1．UniqueConstraint

UniqueConstraint 规定数据列中的值一定不能重复，这类似于 SQL Server 中的主键约束。

【例 12-26】创建一个只有一列的表，并在该列上实现 UniqueConstraint 约束。

```
Dim ds As New DataSet
Dim dt As DataTable
Dim dc As DataColumn
dt = ds.Tables.Add("MyTable")
dc = dt.Columns.Add("ID", Type.GetType("System.Int32"))

dt.Constraints.Add("CandidateKey", dc, False)
Dim dr As DataRow
dr = dt.NewRow
dr("ID") = 1
dt.Rows.Add(dr)
```

此时程序的执行一切正常，但如果再执行语句：

```
dt.Rows.Add(dr)
```

则会抛出 Sysem.Data.Constrain.Exception 异常，这是由于 ID 列中出现了重复值。

2．ForeignKeyConstraint

如果一个表中的列值必须依赖于另一个表中某一列的值存在时，就需要创建 ForeignKeyConstraint 约束，它可以用于维持关系型数据库中的参照完整性。

可将 AcceptRejectRule 设置为下列值。

- None：没有任何动作发生，它是默认值。
- Cascade：级联更新。

AcceptRejectRule 影响在将 AcceptChanges 或 RejectChanges 方法应用于父表时是否也应用于子表。请记住：修改行时，其状态就会变成 Added、Modified 或 Deleted 直到调用 AcceptChanges 或 RejectChanges 方法，这时状态又会恢复到 Unchanged。AcceptRejectRule 的默认值是 None，因此父表的修改不会影响子表。

可将 DeleteRule 和 UpdateRule 设置为下列值之一。

- None：不对相关行进行任何操作。
- Cascade：将修改从父表级联到子表。它是默认值。
- SetDefault：将相关行中的值设置为它们的默认值。
- SetNull：将相关行中的值设置为 NULL。

DeleteRule 和 UpdateRule 指示如何将父表中的修改应用于子表。默认值是将父表中的修改级联到子表，需要在 DataSet 中实现 SQL Server 的主键/外键约束条件时使用它比较合适。另外，DataRelation 也支持 SetDefault 和 SetNull 操作，这是 SQL Server 中也不具有的约束条件。

在创建 DataRelation 后，.Net 会自动为父表和子表创建对应的 UniqueConstraint 和 ForeignKeyConstraint 约束，只需要设置其各种 Rule 就可以了。

12.14 本章小结

本章详细阐明了 ADO.Net 的如下内容：

- ADO.Net 和 ADO 的差别；
- DataReader 的概念及应用；
- DataSet 的概念及应用；
- DataAdapter 的概念及应用；
- 数据提供程序的概念及作用；
- 在什么情况下使用 SqlClient 数据提供程序而不是 OLEDB 数据提供程序，如何使用 System.Data 命名空间从数据存储检索数据。

另外，本章中还介绍了 SqlClient 命名空间，不仅讨论了如何打开到 SQL Server 实例的连接，而且还讲述了如何从数据库本身中检索和操纵数据；讨论了 DataSet 对象的实质以及如何使用其中的各个部件；介绍了 DataSet、DataTable、DataRow 和 DataColumn 对象是如何相互关联的，以及如何对每个 DataSet 对象中检索的数据强制使用数据库内部的参照完整性约束条件。

当然，要熟练掌握 ADO.Net 技术，还必须加强平时的训练，加深对知识点的理解。要掌握数据库编程的高级技术，还需要进一步学习数据库报表技术、服务端编程技术、中间件调度和管理技术等，限于篇幅，本书没有列出，感兴趣的读者可以参考相关书籍。

反侵权盗版声明

举报电话：（010）88254396；（010）88258888

传　　真：（010）88254397

E-mail：　dbqq@phei.com.cn

通信地址：北京市万寿路 173 信箱

电子工业出版社总编办公室

邮　　编：100036